NACHRICHTENTECHNISCHE FACHBERICHTE

Beihefte der NTZ

Band 21 - 1960

SYSTEME MIT NICHTLINEAREN ODER GESTEUERTEN ELEMENTEN

SYSTEMS WITH NON-LINEAR OR CONTROLLABLE ELEMENTS

Springer Fachmedien Wiesbaden

Die NTF werden als Beihefte der Nachrichtentechnischen Zeitschrift (NTZ) herausgegeben und erscheinen nach Bedarf. Druck: Ernst Hunold, Braunschweig.

Preis des Bandes 21: DM 25,50; für VDE/NTG-Mitglieder Preis: DM 23,--

ISBN 978-3-663-03170-3 ISBN 978-3-663-04359-1 (eBook)
DOI 10.1007/978-3-663-04359-1

Inhalt Seite

Vorwort

Die Arbeiten entstammen einer Fachtagung der Nachrichtentechnischen Gesellschaft im VDE (NTG) mit dem gleichen Titel, welche die Fachausschüsse 1 "Informations- und Systemtheorie", 5 "Lineare und nichtlineare Netze" und 6 "Informationsverarbeitung" am 6. und 7. Oktober 1959 in Stuttgart veranstalteten. Ergebnisse der Aussprache wurden eingearbeitet.

Die Eigenschaften linearer Systeme mit festen Parametern sind leicht zu überblicken, gleichgültig, ob der Verlauf einer Systemgröße von Anfang an oder nur ein Beharrungszustand zu ermitteln ist. Weniger einfach ist die Wirkungsweise nichtlinearer oder parametrischer Systeme zu durchschauen, wenn man von reinen Geradeausschaltungen und anderen leicht zu behandelnden Fällen absieht. Da in einer auf zwei Tage bemessenen Fachtagung unmöglich die Grundlagen nichtlinearer und parametrischer Systeme und ihre so vielfältigen und zum Teil seltsam anmutenden Anwendungsmöglichkeiten in voller Breite behandelt werden konnten, haben sich die Veranstalter darauf beschränkt, nach einem Überblick über die nichtlinearen Erscheinungen und ihre mathematische Behandlung drei Anwendungsgebiete hervorzuheben, mit denen sich die technische Entwicklung zur Zeit besonders nachdrücklich befaßt.

Zunächst wird der reaktanzgesteuerte Schwingungskreis, das sogenannte Parametron, in seiner Verwendung als Speicher und logisches Schaltelement für Rechenmaschinen betrachtet. Die Vorträge der zweiten Gruppe wenden sich dem reaktanzgesteuerten oder parametrischen Verstärker geringer Rauschzahl zu, der auch zum Oszillator oder Frequenzteiler ausgebildet werden kann. Die letzte Gruppe behandelt den Transfluxor, der Schaltfunktionen verwirklicht und sich insbesondere zum integrierenden Verstärker eignet.

Die NTG hofft, durch diese Fachtagung, über die das vorliegende Heft berichtet, die Aufmerksamkeit der Fachkollegen auf ein wichtiges und noch keineswegs völlig erschlossenes Gebiet gelenkt und zu neuen Überlegungen und technischen Entwicklungen angeregt zu haben.

W. Bader

ANSCHRIFTEN DER VERFASSER

Dipl.-Phys. K. Abel, Siemens & Halske A.G., Nachrichtentechn. Entwicklung, Zentral-Laboratorium, München 25, Hofmannstr. 51

Y. Angel, Laboratoires d'Electronique et de Physique Appliquées, 23, Rue de Retrait, Paris XXe

Prof. Dr.-Ing. W. Bader, T.H., Inst. f. Theorie der Elektrotechnik, Stuttgart N, Breitscheidstr. 3

Dr. H. Billing, Max Planck-Institut, Inst. f. Astrophysik, Abt. Numerische Rechenmaschinen, München 23, Aumeisterstraße

Dipl.-Phys. U. Hölken, TH München, Inst. f. el. Nachrichtentechnik und Meßtechnik, München 2, Arcisstr. 21

Dipl.-Ing. K. Jekelius, Standard Elektrik Lorenz A.G., Stuttgart-Zuffenhausen, Hellmuth-Hirth-Str. 42

Dr. K.H. Löcherer, Telefunken GmbH., Geschäftsbereich Röhren, Ulm/Donau, Söflinger Str. 100

Dipl.-Ing. R. Maurer, Telefunken GmbH., Geschäftsbereich Röhren, Ulm/Donau, Söflinger Str. 100

E.D. Reed, Bell Telephone Laboratories, Murray Hill N.J./USA

Dipl.-Phys. H. Reiner, Standard Elektrik Lorenz AG., Stuttgart-Zuffenhausen, Hellmuth-Hirth-Str. 42

A. Rüdiger, Max Planck-Institut, Inst. f. Astrophysik, Abt. Numerische Rechenmaschinen, München 23, Aumeisterstraße

E. Schmitt, Inst. f. Nachrichtenverarbeitung und Nachrichtenübertragung, Karlsruhe, Kaiserstr. 12

Dr. F. Schreiber, Siemens & Halske A.G., Nachrichtentechn. Entwicklung, Zentral-Laboratorium, München 25, Hofmannstr. 51

Dr. S. Schweizerhof, Telefunken GmbH., Geschäftsbereich Anlagen Weitverkehr, Backnang, Gerberstr. 34

Dr. rer. nat. W. Veith, Siemens & Halske A.G., Wernerwerk für Bauelemente, Röhrenfabrik, München 8, St. Martin Str. 76

NICHTLINEARE SYSTEME UND IHRE MATHEMATISCHE BEHANDLUNG

W. Bader, Stuttgart

Mit 5 Bildern

Es ist dem Verfasser nicht möglich, im Rahmen einer kurzen Darstellung einen umfassenden Überblick über alle erdenklichen nichtlinearen Systeme zu bieten, weil er der ihm auferlegten Einführung zur Fachtagung noch die Beschreibung eines neuen, von ihm entwickelten Verfahrens zur Behandlung gewisser nichtlinearer Schwingungen anfügen und auf eine bisher wohl unbekannte Schwingungsform hinweisen will.

Wir beschränken uns daher auf schwingungsfähige Anordnungen, die durch gewöhnliche nichtlineare Differentialgleichungen, vorzugsweise 2. Ordnung, beschrieben werden. Aus physikalischen Gründen wird die Unterteilung in autonome und heteronome Systeme nahegelegt. Beim autonomen System kommt die unabhängige Veränderliche - in der Regel die Zeit - explizit in der Differentialgleichung nicht vor. Diese lautet also für die 2. Ordnung

$$f(\ddot{x}, \dot{x}, x) = 0. \qquad (1a)$$

Ihre allgemeine Lösung mit den beiden Integrationskonstanten t_0 und C hat die Form

$$x = x(t - t_0, C),$$

weil ja die Wahl des Zeitnullpunkts belanglos ist. So ergibt sich also - abgesehen von der Verschiebung längs der Abszisse - nur eine einparametrische Lösungsschar. Hierauf beruht die Möglichkeit mit

$$\dot{x} = p; \ddot{x} = p\frac{dp}{dx}$$

die Differentialgleichung (1a) in eine nunmehr heteronome Differentialgleichung 1. Ordnung mit der unabhängigen Variablen x und der abhängigen Variablen p umzusetzen.

Bei den heteronomen Systemen mit zeitabhängiger Zwangskraft ist der periodische Fall bei der Differentialgleichung 2. Ordnung

$$f(\ddot{x}, \dot{x}, x, t) = f(\ddot{x}, \dot{x}, x, t + T) = 0, \qquad (1b)$$

mit T als Periodendauer, von besonderem Interesse.

Man kann (1a) und (1b), insofern man nach x auflösen kann, einheitlich durch

$$\ddot{x} = \sum_{\nu=-\infty}^{+\infty} a_\nu e^{i\nu\omega t}\ ;\ a_{-\nu} = \bar{a}_\nu\ ;\ a_\nu = a_\nu(x, \dot{x}) \qquad (2)$$

darstellen, wobei $\omega = 2\pi/T$ ist und die Fourier-Reihe in der bekannten Exponential-Form angesetzt wurde.

Beim autonomen System ist $a_1 = a_2 = \ldots = 0$ und $a_0(x, \dot{x})$ eine nichtlineare Funktion von x und $\dot{x}$, also etwa für die Van der Pool sche Differentialgleichung des selbsterregten Schwingungserzeugers

$$a_0 = -k\dot{x}(x^2 - 1) - x;\ k > 0.$$

Beim einfachen heteronomen System sind a_1, $a_2, \ldots$ komplexe Konstante, und es ist in der Regel $a_2 = a_3 = \ldots = 0$. Ist aber

$$a_1 = a_1(x, \dot{x}) \text{ und etwa } a_2 = a_3 = \ldots = 0,$$

so liegt ein System mit gesteuerten Elementen vor, das auch dann bemerkenswerte Eigenschaften besitzt, wenn a_0 und a_1 linear von x und $\dot{x}$ abhängen, d. h. die Differentialgleichung (2) linear ist. Doch soll auf die sogenannten parameterregten Schwingungen im Hinblick auf die folgenden Vorträge in diesem Bericht nicht näher eingegangen werden.

Zwischen den Eigenschaften linearer und nichtlinearer Systeme bestehen grundlegende Unterschiede, die allerdings jenem verborgen bleiben, der mit Gewalt durch Einführung mittlerer Steigungen, eines mittleren Dämpfungsfaktors und dergleichen die nichtlineare Aufgabe linearisieren will. Wir betrachten zunächst das autonome System 2. Ordnung gemäß Gleichung (1a).

Linear: Gedämpfte Schwingung, deren Ausschlag vom Anfangszustand abhängt, nur im Grenzfall verschwindender Dämpfung periodische Schwingung mit vom Anfangszustand abhängiger, also unbestimmter Amplitude.

Nichtlinear: Auch wenn $\dot{x}$ in der Differentialgleichung vorkommt, wie etwa bei dem vorerwähnten Beispiel:

$$\ddot{x} + k\dot{x}(x^2 - 1) + x = 0,$$

so ist das System einer, zuweilen auch mehrerer periodischer Schwingungen fähig. Durch den Anfangszustand, also x(0) und $\dot{x}(0)$ läßt sich die Form der periodischen Lösung nicht beeinflussen, höchstens die Auswahl der Schwingungen, falls mehrere möglich sind.

Beim heteronomen System, etwa 2. Ordnung gemäß Gl. (1b) mit einer sinusförmig mit der Zeit sich ändernden Zwangskraft der Frequenz f, zeigen sich folgende Unterschiede:

Linear und gedämpft: Der Einschwingvorgang hängt vom Anfangszustand ab und verklingt, so daß immer die nämliche Zwangsschwingung der Frequenz f sich einstellt.

Nichtlinear, gedämpft oder auch ungedämpft: Das nämliche System vermag im allgemeinen mehrere und nach Form und Phasenlage wesentlich voneinander verschiedene Zwangsschwingungen der Frequenz f und in der Regel auch sogenannte subharmonische Schwingungen der Frequenz f/n zu vollführen, wobei n gewisse ganze Zahlen > 1 bedeutet. Welche Schwingung sich einstellt und dann dauernd aufrechterhalten bleibt, hängt vom

Anfangszustand ab. Bei heteronomen nichtlinearen Systemen höherer Ordnung gibt es auch Zwangsschwingungen, deren Frequenz in keinem einfachen Verhältnis zu f steht.

Daß bei linearen Systemen, auch bei linearen parametrischen Systemen, im Gegensatz zu den nichtlinearen, die Gesamtlösung aus einzelnen Teillösungen sich überlagern läßt, versteht sich von selbst.

Die autonomen Systeme, wenigstens der 2. Ordnung, sind durch die Betrachtung in der sogenannten Phasenebene mit den Koordinaten x und $p = dx/dt$ gründlich durchforscht und werden an dieser Stelle weiterhin nicht erörtert; vergl. hierzu Kauderer [1].

Im Bereich der heteronomen, nichtparametrischen Systeme soll ein erstes, kennzeichnendes Beispiel kurz, eine zweite Anordnung hingegen ausführlich und unter allgemeinen Gesichtspunkten behandelt werden. Den Abschluß bildet die Mitteilung von Versuchsergebnissen.

2. Ein heteronomes System mit ungebundener Schwingungsfrequenz

Man kann sich vornehmen, ein von einer periodischen Kraft mit der Frequenz f_1 erregtes System zu finden, welches Schwingungen mit der Frequenz f_2 vollführt. Dabei soll aber das Verhältnis f_2/f_1 nicht eine einfache rationale Zahl wie etwa 1/10 oder 5/3, sondern beliebig zu wählen sein. Man wird zunächst an verwickelte Anordnungen denken, während wir längst über eine triviale Lösung der gestellten Aufgabe verfügen. Jeder Schwingungserzeuger, etwa in Röhren-, Transistor- oder magnetischer Schaltung, stellt ein derartiges System dar, wenn die Energie aus einem Wechselstromnetz über ein Netzanschlußgerät bezogen wird. Allerdings wird hier der Rhythmus $2f_1$ der Energiezufuhr durch Gleichrichtung und Glättung, also durch Speicherung, völlig ausgeebnet, so daß innerhalb des Systems die Erinnerung an f_1 getilgt und f_2 daher beliebig eingestellt werden kann. Es gibt aber auch Systeme mit ungebundener Schwingungsfrequenz f_2, bei denen nicht Gleichrichter und Glättungsmittel gesondert und daher deutlich sichtbar eingebaut sind. Bild 1 zeigt schematisch die im Vortrag vorgeführte Anordnung. Ein frei gelagertes Pendel mit dem Ausschlagswinkel φ steuert über angesetzte Eisenkerne zwei Induktivitäten L_1 und L_2 etwa nach dem Gesetz

$$L_1 = L_o(1+\alpha\varphi)\ ;\ L_2 = L_o(1-\alpha\varphi). \tag{3}$$

L_1 und L_2 mit ihren beiden Ohmwiderständen R bilden zusammen mit einem Differentialübertrager eine Brücke, welche von der Netzspannung mit der Frequenz $f_1 = 50$ Hz gespeist und am Ausgang mit der Kapazität C belastet ist. Die Ströme und Spannungen in der elektrischen Schaltung werden offenbar über L_1 und L_2 von φ beeinflußt. Umgekehrt bewirken die beiden Ströme i_1 und i_2 (Augenblickswerte) ein zusätzliches, auf

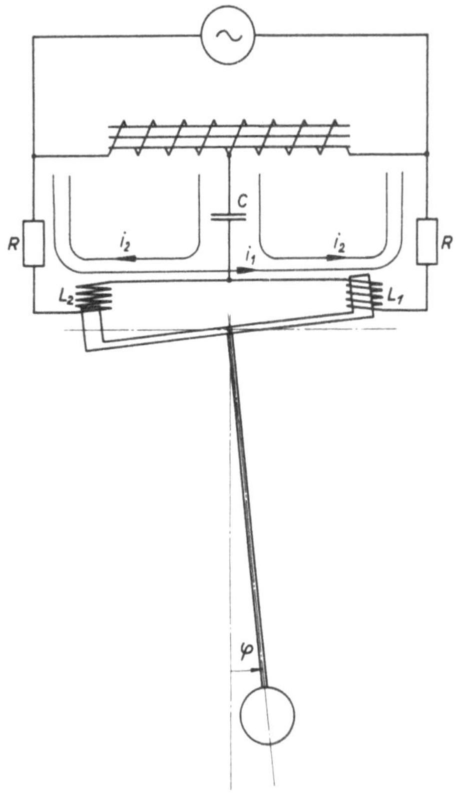

Bild 1: Erzwungene Schwingung mit ungebundener Frequenz

das Pendel ausgeübtes Drehmoment

$$M = \frac{1}{2}(i_1+i_2)^2\frac{dL_1}{d\varphi} + \frac{1}{2}(i_1-i_2)^2\frac{dL_2}{d\varphi},$$

oder, mit (3),

$$M = 2\alpha\ L_o\, i_1\, i_2\ . \tag{4}$$

Positives M wirkt im Sinne einer Vergrößerung von φ. Wenn man das Pendel mit der Hand erfaßt und ganz langsam einen Zyklus von $+\hat{\varphi}$ über $-\hat{\varphi}$ zurück nach $+\hat{\varphi}$ vollführt, so ist die gesamte, dem Pendel vom Netz zugeführte Arbeit 0, weil ja zu einem bestimmten Winkel φ bei Hin- und Rückgang das nämliche Drehmoment gehört. Wenn man aber das Pendel frei und daher mit seiner, innerhalb gewisser Grenzen beliebig einstellbaren mechanischen Eigenfrequenz f_2 schwingen läßt, so kann man durch passende Bemessung der Widerstände und der Kapazität bei gegebenen Induktivitäten L_1 und L_2 erreichen, daß die dem Pendel während seiner Schwingungsperiode jeweils zugeführte Arbeit

$$W = \int_{t=o}^{t=1/f_2} M\frac{d\varphi}{dt}\,dt = \oint M\,d\varphi > 0 \tag{5}$$

wird. So kann man die mechanischen Dämpfungsverluste des Pendels ausgleichen. Eine Beschränkung des Gültigkeitsbereichs der Gleichungen (3) durch besondere Formgebung der vom Pendel bewegten Spulenkerne bewirkt weiterhin Schwingungen mit einer ganz bestimmten, vom Effektivwert der Netzspannung abhängigen Amplitude.

Das System ist auch bei Beschränkung auf kleine Ausschlagswinkel mit $\sin\varphi \approx \varphi$ wegen der Abhängigkeit von M gemäß Gl. (4) und wegen des Ausdrucks für die in L_1 bzw. L_2 induzierte Spannung

$$L_o \frac{d}{dt} \left[(1 \pm \alpha \varphi)(i_1 \pm i_2) \right]$$

wesentlich nichtlinear. In L_1 und L_2 ist je magnetische Energie, in C elektrische Energie und im Pendel potentielle und kinetische Energie gespeichert. Das System besitzt also 5 Energiespeicher und ist folglich von der 5. Ordnung. Wenn aber $f_1/f_2 \gg 1$ ist, kann man für M in Gl. (4) den zeitlichen Mittelwert, je erstreckt über die Periode $1/f_1$, annehmen und sodann Bemessungsregeln herleiten, auf daß die Ungleichung (5) erfüllt ist. Die beiden Ohmwiderstände R in Bild 1 sind wesentlich, während die Resonanzfrequenz aus L_o und C oder auch $L_o/2$ und C keine kennzeichnende Größe ist. Natürlich verläuft die Pendelschwingung nicht mathematisch streng mit der Periodendauer $1/f_2$, weil die Netzfrequenz den zeitlichen Verlauf von φ, wenn auch nur als nicht mehr meßbarer Brumm, beeinflußt.

3. Das Verfahren der harmonischen Balance zur Ermittlung erzwungener nichtlinearer Schwingungen

Bei dem oben angekündigten zweiten Beispiel wirke auf ein ungedämpftes Pendel ein zeitlich sinusförmiges Drehmoment. Die Differentialgleichung der Bewegung lautet also

$$\Theta \frac{d^2\varphi}{dt^2} + D \sin\varphi = M \sin\omega t, \qquad (6)$$

wenn man den Ausschlagswinkel des Pendels mit φ, sein Trägheits- und Richtmoment mit Θ und D und weiterhin Scheitelwert und Kreisfrequenz des Antriebsmoments mit M und ω bezeichnet. Wir setzen

$$\omega t = \tau \qquad (7)$$

und

$$\frac{D}{\omega^2 \Theta} = a \, ; \quad \frac{M}{\omega^2 \Theta} = b = \frac{M}{D} a \, .$$

Dabei kann man mit der Eigenkreisfrequenz $\omega_o = \sqrt{\frac{D}{\Theta}}$ des mit kleiner Amplitude freischwingenden Pendels auch $a = (\frac{\omega_o}{\omega})^2$ setzen. Mit diesen Abkürzungen und mit (7) folgt aus (6) die Normalform mit nur 2 Parametern

$$\frac{d^2\varphi}{d\tau^2} + a \sin\varphi = b \sin\tau \, . \qquad (8)$$

Diese sogenannte Duffing'sche Differentialgleichung ist in hohem Maße nichtlinear, weil das Rückführmoment $\sin\varphi$ auch nicht annähernd proportional mit φ anwächst, sondern bei größerem Ausschlagswinkel wieder abnimmt oder gar sein Vorzeichen wechselt. Die Näherung $\sin\varphi \approx \varphi$ liefert nur die trivialen erzwungenen Schwingungen bei sehr kleiner Amplitude.

Wir suchen die periodischen Lösungen der Differentialgleichung (8), fragen also nach Form und Frequenz der möglichen erzwungenen Schwingungen. Über diese Differentialgleichung oder allgemeiner über nichtlineare Differentialgleichungen siehe [1...5]; dort weitere Schrifttumshinweise. Einen ausgezeichneten Überblick über die Verfahren, die bisher zur Untersuchung nichtlinearer Schwingungen entwickelt wurden, über ihre innere Verwandtschaft und ihre Tragweite, verdanken wir den Herren Magnus [6] und Klotter [7]. Neuere Ergebnisse hat Herr Ehrmann [8...11] geliefert.

Wir behandeln Gl. (8) nach dem meistgeübten Verfahren der harmonischen Balance oder der Beschreibungsfunktion und setzen näherungsweise

$$\varphi = A \sin\tau \, . \qquad (9)$$

Die in (8) auftretende Funktion $\sin(A \sin\tau)$ verläuft wiederum periodisch mit der Periode 2π, aber bei größeren Amplituden A auch nicht mehr annähernd sinusförmig und läßt sich als Fourier-Reihe explizit gemäß der bekannten Formel

$$\sin(A \sin\tau) = 2 \sum_{n=o}^{\infty} \mathfrak{J}_{2n+1}(A) \sin(2n+1)\tau \qquad (10)$$

darstellen. $\mathfrak{J}_{2n+1}$ ist die Bessel-Funktion der Ordnung $2n+1$. Wenn man (9) und (10) in (8) einsetzt und die Oberschwingungen in (10) auf die rechte Seite bringt, so folgt

$$-A\sin\tau + 2a\,\mathfrak{J}_1(A)\sin\tau = b\sin\tau - \underbrace{2a\sum_{n=1}^{\infty}\mathfrak{J}_{2n+1}(A)\sin(2n+1)\tau}_{p(\tau)} = b\sin\tau - p(\tau) \qquad (11)$$

Damit in (11) wenigstens die Grundschwingung $\sin\tau$ verschwinde oder ausbalanciert werde, fordern wir, daß die Gleichung

$$2\,\mathfrak{J}_1(A) = \frac{b}{a} + \frac{1}{a} A \qquad (12)$$

erfüllt sei. Wie die graphische Darstellung in Bild 2 zeigt, erhält man für $a > 1$ und passende Wahl von b drei mögliche Amplituden. A_1 ist vergleichsweise klein und positiv und liefert eine mit dem Antriebsmoment $b \sin\tau$ phasengleiche Schwingung. Die stark negative Amplitude A_2 gehört zu einer weit ausschlagenden Schwingung in Phasenposition zum Antriebsmoment. Im Gegen-

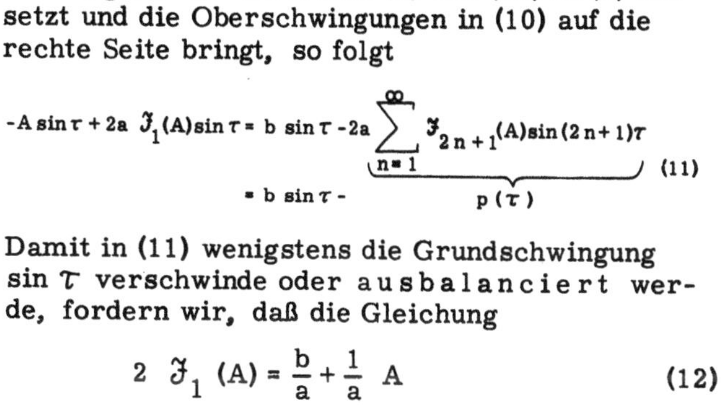

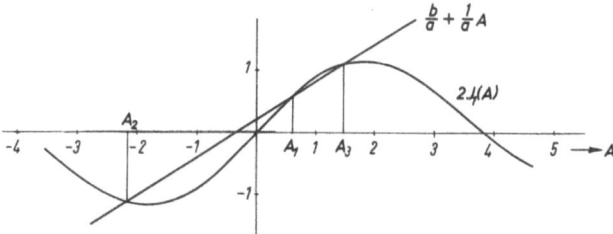

Bild 2: Zur Gleichung $2\,\mathfrak{J}_1(A) = \frac{b}{a} + \frac{1}{a} A$

Für $a = 1,65$ und $b = 0,36$ liefert die numerische Auflösung:

$A_1 = 0,633 \mathrel{\hat=} 36° \; 16'$

$A_2 = -2,196 \mathrel{\hat=} -125° \; 49'$

[$A_3 = 1,463 \mathrel{\hat=} 83° \; 49'$; instabil]

satz zu diesen beiden Schwingungen ist die Schwingung $A_3 \sin\tau$ nicht stabil. Sie vermag sich auch bei zutreffend gewählten Anfangsbedingungen gegenüber den unvermeidlichen Störungen nicht zu behaupten. Die Instabilität erkennt man überschlägig aus Bild 2, wenn man bedenkt, daß eine kleine Vergrößerung von b, d. h. der Amplitude des Antriebsmoments, zu einer Verringerung von A_3 führen würde.

Diese drei Schwingungen sind von Duffing entdeckt worden. Um nun die Güte der in (9) angewandten Näherung beurteilen zu können, bezeichnen wir mit $p_\mu(\tau)$ die in (11) allgemein mit $p(\tau)$ benannte Summe der Oberschwingungen, wenn für A einer der aus (12) sich errechnenden Werte A_μ eingesetzt wurde. Bei unserem Beispiel ist $\mu = 1, 2, 3$. Lassen wir nun auf das Pendel als periodisches Antriebsmoment nicht $b \sin\tau$, sondern entgegen der Vorschrift (8) $b \sin\tau + p_\mu(\tau)$ einwirken, dann liefert die rechte Seite von (11) den Ausdruck $b \sin\tau + p_\mu(\tau) - p(\tau)$, d. h. für $A = A_\mu$ nurmehr $b \sin\tau$, und die Gl. (11) wäre durch die Lösung $\varphi = A_\mu \sin\tau$ in Strenge erfüllt. Die Näherung (9) für die Differentialgleichung (8) mit $A = A_\mu$; $\mu = 1, 2, 3$ ist dann gut, wenn der Ersatz des Antriebsmoments $b \sin\tau + p_\mu(\tau)$ durch das in Wirklichkeit gegebene Antriebsmoment $b \sin\tau$ den zeitlichen Verlauf $\varphi(\tau)$ nicht merklich beeinflußt, d. h. wenn in (11) die Amplituden $2a\, \mathfrak{J}_3(A_\mu)$, $2a\, \mathfrak{J}_5(A_\mu), \ldots$ im Vergleich zu b klein sind und das System insbesondere nicht resonanzähnlich auf eine der Oberschwingungen mit der Kreisfrequenz 3ω, 5ω, ... antwortet, also ein träges Tiefpaßsystem ist.

Der Tafel 1 liegen, ebenso wie in Bild 2 die Parameter $a = 1{,}65$ und $b = 0{,}36$ zu Grunde. Man sieht, daß die Amplitude $b = 0{,}36$ des Antriebsmoments durch Oberschwingungen nur bei $\mu = 1$, also bei der kleinen Schwingung unwesentlich, bei $\mu = 3$ und 2, also der mittleren instabilen und der großen stabilen Schwingung, schon merklich bzw. ganz erheblich verunreinigt wird. Zum Vergleich ist noch die Gesamtamplitude - nicht die Amplitude der Grundschwingung - angefügt, die durch numerische Integration von (8) mit der Zuse-Maschine Z 22 ermittelt wurde, und durch die Näherung $\varphi = A_\mu \sin\tau$ selbst bei $\mu = 2$ überraschend gut getroffen wird.

Tafel 1. Gültig für $a = 1{,}65$; $b = 0{,}36$

μ	A_μ	b	$2a\, \mathfrak{J}_3(A_\mu)$	$2a\, \mathfrak{J}_5(A_\mu)$	Gesamtamplitude
1	0,633		0,0170	0,000 086	0, 6318
2	-2,196	0,36	-0,533	-0,0358	-2,159
3*)	1,463		0,188	0,00527	1,455

*) instabil

Die Näherung mag hier genügen, kann aber in anderen Fällen schlecht oder, wie etwa bei subharmonischen Schwingungen, völlig unbrauchbar werden. Sie läßt sich auch nicht verbessern. Man kann zwar anstelle von (9) für den Ausschlagswinkel φ eine vielgliedrige trigonometrische Reihe mit zunächst unbestimmten Koeffizienten ansetzen, doch kann man aus ihnen die Fourier-Koeffizienten für die nichtlinear verformte periodische Funktion $\sin\varphi$ praktisch nicht bestimmen. Zur Fehlerabschätzung sei noch auf [12] verwiesen.

Wir beschließen diesen Abschnitt mit dem Hinweis, daß auch die Differentialgleichung mit Dämpfung

$$\ddot{\varphi} + \varrho\dot{\varphi} + a \sin\varphi = b \sin(\tau + \beta)$$

auf die angegebene Weise durch den Ansatz $\varphi = A \sin\tau$ sich behandeln läßt. Man erhält bei Vernachlässigung der Oberschwingungen

$$-A + 2a\, \mathfrak{J}_1(A) = b \cos\beta ,$$
$$\varrho A = b \sin\beta .$$

Hieraus gewinnt man durch Quadrieren und Addieren mit

$$\left[-A + 2a\, \mathfrak{J}_1(A)\right]^2 + \varrho^2 A^2 = b^2$$

die Bestimmungsgleichung für A und weiterhin mit der nun bekannten Amplitude A aus

$$\operatorname{tg}\beta = \frac{\varrho A}{-A + 2a\, \mathfrak{J}_1(A)}$$

den Phasenwinkel β, um den die jeweils erzeugte Schwingung dem Antriebsmoment nacheilt.

4. Ein neues Verfahren

Man kann die periodischen und nicht rein sinusförmig angenommenen Lösungen gewisser nichtlinearer Differentialgleichungen auf die folgende, sogleich am Beispiel erklärte Art näherungsweise bestimmen.

Wir setzen zunächst mit noch unbestimmten Koeffizienten die periodische Lösung näherungsweise als endliche Fourier-Reihe an

$$\varphi = B_1 \sin\tau + B_3 \sin 3\tau + B_5 \sin 5\tau + \ldots + B_{2n-1} \sin(2n-1)\tau = \sum_{\nu=1}^{n} B_{2\nu-1} \sin(2\nu-1)\tau , \tag{13a}$$

wobei n beliebig groß gewählt werden darf. Stattdessen schreiben wir, weil dann die folgende Rechnung übersichtlicher wird,

$$\varphi = \sum_{\nu=1}^{n} \frac{C_{2\nu-1}}{2\nu-1} \sin(2\nu-1)\tau \tag{13b}$$

mit

$$B_{2\nu-1} = \frac{C_{2\nu-1}}{2\nu-1} \tag{13c}$$

Der Ansatz (13a) liegt nahe, da dann $\sin\varphi$ und $\frac{d^2\varphi}{d\tau^2}$ je für sich mit dem Antriebsmoment $\sin\tau$ in (8) die hervorstechenden Symmetrieeigenschaften $f(-\tau) = -f(\tau)$ und $f(\pi/2 - \tau) = f(\pi/2 + \tau)$ teilen.

Weiterhin sei vorausgesetzt, daß es eine für den Periodizitätsbereich gegen die wahre periodische

Lösung konvergierende Taylorentwicklung für den Punkt $\tau = 0$ gebe. Diese Annahme wird in der Regel nur durch den erzielten Erfolg zu rechtfertigen sein. Wir nennen

$$\frac{d^s \varphi}{d\tau^s} = \varphi_s .$$

Aus der Differentialgleichung (8) folgt φ_2, woraus sich nacheinander durch Differentiation die höheren Ableitungen ermitteln lassen:

$$\varphi_2 = -a \sin \varphi + b \sin \tau$$

$$\varphi_3 = -\varphi_1 \, a \cos \varphi + b \cos \tau$$

$$\varphi_4 = -\varphi_2 \, a \cos \varphi + \varphi_1^{\,2} \, a \sin \varphi - b \sin \tau$$

$$\varphi_5 = (\varphi_1^{\,3} - \varphi_3) \, a \cos \varphi + 3 \varphi_1 \varphi_2 \, a \sin \varphi - b \cos \tau$$

$$\varphi_6 = (6 \varphi_1^{\,2} \varphi_2 - \varphi_4) \, a \cos \varphi + (-\varphi_1^{\,4} + 4 \varphi_1 \varphi_3 + 3 \varphi_2^{\,2}) \, a \sin \varphi + b \sin \tau$$

$$\varphi_7 = (-\varphi_1^{\,5} + 10 \varphi_1^{\,2} \varphi_3 + 15 \varphi_1 \varphi_2^{\,2} - \varphi_5) \, a \cos \varphi + (-10 \varphi_1^{\,3} \varphi_2 + 5 \varphi_1 \varphi_4 + 10 \varphi_2 \varphi_3) \, a \sin \varphi + b \cos \tau$$

$$\varphi_8 = (-15 \varphi_1^{\,4} \varphi_2 + 15 \varphi_1^{\,2} \varphi_4 + 60 \varphi_1 \varphi_2 \varphi_3 + 15 \varphi_2^{\,3} - \varphi_6) \, a \cos \varphi + (\varphi_1^{\,6} - 20 \varphi_1^{\,3} \varphi_3 - 45 \varphi_1^{\,2} \varphi_2^{\,2} + 6 \varphi_1 \varphi_5 + 15 \varphi_2 \varphi_4 + 10 \varphi_3^{\,2}) \, a \sin \varphi - b \sin \tau$$

$$\varphi_9 = (\varphi_1^{\,7} - 35 \varphi_1^{\,4} \varphi_3 - 105 \varphi_1^{\,3} \varphi_2^{\,2} + 21 \varphi_1^{\,2} \varphi_5 + 105 \varphi_1 \varphi_2 \varphi_4) \, a \cos \varphi + (21 \varphi_1^{\,5} \varphi_2 - 35 \varphi_1^{\,3} \varphi_4 - 210 \varphi_1^{\,2} \varphi_2 \varphi_3 - 105 \varphi_1 \varphi_2^{\,3} + 7 \varphi_1 \varphi_6 + 21 \varphi_2 \varphi_5 + 15 \varphi_3 \varphi_4) \, a \sin \varphi - b \cos \tau$$

usw. (14a)

Nach (13a) ist für $\tau = 0$

$$\varphi(0) = 0. \tag{15a}$$

Die noch unbekannte Winkelgeschwindigkeit in diesem Zeitpunkt sei mit

$$\varphi_1(0) = v \tag{15b}$$

bezeichnet. Mit diesen beiden Anfangswerten und den Angaben in (14a) kan man weiterhin $\varphi_2(0)$, $\varphi_3(0)$, ... berechnen, wenn man jeweils bei Bestimmung einer neuen Ableitung die Werte für die vorangegangenen einsetzt. Ergebnis:

$$\varphi(0) = 0$$

$$\varphi_1(0) = v = c_o(v)$$

$$\varphi_2(0) = 0$$

$$\varphi_3(0) = -av + b = -c_1(v)$$

$$\varphi_4(0) = 0$$

$$\varphi_5(0) = a(v^3 + av) - b(a+1) = c_2(v)$$

$$\varphi_6(0) = 0$$

$$\varphi_7(0) = a\left(-v^5 - 11av^3 + 10bv^2 - a^2 v\right) + b(a^2 + a + 1) = -c_3(v)$$

$$\varphi_8(0) = 0$$

$$\varphi_9(0) = a\left[v^7 + 57av^5 - 35bv^4 + 120a^2v^3 - (171a + 21)\,bv^2 + (a^3 + 70b^2)v\right] - b(a^3 + a^2 + a + 1) = c_4(v)$$

usw. (14b)

Die Taylor-Reihe brauchen wir nicht anzuschreiben.

Die für $\tau = 0$ gültigen Ableitungen gerader Ordnung, also $\varphi(0)$, $\varphi_2(0)$, $\varphi_4(0)$.... sind sowohl laut Ansatz (13a) als auch nach (14b) unabhängig von B_1, B_3, ... bzw. unabhängig von v identisch 0. Die für $\tau = 0$ gültigen und nicht identisch verschwindenden Ableitungen ungerader Ordnung, nämlich $\varphi_1(0)$, $\varphi_3(0)$, ... werden zur Vereinfachung der Schreibweise in (14b) mit c_o, $-c_1$, c_2, $-c_3$, ... bezeichnet und als Funktionen von v gekennzeichnet; natürlich ist $c_o(v) = v$.

Wir bestimmen nun die Fourier-Koeffizienten B_1, B_3, ... in (13a) derart, daß möglichst viele der für $\tau = 0$ gültigen, zweckmäßig aus (13b) berechneten Ableitungen $\varphi_1(0)$, $\varphi_3(0)$... mit den in (14b) ermittelten Werten c_o, $-c_1$, c_2, $-c_3$, ... übereinstimmen. Dieser Forderung entspringt das lineare Gleichungssystem

C_1	C_3	... $C_{2\nu-1}$	... C_{2n-1}		
1	1	... 1	... 1	$c_o(v)$	
1^2	3^2	... $(2\nu-1)^2$	... $(2n-1)^2$	$c_1(v)$	
1^4	3^4	... $(2\nu-1)^4$	... $(2n-1)^4$	$c_2(v)$	
.	.	... .	... .	.	(16)
$1^{2(n-1)}$	$3^{2(n-1)}$	... $(2\nu-1)^{2(n-1)}$	... $(2n-1)^{2(n-1)}$	$c_{n-1}(v)$	
1^{2n}	3^{2n}	... $(2\nu-1)^{2n}$	... $(2n-1)^{2n}$	$c_n(v)$	

In der Kopfzeile sind die Unbekannten C_1, C_3, ..., C_{2n-1} und neben der Koeffizientenmatrix ist die rechte Seite eingetragen. Läßt man die letzte, also $(n+1)^{te}$ Gleichung weg, so könnte man bei beliebig gewähltem Werte v die n Amplituden C bestimmen, da, woran später erinnert werden wird, die Koeffizientendeterminante $\neq 0$ ist. Es gibt aber sicherlich nicht unendlich viele periodische Lösungen der Periodendauer 2π, sondern nur eine endliche Anzahl mit einer jeweils dazugehörigen bestimmten Geschwindigkeit v zur Zeit $\tau = 0$. Fügt man aber die bereits vorsorglich angeschriebene letzte Gleichung hinzu, so dürfen die insgesamt n+1 Gleichungen für die n Unbekannten $C_1 \dots C_{2n-1}$ nicht voneinander linear unabhängig sein. Vielmehr muß nach bekannten Sätzen der Algebra, wie etwa in [13] nachzulesen, die (n+1)reihige Determinante

$$D = \begin{vmatrix} 1 & 1 & \dots & 1 & c_o(v) \\ 1^2 & 3^2 & \dots & (2n-1)^2 & c_1(v) \\ . & . & \dots & . & . \\ 1^{2n} & 3^{2n} & \dots & (2n-1)^{2n} & c_n(v) \end{vmatrix} = 0 \qquad (17)$$

sein. Besitzt diese Polynomgleichung die reellen und voneinander verschiedenen Nullstellen v_μ ; $\mu = 1 \dots m$, so darf man m voneinander verschiedene periodische Lösungen der Periode 2π zur Differentialgleichung (8) vermuten. Setzt man in (16) $v = v_\mu$, so ist wegen der nun sichergestellten linearen Abhängigkeit etwa die $(n+1)^{te}$ Gleichung von selbst erfüllt, wenn die ersten n Gleichungen gelten. Man gewinnt daher durch deren Auflösung mit (13c) die Fourier-Koeffizienten oder Teilschwingungs-Amplituden B_1, B_3, ..., B_{2n-1}, der zu v_μ gehörigen periodischen Lösung. $\mu = 1 \dots m$. Damit ist der Grundgedanke des Verfahrens geschildert. Man kann das gewissen nichtlinearen Differentialgleichungen zuzuordnende charakteristische Polynom (17) dem charakteristischen Polynom bei linearen homogenen Differentialgleichungen mit konstanten Koeffizienten an die Seite stellen. Beim linearen System liefert das Polynom die Eigenwerte, d.h. die Koeffizienten in den Exponentialfunktionen, beim nichtlinearen System jene Anfangsgeschwindigkeiten, die offenbar zu periodischen Lösungen gehören. Sie werden im allgemeinen umso genauer bestimmt, je höher man n wählt.

Man kann die Berechnung sowohl von D wie der Amplituden B weitgehend allgemein vorbereiten. Setzt man zur Vereinfachung der Darstellung

$$x_1 = 1^2;\ x_2 = 3^2;\ x_3 = 5^2; \dots ;\ x_n = (2n-1)^2 , \qquad (18)$$

so schreibt sich (17)

$$D = \begin{vmatrix} 1 & 1 & \dots & 1 & c_o(v) \\ x_1 & x_2 & \dots & x_n & c_1(v) \\ . & . & \dots & . & . \\ x_1^n & x_2^n & \dots & x_n^n & c_n(v) \end{vmatrix} = 0$$

oder bei Entwicklung nach der letzten Spalte

$$D = \sum_{r=o}^{n} c_r(v)\ A_{r+1,\ n+1} = 0 . \qquad (19)$$

$A_{r+1,\ n+1}$ ist der schon mit seiner Signatur versehene Minor zum Element in der Zeile r+1 und Spalte n+1. Wir betrachten andererseits, wie bei der Berechnung der gewöhnlichen Vandermonde-Determinante nach [13] üblich, das Polynom n^{ten} Grades

$$D_1(x) = \begin{vmatrix} 1 & 1 & \dots & 1 & 1 \\ x_1 & x_2 & \dots & x_n & x \\ x_1^2 & x_2^2 & \dots & x_n^2 & x^2 \\ . & . & \dots & . & . \\ x_1^n & x_2^n & \dots & x_n^n & x^n \end{vmatrix} \qquad (20a)$$

oder, entwickelt,

$$D_1(x) = \sum_{r=o}^{n} x^r\ A_{r+1,\ n+1} . \qquad (20b)$$

Die Determinante $D_1(x)$ besitzt offenbar die voneinander verschiedenen Nullstellen $x_1, \dots, x_n$, weil sie für jeden dieser Werte zwei gleiche Spalten aufweist. Somit

$$D_1 = K\,(x - x_1)(x - x_2) \dots (x - x_n) \qquad (21)$$

K ist der Koeffizient von x^n und daher nach (20b) und (20a) gleich der Vandermonde-Determinante

$$K = \begin{vmatrix} 1 & 1 & 1 & \dots & 1 \\ x_1 & x_2 & x_3 & \dots & x_n \\ x_1^2 & x_2^2 & x_3^2 & \dots & x_n^2 \\ \cdot & \cdot & \cdot & \dots & \cdot \\ x_1^{n-1} & x_2^{n-1} & x_3^{n-1} & \dots & x_n^{n-1} \end{vmatrix} \qquad (22)$$

Aus (21) folgt aber die bekannte Darstellung

$$D_1 = K(s_o\, x^n + s_1\, x^{n-1} + \dots + s_{n-r}\, x^r + \dots + s_n), \qquad (23)$$

wobei $s_o = 1$ und $s_1, \dots s_n$ die symmetrischen Grundfunktionen von $x_1 \dots x_n$ vom Grade $1 \dots n$ sind; d. h.

$$\begin{aligned} s_1 &= -(x_1 + x_2 + \dots + x_n) \\ s_2 &= x_1 x_2 + x_1 x_3 + \dots + x_1 x_n + x_2 x_3 + \dots + x_{n-1} x_n \\ s_3 &= -(x_1 x_2 x_3 + \dots) \\ & \\ s_n &= (-1)^n x_1 x_2 \dots x_n \end{aligned} \qquad (24)$$

Wie der Vergleich zwischen (23) und (20b) zeigt, ist der zu x^r gehörige Koeffizient

$$A_{r+1,\, n+1} = K\, s_{n-r}$$

und die Polynomgleichung (19) lautet - recht einfach im Vergleich zu (17) -

$$\boxed{\sum_{r=o}^{n} c_r(v)\, s_{n-r} = 0} \qquad (25)$$

Hieraus die reellen und voneinander verschiedenen Lösungen $v = v_\mu$; $\mu = 1 \dots m$.

Das zu einer bestimmten Lösung v_μ gehörige System der Koeffizienten C oder B in (13b) und (13a) sei mit $C_{1\mu} \dots C_{2n-1,\mu}$ bez. $B_{1\mu} \dots B_{2n-1,\mu}$ bezeichnet.

Dann lauten die ersten n Gleichungen in (16) für eine bestimmte Lösung $v = v_\mu$, wenn man (18) beachtet

$$\begin{array}{ccccc||c} C_{1\mu} & C_{3\mu} & \dots\ C_{2\nu-1,\mu} & \dots & C_{2n-1,\mu} & \\ \hline 1 & 1 & \dots\ 1 & \dots & 1 & c_o(v_\mu) \\ x_1 & x_2 & \dots\ x_\nu & \dots & x_n & c_1(v_\mu) \\ \cdot & \cdot & \dots\ \cdot & \dots & \cdot & \cdot \\ x_1^{n-1} & x_2^{n-1} & \dots\ x_\nu^{n-1} & \dots & x_n^{n-1} & c_{n-1}(v_\mu) \end{array}$$

Da die Nenner-Determinante mit der Determinante in (22) übereinstimmt, folgt als Lösung

$$C_{2\nu-1,\mu} = K^{-1} \begin{vmatrix} 1 & \dots & 1 & c_o(v_\mu) & 1 & \dots & 1 \\ x_1 & \dots & x_{\nu-1} & c_1(v_\mu) & x_{\nu+1} & \dots & x_n \\ \cdot & \dots & \cdot & \cdot & \cdot & \dots & \cdot \\ x_1^{n-1} & \dots & x_{\nu-1}^{n-1} & c_{n-1}(v_\mu) & x_{\nu+1}^{n-1} & \dots & x_n^{n-1} \end{vmatrix}$$

$$\nu = 1 \dots n,$$

oder, bei Entwicklung nach der ν^{ten} Spalte,

$$C_{2\nu-1,\mu} = K^{-1} \sum_{r=o}^{n-1} c_r(v_\mu)\, A^*_{r+1,\nu}\,. \qquad (26)$$

$A^*_{r+1,\nu}$ ist der Minor zur Zeile r+1 und Spalte ν bei der Determinante K in (22). Um ihn zu berechnen, betrachten wir das Polynom $(n-1)^{ten}$ Grades

$$D_2^{(\nu)}(x) = \begin{vmatrix} 1 & \dots & 1 & 1 & 1 & \dots & 1 \\ x_1 & \dots & x_{\nu-1} & x & x_{\nu+1} & \dots & x_n \\ \cdot & \dots & \cdot & \cdot & \cdot & \dots & \cdot \\ x_1^{n-1} & \dots & x_{\nu-1}^{n-1} & x^{n-1} & x_{\nu+1}^{n-1} & \dots & x_n^{n-1} \end{vmatrix} \qquad (27a)$$

Der Zusatz (ν) bedeutet, daß in K die Spalte ν durch 1, x, ... x^{n-1} ersetzt wurde. Durch Entwicklung nach dieser Spalte findet man

$$D_2^{(\nu)} = \sum_{r=o}^{n-1} x^r\, A^*_{r+1,\nu}\,, \qquad (27b)$$

$D_2^{(\nu)}$ besitzt nach (27a) die n-1 Nullstellen $x_1 \dots x_{\nu-1}$, $x_{\nu+1} \dots x_n$, so daß man auch

$$D_2^{(\nu)} = K_1^{(\nu)}\, (x - x_1) \dots (x - x_{\nu-1})(x - x_{\nu+1}) \dots (x - x_n) \qquad (28)$$

schreiben kann. $K_1^{(\nu)}$ ist der Koeffizient von x^{n-1}, daher nach (27b) und (27a)

$$K_1^{(\nu)} = (-1)^{n+\nu} \begin{vmatrix} 1 & \dots & 1 & 1 & \dots & 1 \\ x_1 & \dots & x_{\nu-1} & x_{\nu+1} & \dots & x_n \\ \cdot & \dots & \cdot & \cdot & \dots & \cdot \\ x_1^{n-2} & \dots & x_{\nu-1}^{n-2} & x_{\nu+1}^{n-2} & \dots & x_n^{n-2} \end{vmatrix} \qquad (29)$$

Andererseits folgt aus (28) mit $\sigma_o^{(\nu)} = 1$

$$D_2^{(\nu)} = K_1^{(\nu)} \left(\sigma_o^{(\nu)} x^{n-1} + \sigma_1^{(\nu)} x^{n-2} + \dots + \sigma_{n-1-r}^{(\nu)} x^r + \dots + \sigma_{n-1}^{(\nu)} \right) \qquad (30)$$

$\sigma_1^{(\nu)} \dots \sigma_{n-1}^{(\nu)}$ sind die symmetrischen Grundfunktionen 1., 2., ... $(n-1)^{ten}$ Grades, gebildet aus den Zahlen $x_1 \dots x_{\nu-1}$, $x_{\nu+1} \dots x_n$. Demnach

$$\sigma_1^{(\nu)} = -(x_1 + \cdots + x_{\nu-1} + x_{\nu+1} + \cdots + x_n)$$
$$\sigma_2^{(\nu)} = x_1 x_2 + \cdots + x_1 x_{\nu-1} + x_1 x_{\nu+1} + \cdots + x_{n-1} x_n)$$
$$\cdots \cdots \cdots \cdots \cdots \quad (31)$$
$$\sigma_{n-1}^{(\nu)} = (-1)^{n-1} x_1 x_2 \cdots x_{\nu-1} x_{\nu+1} \cdots x_n.$$

Der Vergleich zwischen (27b) und (30) liefert zunächst als Koeffizienten für x^r

$$A^*_{r+1,\nu} = K_1^{(\nu)} \, \sigma_{n-1-r}^{(\nu)},$$

woraus nach (26) mit (13c)

$$B_{2\nu-1,\mu} = \frac{K_1^{(\nu)}}{K} \frac{\sum_{r=0}^{n-1} c_r(v_\mu) \, \sigma_{n-1-r}^{(\nu)}}{2\nu-1} \quad (32)$$

folgt. Für die Determinante in (22) gilt nach [13] die bekannte Faktorenzerlegung

$$K = (x_n - x_{n-1})(x_n - x_{n-2}) \cdots \underline{(x_n - x_\nu)}(x_n - x_{\nu-1}) \cdots (x_n - x_1)$$
$$(x_{n-1} - x_{n-2}) \cdots \underline{(x_{n-1} - x_\nu)}(x_{n-1} - x_{\nu-1}) \cdots (x_{n-1} - x_1)$$
$$\cdots \cdots \cdots \cdots$$
$$(x_{\nu+1} - x_\nu)(x_{\nu+1} - x_{\nu-1}) \cdots (x_{\nu+1} - x_1)$$
$$\underline{(x_\nu - x_{\nu-1})} \cdots \underline{(x_\nu - x_1)}$$
$$\cdots \cdots \cdots \cdots$$
$$(x_2 - x_1).$$

Läßt man in K, Gl. (22), die letzte Zeile und die Spalte ν fort, so entsteht, abgesehen vom Vorzeichen, $K_1^{(\nu)}$ in Gl. (29). Wenden wir also die soeben mitgeteilte Faktorenzerlegung auf $K_1^{(\nu)}$ an, so entfallen die unterstrichenen Faktoren. In dem in (32) benötigten Quotienten $K_1^{(\nu)}/K$ heben sich daher alle übrigen Faktoren weg und es verbleibt

$$\frac{K_1^{(\nu)}}{K} = (-1)^{n+\nu} \frac{1}{p_\nu q_\nu},$$

wobei

$$p_\nu = (x_n - x_\nu)(x_{n-1} - x_\nu) \cdots (x_{\nu+1} - x_\nu) \text{ für } \nu = 1 \ldots n-1$$
und $p_n = 1$, $\quad (33)$
$$q_\nu = (x_\nu - x_{\nu-1})(x_\nu - x_{\nu-2}) \cdots (x_\nu - x_1) \text{ für } \nu = 2 \ldots n$$
und $q_1 = 1$

ist. So findet man schließlich aus (32), wenn man noch $(-1)^{n+\nu} = (-1)^{n-\nu}$ setzt,

$$\boxed{B_{2\nu-1,\mu} = (-1)^{n-\nu} \frac{\sum_{r=0}^{n-1} c_r(v_\mu) \, \sigma_{n-1-r}^{(\nu)}}{p_\nu q_\nu (2\nu-1)}} \quad (34)$$

also die zu $v = v_\mu$ ($\mu = 1 \ldots m$) gehörigen Teilschwingungsamplituden $B_{2\nu-1}$ für $\nu = 1 \ldots n$. So ist für jeden Wert v_μ die in (13a) angesetzte periodische Lösung bestimmt.

Das vorgetragene Lösungsverfahren ist nicht nur auf die Differentialgleichung (8), sondern auf jede Differentialgleichung der Form

$$\frac{d^2 \varphi}{d\tau^2} + u(\varphi) = b \sin \tau$$

anwendbar, wenn $u(\varphi) = -u(-\varphi)$ eine ungerade Funktion von φ ist. Um die für $\tau = 0$ gültigen, je zu einer periodischen Lösung führenden Geschwindigkeiten $v_1 \ldots v_m$ zu ermitteln, muß man nur $c_0(v) \ldots c_n(v)$ für die vorgelegte Funktion $u(\varphi)$ berechnen, wie bei unserem Beispiel gemäß (14b), während man die in (25) weiterhin auftretenden symmetrischen Grundfunktionen nach (24) mit (18) ein für allemal bestimmen kann. Weiterhin gewinnt man, wie schon gesagt, die zu v_μ gehörigen Amplituden $B_{2\nu-1}$ der Teilschwingungen nach (34), indem man $c_r(v_\mu)$; $r = 0 \ldots n-1$ berechnet, während wiederum die Grundfunktionen $\sigma^{(\nu)}$ in (31) sowie p_ν und q_ν in (33) einheitlich für alle Fälle gelten.

Subharmonische Schwingungen lassen sich nach dem Verfahren der harmonischen Balance nur in besonders günstigen Fällen gewinnen, weil man nur eine einfache Sinusschwingung als Näherungslösung ansetzt. Will man nach dem hier gezeigten Verfahren jene subharmonischen Schwingungen ermitteln, deren Periodendauer 3mal, allgemein $(2k+1)$mal so groß ist wie jene des Antriebsmoments, so setzt man zweckmäßig statt (7a) $\omega t = 3\tau$, so daß statt (8) die Differentialgleichung

$$\frac{d^2 \varphi}{d\tau^2} + 9a \sin \varphi = 9b \sin 3\tau$$

folgt. Dann eignet sich der Ansatz (13a) mit der Grundschwingung $\sin \tau$ zur Behandlung dieser subharmonischen Schwingung und die Rechnung verläuft wie bisher, wenn man in (14a) die Parameter a und b durch 9a und 9b ersetzt und die Ableitungen von $\sin 3\tau$ bildet.

Auch die autonomen Schwingungen, bei denen die Grundkreisfrequenz ω nicht gegeben sondern zu bestimmen ist, lassen sich sinngemäß behandeln.

5. Zahlenbeispiel

Vollständige numerische Ergebnisse sollen später mitgeteilt werden, so daß hier eine Andeutung genügen möge. Wir suchen die mit dem Antriebsmoment gleichfrequenten periodischen Näherungslösungen zu (8), welche die Teilschwingungen $\sin\tau$, $\sin 3\tau$, $\sin 5\tau$, $\sin 7\tau$ berücksichtigen, so daß nach (13a) $n = 4$ zu wählen ist. Man findet gemäß (24) mit (18)

$$s_0 = 1$$

$$s_1 = -84$$

$$s_2 = 1974$$

$$s_3 = -12916$$

$$s_4 = 11025.$$

Mit diesen Werten lautet die Polynomgleichung (25)

$$11025\, c_0(v) - 12916\, c_1(v) + 1974\, c_2(v) - 84\, c_3(v) + c_4(v) = 0$$

Übernimmt man nun $c_0(v) \ldots c_4(v)$ aus (14b), so lautet die Gleichung mit gewissen Zusammenfassungen

$$av^7 + a(57a-84)v^5 - 35abv^4 + a(102a^2-924a+1974)v^3 + ab(819-171a)v^2$$
$$+ \left[(a-49)(a-25)(a-9)(a-1) + 60ab^2\right]v$$
$$- b(a-49)(a-25)(a-9) = 0$$

Mit den Parameterwerten $a = 1,65$ und $b = 0,361$ ergeben sich - auf 6 Stellen abgerundet - die folgenden 7 Nullstellen

0, 641517; -2, 29624; 1, 53575;

3, 27139 ± i 4, 03665; -3, 21190 ± i 4, 33534

Die allein verwertbaren reellen Nullstellen liefern 3 periodische Lösungen ($m = 3$) mit den Geschwindigkeiten zur Zeit $\tau = 0$

$$v_1 = 0,641517$$
$$v_2 = -2,29624$$
$$v_3 = 1,53575 \qquad \text{(instabil).}$$

Auf Grund dieser Ausgangswerte wurden durch numerische Integration in einem Eingabelungsprozeß die periodischen Lösungen auf viele Stellen genau ermittelt. Sie liefern die w a h r e n Werte - auf 5 Stellen genau -

$$v_1 = 0,64191$$
$$v_2 = -2,4234$$
$$v_3 = 1,5477$$

Man sieht, daß durch die Näherungslösungen die richtigen Werte v_μ bei der kleinen und der insta-

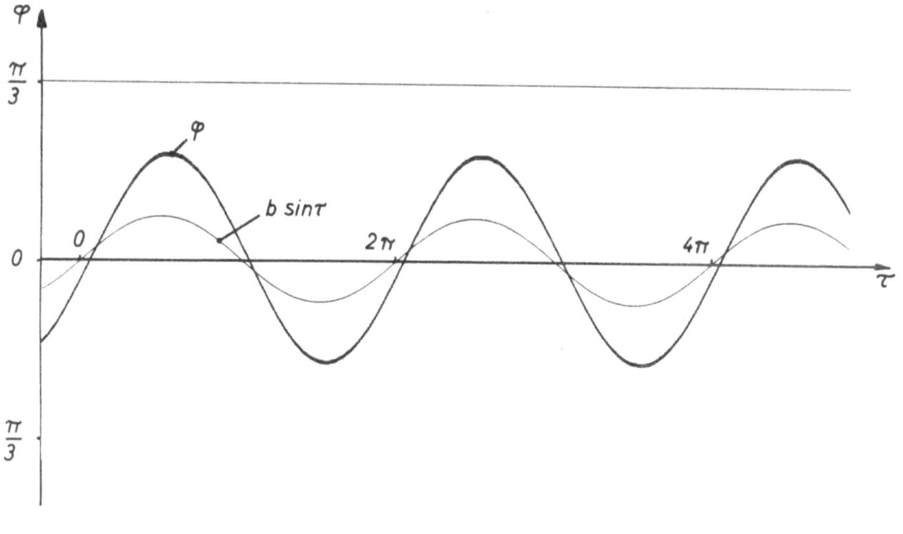

Bild 3:

Oszillographische Aufnahme der gleichfrequenten und gleichphasigen k l e i n e n Schwingung

Differentialgleichung:

$$\ddot{\varphi} + \varrho\dot{\varphi} + a\sin\varphi = b\sin\tau$$

Parameter:

$a = 1,65$
$b = 0,36$
$\varrho = 0,09$ (unvermeidlich)

Ordinatenteilung gehört nur zu φ. Für $b \sin\tau$ wurde ein willkürlicher, für die Darstellung günstiger Maßstab eingestellt.

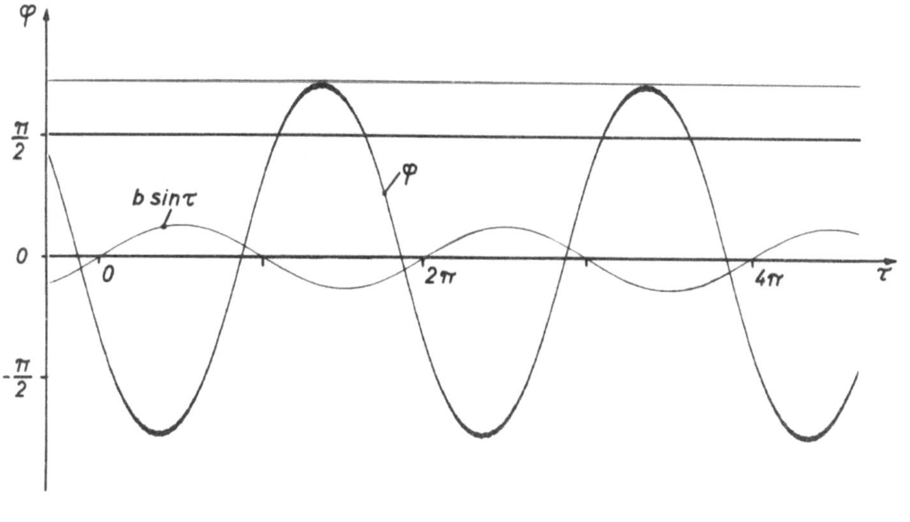

Bild 4:

Oszillographische Aufnahme der gleichfrequenten und gegenphasigen g r o ß e n Schwingung

Differentialgleichung und Parameter genau wie in Bild 3, d. h. System blieb unverändert. Über Maßstab für $b \sin\tau$ vgl. Bemerkung zu Bild 3.

bilen mittleren Schwingung nahezu, bei der stabilen großen Schwingung wenigstens angenähert erreicht wurden.

6. Versuchsergebnisse

Bei der an anderer Stelle zu beschreibenden, der Differentialgleichung (8) genügenden Versuchsanordnung ist das Pendel an der Welle eines mit Kurzschlußläufer ausgerüsteten Asynchronmotors befestigt. Dank einer besonderen Schaltung erzeugt der Motor ein in seiner Frequenz sehr genaues, zeitlich sinusförmiges Drehmoment. Drehmoment und Ausschlagswinkel φ werden in einer Demodulationsschaltung bzw. durch Widerstandsgeber je in einen streng proportionalen Strom abgebildet und mit je einer Oszillographenschleife abhängig von der Zeit aufgezeichnet. Die Startphase kann eingestellt werden, so daß man eine bestimmte periodische Lösung mit Sicherheit erreicht.

Die Bilder 3 und 4 zeigen die beiden stabilen gleichfrequenzten Schwingungen, die sich bei genau gleichem Antriebsmoment je nach der Startphase einstellen. Man achte auf die unterschiedliche Ordinatenteilung für φ . Die kleine Phasenverschiebung der erzwungenen Schwingung gegenüber dem Antriebsmoment b sin τ rührt von der unvermeidlichen Dämpfung her.

Das Pendel schwingt also stabil in beiderseits großen Ausschlägen um die instabile Gleichgewichtslage des freien Pendels. Setzt man $\varphi - \pi = \psi$, so verschwindet für ψ der Schwingungsmittelwert, doch lautet die Differentialgleichung (8) nunmehr

$$\frac{d^2\psi}{d\tau^2} - a \sin \psi = b \sin \tau .$$

Man muß also auch negative Faktoren vor sin ψ ins Auge fassen und kann dann weiterhin verfahren, wie oben bei der Behandlung subharmonischer Schwingungen beschrieben wurde.

Die ungleiche Höhe der Höcker in Bild 5 und eine kleine Phasenverschiebung der Schwingung $\varphi(\tau)$ gegenüber sin τ werden wiederum durch die unvermeidliche Dämpfung verursacht.

Die drei Schwingungen nach Bild 3, 4, 5 wurden ebenfalls im Vortrag vorgeführt.

Die Differentialgleichung (8) besitzt übrigens für den Sonderfall b = a noch die besondere Lösung

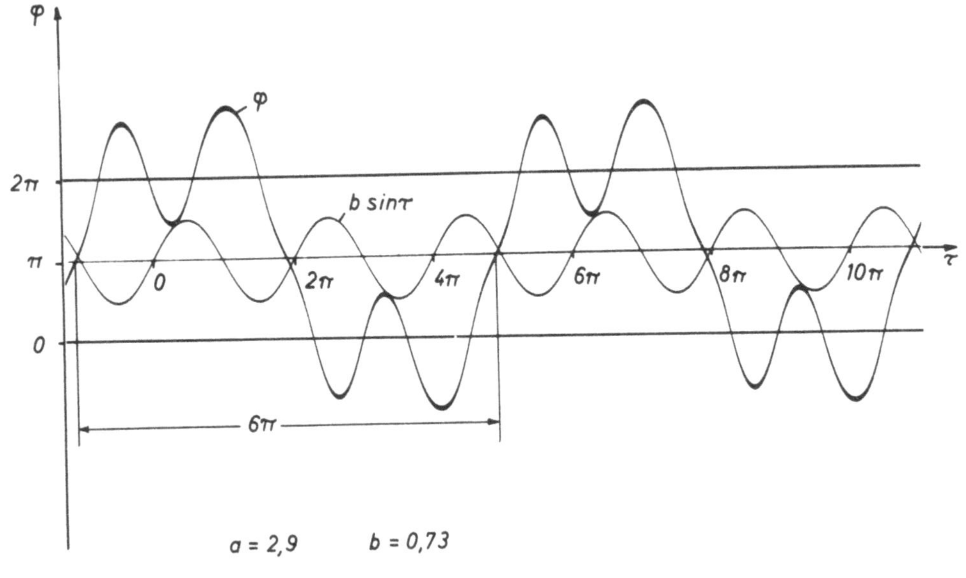

Subharmonische Schwingung

Bild 5:

Oszillographische Aufnahme der erzwungenen subharmonischen Schwingung, deren Schwingungsmittelwert mit der oberen instabilen Gleichgewichtslage des freien Pendels übereinstimmt.

Differentialgleichung:

$\ddot{\varphi} + \rho\dot{\varphi} + a \sin \varphi = b \sin \tau$

Parameter:

a = 2,9
b = 0,73
ρ = 0,12 (unvermeidlich)

Der Übersichtlichkeit wegen wurde das Antriebsmoment b sin τ nicht über der Abszisse $\varphi = 0$, sondern über der hierzu parallelen Geraden $\varphi = \pi$ aufgetragen. Über den Maßstab für b sin τ vgl. Bemerkung zu Bild 3.

Bild 5 zeigt eine bis heute nicht bekannt gewordene, stabile subharmonische Schwingung. Man sieht, daß $\varphi(\tau)$ die normierte Periodendauer 3 x 2 π besitzt gegenüber 2 π beim Antriebsmoment b sin τ . Diese Lösung zu (8) konnte bisher nicht gefunden werden, weil man immer annahm, daß jede überhaupt denkbare Schwingung symmetrisch zu $\varphi = 0$, also zur stabilen Gleichgewichtslage des freien Pendels, verlaufen müsse. Man hat immer vorausgesetzt, daß der Schwingungsmittelwert, also das konstante Glied der Fourier-Reihe, verschwindet. Bei Bild 5 ist aber ersichtlich der Schwingungsmittelwert

$$\frac{1}{6\pi} \int_0^{6\pi} \varphi \, d\tau = \pi .$$

$$\varphi = \tau$$

und $\varphi = \pi - \tau$,

da die zweite Ableitung dieser beiden Funktionen beständig 0 ist. Demnach hätte ein sinusförmiges Antriebsmoment keine Schwingung, sondern eine gleichförmige Drehung des Pendels nach links oder rechts zur Folge. Allerdings ist die Lösung nicht stabil und beim Versuch wird auch bei richtig eingestellten Anfangsbedingungen der lineare Verlauf alsbald infolge der unvermeidlichen kleinen Störungen verlassen.

Der Verfasser hofft, dem Leser eine Vorstellung vom Formenreichtum nichtlinearer periodischer Schwingungen und einige Hinweise zu ihrer mathematischen Behandlung vermittelt zu haben.

Schrifttum

[1] H. Kauderer: Nichtlineare Mechanik. Springer-Verlag Berlin, Göttingen, Heidelberg 1958

[2] E. Kamke: Differentialgleichungen, Lösungsmethoden und Lösungen. Band 1, gewöhnliche Differentialgleichungen, 6. Aufl., Akademische Verlagsgesellschaft, Leipzig 1959, S. 546

[3a] Proceedings of the Symposium on Nonlinear Circuit Analysis. New York 1953

[3b] Proceedings of the Symposium on Nonlinear Circuit Analysis IV. New York 1956

[4] J. J. Schäfer: Zur Theorie der elektrischen Netzwerke mit nichtlinearen Elementen. Arch. f. Elektrot. 43 (1957), S. 151

[5] C. Schmieden: Nichtlineare Schwingungen bei zwei Freiheitsgraden. Ing. Arch. 26 (1958), S. 110-128, und Ing. Arch. 25 (1957), S. 292

[6] K. Magnus: Über den Zusammenhang verschiedener Näherungsverfahren zur Berechnung nichtlinearer Schwingungen. Z. angew. Math. Mech. 37 (1957), S. 471

[7] K. Klotter: Neuere Methoden und Ergebnisse auf dem Gebiet nichtlinearer Schwingungen. VDI-Ber. 4 (1955), S. 35

[8] H. Ehrmann: Über die Existenz der Lösungen von Randwertaufgaben bei gewöhnlichen nichtlinearen Differentialgleichungen zweiter Ordnung. Math. Ann. 134 (1957), S. 167

[9] H. Ehrmann: Nachweis periodischer Lösungen bei gewissen nichtlinearen Schwingungsdifferentialgleichungen. Arch. Rational Mech. Anal. 1 (1957), S. 124

[10] H. Ehrmann: Iterationsverfahren mit veränderlichen Operatoren. Arch. Rational Mech. Anal. 4 (1959), S. 45

[11] H. Ehrmann: Konstruktion und Durchführung von Iterationsverfahren höherer Ordnung. Arch. Rational Mech. Anal. 4 (1959), S. 65

[12] P. Sagirow: Zur Fehlerabschätzung der harmonischen Balance. Erscheint demnächst in der Z. angew. Math. Mech.

[13] O. Perron: Algebra I. W. de Gruyter u. Co., Berlin 1951

DAS PARAMETRON UND SEINE VERWENDUNG IN LOGISCHEN SCHALTUNGEN

H. Billing, München

Mit 14 Bildern

Will man schnelle elektronische Rechenwerke bauen, so bedeutet dies, daß man in der Lage sein muß, Strom- oder Spannungssprünge mit möglichst kurzen Übergangszeiten herzustellen, zu verstärken und über die nötigen Entfernungen zu leiten. Kurze Übergangszeit wiederum heißt für den Elektrotechniker große Bandbreite, welche bei den verstärkenden Elementen noch mit möglichst großer Verstärkung verbunden sein sollte. Das Produkt aus Verstärkung und Bandbreite $g \cdot \Delta f$ ist daher die wesentliche Größe, welche die Schaltgeschwindigkeit begrenzt. Bei Impulsabständen von 10^{-8} sec benötigt man $\Delta f \approx 10^9$ Hertz. Es ist längst bekannt, daß man zur Erfüllung dieser Forderung nicht im Grundband arbeiten sollte, also im Frequenzbereich von 0 Hz bis Δf Hz. Viel günstiger wird die Lage, wenn man eine Trägerfrequenz f (z. B. 10^{10} Hz) erzeugt, welche wesentlich größer als Δf ist und im Frequenzband Δf um diesen Träger arbeitet. Jetzt braucht die relative Bandbreite $\frac{\Delta f}{f}$ nur 10 % zu betragen, um die benötigte absolute Bandbreite, auf die es allein ankommt, zu erzeugen. Diese Überlegungen sind an sich fast trivial. Trotzdem arbeiten die bisherigen Rechenmaschinen alle im Grundband, weil es zu kompliziert schien, alle in der Rechenmaschine nötigen Operationen im Trägerfrequenzverfahren durchzuführen.

Eine Ausnahme hiervon sind die Parametron-Rechenmaschinen, welche seit etwa 1955 in Japan entwickelt worden sind. Das Parametron wurde fast gleichzeitig in Japan von Goto [1] und in den USA von J. v. Neumann [2] erfunden und seine Nützlichkeit für den Bau von Rechenmaschinen erkannt. J. v. Neumann gab bereits ein mit variablen Diodenkapazitäten arbeitendes Parametron an, welches viel schnellere Schaltungen zuläßt als das in Japan erfundene Ferritkern-Parametron. Leider veröffentlichte J. v. Neumann seine Ideen nicht und konnte sie wegen schwerer Erkrankung auch nicht weiterverfolgen, sondern meldete sie lediglich zum Patent an. Diese Patentanmeldung blieb in den nächsten Jahren praktisch unbekannt und so ist es gekommen, daß zunächst nur das Ferritkernparametron und seine Verwendung für logische Schaltungen intensiv und zwar ausschließlich in Japan bearbeitet wurde und man das Diodenparametron erst 1957/58 an mehreren Stellen nochmals unabhängig entwickelte [3 - 7].

Viele der Probleme, welche mit der Verwendung von Parametrons in Rechenmaschinen verbunden sind, beziehen sich auf beide Parametronarten, so daß man für das vermutlich in der Zukunft bedeutsamere Diodenparametron viel von dem übernehmen kann, was mit dem Ferritkernparametron entwickelt wurde. Aus diesem Grunde soll in diesem Vortrag vor allem über die japanischen Arbeiten berichtet werden, während Herr Rüdiger im anschließenden Vortrag über diejenigen Probleme sprechen wird, welche durch die Verwendung der Germaniumdiode und der damit ermöglichten viel höheren Frequenzen hinzugekommen sind.

Wirkungsweise des Parametrons

Das Parametron ist ein Schwingkreis aus L und C, wobei L oder C veränderlich sein müssen. Zur Erläuterung der hier interessierenden Vorgänge sei C als veränderlich angenommen (Bild 1). Der Schwingkreis sei bei einem Mittelwert von C auf die Frequenz f abgestimmt und es sei bereits eine kleine Schwingung im Kreis vorhanden (Bild 2).

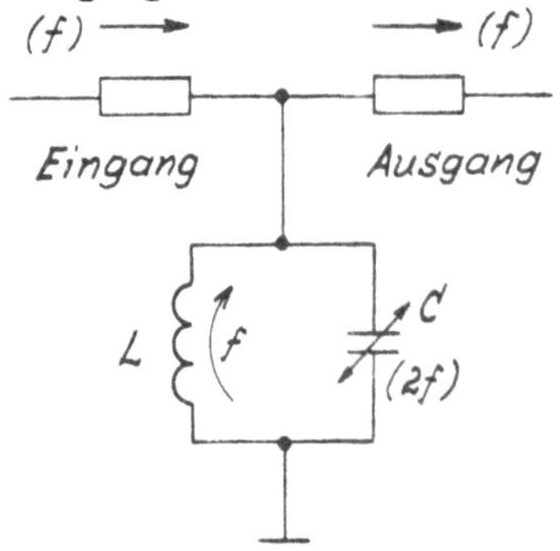

Bild 1: Schwingkreis mit einer variablen Impedanz

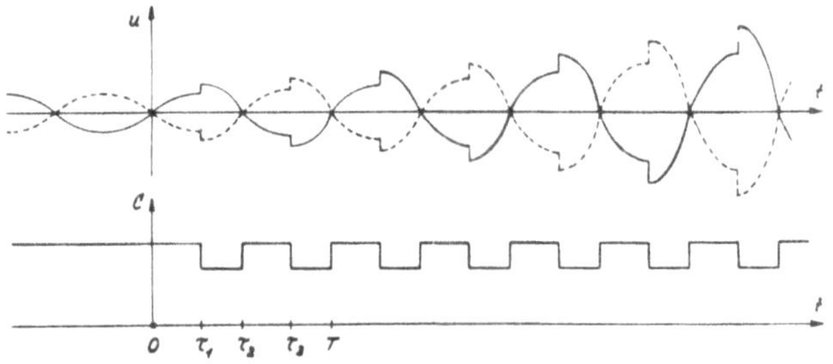

Bild 2: Aufschaukeln der parametrischen Schwingung

Die im Kreis befindliche Energie ist dann

$$E_0 = \frac{1}{2} \frac{Q^2}{C_{max}}$$ wenn $Q = C_{max} \cdot U_{max}$ die Ladung des Kondensators im Spannungsmaximum bedeutet. Verkleinert man zu diesem Zeitpunkt τ_1 die Kapazität sprunghaft auf C_{min}, indem man z. B. die Kondensatorplatten auseinanderzieht, so muß man dazu Arbeit leisten. Die Ladung auf dem Kondensator kann sich wegen der Selbstinduktion im Kreis während dieses Kapazitätssprunges nicht ändern, so daß die Kreisenergie springt auf

$$\frac{1}{2} \frac{Q^2}{C_{min}} = E_0 \cdot \frac{C_{max}}{C_{min}}$$

und die Spannung am Kondensator steigt entsprechend. Der Kreis schwingt weiter. Ist die Spannung über dem Kondensator U = 0, so kann man jetzt (τ_2) die Kapazitätsänderung rückgängig machen, ohne dem Kreis dabei Energie zu entziehen. Im nächsten absoluten Spannungsmaximum kann man den Vorgang wiederholen und damit die

Kreisenergie erneut um den Faktor $\frac{C_{max}}{C_{min}}$ vergrößern.

Man ersieht unmittelbar, daß sich in einem solchen Kreis eine Schwingung exponentiell aufschaukeln läßt, wenn man die Kapazität im doppelten Takt der Eigenschwingung ändert, also mit 2 f. Die Frequenz 2 f, in welcher die Kapazität variiert, nennt man die Pumpfrequenz. In ihrem Takt wird die Energie in den Schwingkreis hineingepumpt. Die Schwingung der Frequenz f bezeichnet man als parametrische Schwingung oder vielleicht noch besser einfach als Subharmonische. Weiterhin sieht man aus dem Modell, daß es auf die Phasenlage zwischen der Pumpschwingung und der Subharmonischen ankommt. Wäre die Phase der Anfangsschwingung um 90° gegenüber der betrachteten verschoben, so würde man die Kondensatorplatten jeweils im Spannungsmaximum zusammenschieben und jedesmal dem Schwingkreis Energie entziehen. Eine solche Schwingung würde daher stark gedämpft werden. Bei einer Verschiebung der Anfangsschwingung um 180° tritt hingegen wieder maximale Anfachung auf. Daraus folgt: Je nach Phase der bei Beginn des Aufschaukelns vorhandenen Anfangsschwingung wird eine Subharmonische aufgeschaukelt, deren Phase eine von zwei möglichen Lagen hat, wobei sich die beiden Phasen um 180° unterscheiden.

Bekanntlich werden in Rechenmaschinen die zu verarbeitenden Werte dual dargestellt, also in Ja/Nein oder 0/1 Form. Man braucht daher irgendwelche Eigenschaften der verwendeten Schaltkreise, welche zwei stabile Zustände annehmen, denen man dann die Werte 0 und 1 zuordnen kann. Diese beiden stabilen Zustände sind beim Parametron in den beiden Vorzugsphasen der parametrischen Schwingung gegeben. Um eine eindeutige Zuordnung zu erhalten, zeichnet man in einer ganzen Rechenmaschine ein einzelnes Parametron aus und beginnt zu pumpen. Die sich dann zufällig in diesem Parametron einstellende Phasenlage der parametrischen Schwingung bezeichnet man als "1", die entgegengesetzte als "0". Dieses Parametron dient als Referenzparametron für alle übrigen Parametrons der Maschine.

Weiterhin besitzt das Parametron eine zweite für Rechenmaschinen sehr wesentliche Eigenschaft, nämlich die der Verstärkung bei der Informationsübertragung: Schon eine kleine vor Beginn des Aufschaukelns von einem anderen Parametron her als Signal eingekoppelte Schwingung f bestimmt durch ihre Phase die Phase der im Zielparametron aufgeschaukelten Schwingung. Die Amplitude der aufgeschaukelten Schwingung geht nach zunächst exponentiellem Anstieg in einen Sättigungswert über. Bei den japanischen Parametrons war es möglich, das als "Verstärkung" V bezeichnete Amplitudenverhältnis zwischen dem Sättigungswert und der Spannungsamplitude des gerade noch zur eindeutigen Phasenfestlegung benötigten Eingangssignals $V = 10^4$ zu machen. Hier schneidet das Parametron extrem günstig im Vergleich zu sonst üblichen Kippschaltungen ab.

Beim japanischen Parametron ist als veränderliches Glied im Parametronkreis die Selbstinduktion gewählt. Alle an obigem Modell mit veränderlicher Kapazität angestellten Überlegungen sind für ein Modell mit veränderlicher Selbstinduktion ganz analog durchführbar. Sie sind aber nicht so anschaulich darstellbar. Bei sprunghafter Änderung der Selbstinduktion L um Δ L bleibt L · i konstant. Dieses Produkt hat keine so unmittelbare Anschaulichkeit wie die Ladungsmenge Q. Als Energiezuwachs pro Halbperiode ergibt sich

$E_1 = E_o \cdot \frac{L_{max}}{L_{min}}$. Um die Induktivität steuern zu können, erzeugt man sie durch eine Spule, die auf einen Ferritkern gewickelt ist. Man wählt einen möglichst verlustarmen Ferrit; denn die Größe der mit der Frequenz ansteigenden Hystereseverluste ist es, welche die Pumpfrequenz und damit die Schaltgeschwindigkeit dieses Parametrons begrenzt. Den Ferritkern magnetisiert man durch einen Gleichstrom i_2 etwa halb bis zur Sättigung. Überlagert man dem Gleichstrom einen Pumpstrom $i \cdot \sin 2\pi f t$ mit $i \leq i_2$, so ändert sich die Selbstinduktion infolge der Krümmung der Hystereseschleife im Takt des Pumpstromes.

Um den Pumpstrom der Frequenz 2 f vom Signalstrom f zu trennen, verwendet man eine Gegentaktschaltung (Bild 3), d. h. man unterteilt die Induktivität L in zwei Hälften und gibt beiden Spulen einen solchen Wicklungssinn, daß sich in ihnen die durch den Pumpstrom induzierten Spannungen kompensieren. Aus technischen Gründen werden die beiden Hälften der Selbstinduktion häufig aus zwei Spulen hergestellt, welche durch zwei Löcher einer gemeinsamen etwa halbkreisförmigen Ferritplatte gewickelt sind. Durch den senkrechten Draht fließt Gleichstrom zur Vormagnetisierung. Er ist überlagert vom Pumpstrom 2 f. Die Summe beider Induktivitäten bildet mit C den parametrischen Schwingkreis. Über einen Transformator TR 1 können von anderen Parametrons her phasenbestimmende Signale eingekoppelt werden, über den Koppelwiderstand R können Signale an andere Parametrons abgegeben werden. Wegen der Verstärkereigenschaft des Parametrons darf der Energieinhalt dieser Signale sehr klein im Vergleich zu der im Parametron aufgeschaukelten Energie sein.

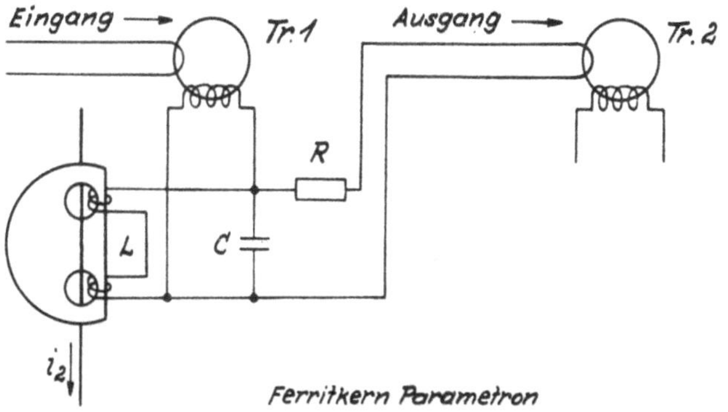

Bild 3: Parametron mit veränderlicher Selbstinduktion in Gegentaktschaltung

Informationsübertragung

In einem aus Paramterons aufgebauten Rechenwerk muß es möglich sein, die in einer Gruppe von Parametrons enthaltene Information in eindeutiger Richtung auf eine zweite Gruppe von Parametrons zu überführen. Hier entsteht eine bei

Röhrenschaltungen unbekannte Schwierigkeit. Beim Röhrenverstärker stehen für Eingabe des Signals und Abgabe des Signals zwei verschiedene örtlich getrennte Stellen zur Verfügung (meist Steuergitter bzw. Anode). Im Gegensatz hierzu sind beim Parametron Eingangs- und Ausgangsleitung mit dem gleichen Punkt der Schaltung verbunden. Die nötige Trennung von Eingangssignal und Ausgangssignal erfolgt daher beim Parametron auf zeitliche Weise. Während eines ersten Zeitabschnittes ist die Erregung durch den Pumpstrom abgeschaltet, und das Signal wird eingekoppelt; während des zweiten Zeitabschnittes wird der Pumpstrom eingeschaltet, das Signal verstärkt und an alle mit dem Parametron verkoppelten weiteren Parametrons abgegeben - also auch an das Parametron, von dem das Signal gerade erhalten wurde. Wie man trotzdem eine eindeutige Richtung des Informationsflusses erzwingt, geht am klarsten aus dem Beispiel des Schieberegisters für Dualzahlen hervor. Dies ist ein Speicher, welcher in jeder Speicherzelle nur eine einzige Dualziffer speichert und z. B. bei einer Rechtsverschiebung den Inhalt jeder Speicherzelle zur rechts benachbarten Zelle hin überträgt und gleichzeitig neue Information von der links benachbarten Zelle her übernimmt. Ein solches Schieberegister ist in Bild 4 gezeigt. 3 Parametrons werden pro Zelle benötigt. Es sind 4 Diodenparametrons P_I P_{II} P_{III} P_I' und die Koppelwiderstände Z gezeichnet.

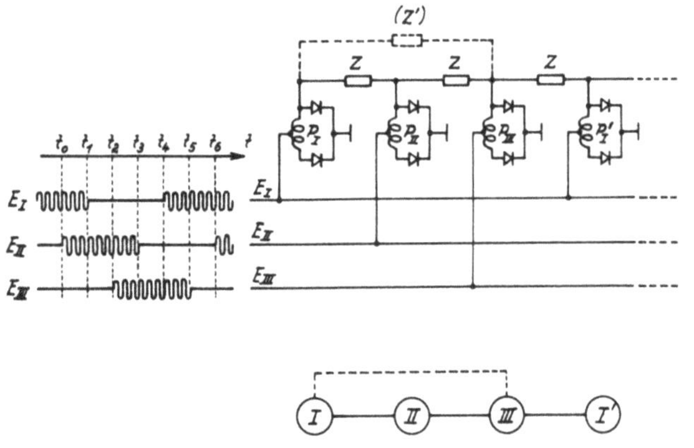

Bild 4: Schieberegister mit drei Parametrons pro Dualziffer

Zu einem Zeitpunkt t < t_o werden nur die Parametrons P_I, P_I' durch die Pumpspannung E_I erregt und enthalten die gespeicherte Information. Die Parametrons P_{II}, P_{III} werden noch nicht erregt. Über den Koppelwiderstand Z wird ein Teil der unterharmonischen Schwingung mit der durch P_I vorgegebenen Phase nach P_{II} übergekoppelt. Mit Beginn der Pumpspannung E_{II} zum Zeitpunkt t_o wird die Schwingung in P_{II} unter Beibehaltung der Phase hochgeschaukelt. Nachdem die Information von P_I somit durch P_{II} übernommen worden ist, kann die Erregung von P_I abgeschaltet werden (t_1).

Die Information muß jetzt aus P_{II} nach P_{III}, nicht aber nach P_I weitergegeben werden. Um eine eindeutige Verschiebungsrichtung sicherzustellen, darf P_I so lange nicht erregt werden, wie P_{II} noch schwingt. Eine Verschiebung in zwei Takten ist also nicht möglich; man benötigt, da Einkoppel- und Auskoppelleitung keine Richtungsabhängigkeit besitzen, mindestens drei Takte.

Wenn man hinter P_{III} die Kette abschneidet und über Z' nach P_I zurückkoppelt, so entsteht ein Speicherkreis, in welchem die Information in je 3 Takten einmal herumgeschoben wird und damit für beliebige Zeiten erhalten bleibt. Erst ein solcher aus 3 Parametrons bestehender Kreis ist bei Parametronmaschinen das eigentliche Speicherelement und entspricht damit dem Flipflop der gewöhnlichen Rechenmaschinen.

Es sei daher festgehalten: Um Informationsübertragungen in eindeutiger Richtung ausführen zu können, werden alle Parametrons einer Rechenmaschine 3 Gruppen zugeordnet und es ist jeweils nur eine Übertragung in die nächst höhere Gruppe möglich (zyklisch gezählt), während die beiden anderen Gruppen anschließend ihre Information verlieren.

Nach diesem 3-Taktsystem sind alle japanischen Parametronmaschinen gebaut, und es sei auch bei den weiteren Ausführungen vorausgesetzt. Erwähnt sei nur, daß auch 2-Taktsysteme möglich sind, wenn man schaltbare oder gerichtete Koppelglieder zwischen den Parametrons verwendet. Im anschließenden Vortrag [8] wird sogar eine Möglichkeit besprochen, wie man zu einen 1-Taktsystem kommen kann, das also nur aus Erregungstakt und Zwischenpause besteht.

Logische Verknüpfungen

Verlangt wird im allgemeinen das logische „und", das logische „oder" und die Negation. Am logischen und sei kurz erläutert, was gemeint ist und wie man es in den konventionellen Maschinen herstellt. Zu verknüpfen seien z. B. 4 Variable x_1, x_2, x_3, x_4, (Bild 5), von denen jede bei Ja eine positive, bei Nein eine negative Spannung abgeben soll. Nur wenn alle 4 Eingänge positiv sind, also wenn x_1 und x_2 und x_3 und x_4 positiv sind, soll der Ausgang A des Verknüpfungselementes positiv werden. Dazu legt man in die 4 Eingangsleitungen Dioden in solcher Polarität, daß sie bei negativer Eingangsspannung leiten, verbindet die Ausgänge untereinander und über einen gemeinsamen großen Widerstand mit einer positiven Spannung. Man sieht unmittelbar: Nur wenn alle Eingänge positiv sind, wird der Ausgang A positiv. Was dahinter steckt ist folgendes: Bei ja, also bei positivem Eingang, sperrt die Diode und hat damit keine Rückwirkung auf den Ausgang. Viele Ja-Eingänge wirken nicht anders als ein einzelner.

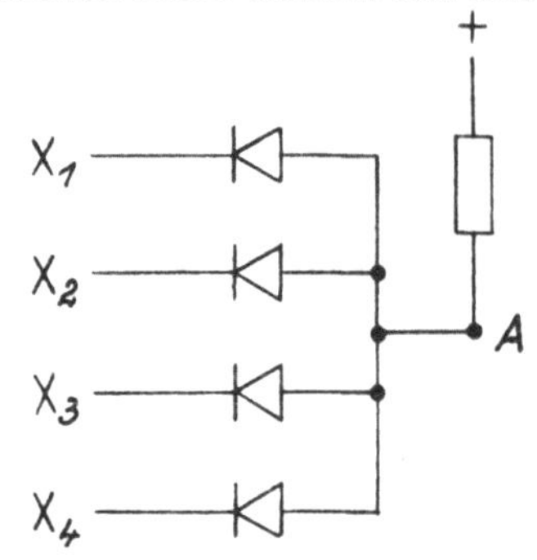

Bild 5: Logische "und"-Schaltung mit Dioden

Aber ein einzelnes Nein, sozusagen ein einzelnes Veto unter den Abstimmungsberechtigten 4 Partnern x_1 bis x_4 verbietet, daß das Abstimmungsergebnis positiv wird. Die Diode, mit ihrem sehr großen Verhältnis von Leit- zum Sperrstrom, erlaubt dem Nein ein so großes Übergewicht zu geben, daß ein einzelnes Veto gewichtiger ist als 99 Ja-Stimmen. Selbst wenn das Veto sozusagen nur von einem schwachen Partner eingelegt wird, also technisch gesprochen über einen vergleichsweise hohen Innenwiderstand, hat es infolge der das Veto eindeutig bevorzugenden Anordnung noch entscheidenden Einfluß.

Beim Parametron ist es infolge der Darstellung von 1 und 0 durch Phasenlagen anscheinend nicht möglich, dem Nein gegenüber dem Ja ein solches Vorrecht zu geben, und man ist zu einem demokratischeren Abstimmungsverfahren gezwungen, der sogenannten Mehrheitslogik, bei welcher Ja

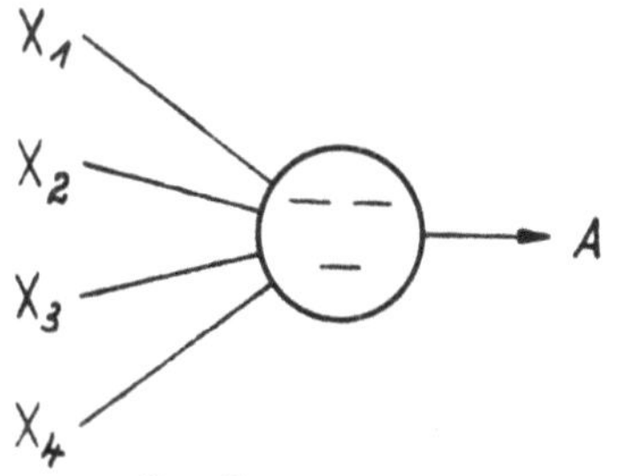

Bild 6: Logische "und"-Schaltung mit Mehrheitslogik

und Nein gleichwertig sind. Hier entscheidet also die Mehrheit über das Ergebnis. Will man nach diesem Verfahren feststellen, ob alle 4 Abstimmungsberechtigten x_1 bis x_4 Ja sagen (Bild 6), so gibt man in die Wahlurne (das ist also das entscheidende Parametron mit den 4 Eingängen x_1 bis x_4) noch zusätzlich 3 Nein-Stimmen (symbolisch dargestellt durch 3 Minuszeichen). Das sind 3 weitere Eingänge mit stets Nein-Signal. Jetzt ist das Ergebnis positiv, also Ja, wenn alle 4 Eingänge positiv sind (nämlich 4 - 3 = +1). Ist ein Nein-Sager dabei, so wird das Ergebnis 3 - 4 = -1 negativ, wie gefordert. Dieses Abstimmungsverfahren hat bei vielen Teilnehmern gegenüber dem obigen Vetoverfahren einen entscheidenden Nachteil. Es erfordert bei größerer Teilnehmerzahl innerhalb recht enger Toleranzgrenzen gleiches Gewicht der Stimmen, oder technisch gesprochen, der Amplituden der Eingangssignale. Betragen im gewählten Beispiel die Amplituden der 4 Ja-Phasen jeweils weniger als 75 % der Amplituden der 3 Nein-Phasen, so ist das Ergebnis negativ und damit die logische Verknüpfung fehlerhaft. Wegen dieser Anforderungen an die Amplitudenkonstanz der Signale vermeidet man in den konventionellen Maschinen die Mehrheitslogik. Bei den Parametronmaschinen scheint man zu ihr gezwungen. Man muß damit bezahlen, daß man Verknüpfungselemente mit vielen Eingängen nicht zuläßt. Im allgemeinen verwendet man Verknüpfungselemente mit nur 3 Eingängen. Die konstanten Eingänge, im Beispiel also die 3 Minuszeichen, zählen dabei mit. Verknüpfungen bis zu 9 Eingängen sollen allerdings im Labor noch sicher zum Laufen zu bringen sein. Legt man sich auf 3 Eingänge pro Entscheidungselement fest, so muß die "Und"-Schaltung für 4 Partner in 2 Stufen durchgeführt werden (Bild 7). Der Hauptnachteil,

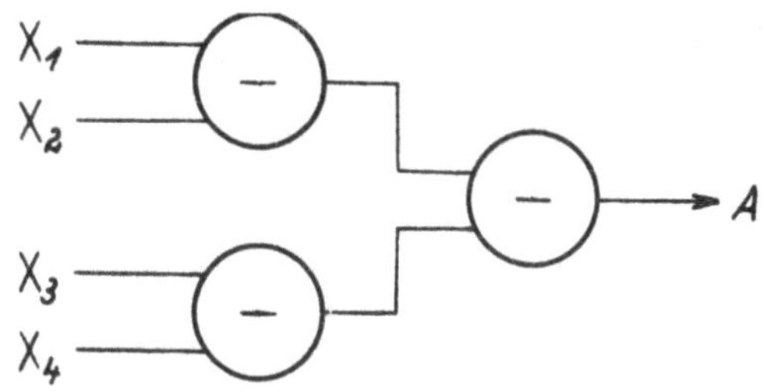

Bild 7: Logisches "und" für 4 Eingänge. Schaltung in 2 Stufen

abgesehen vom Materialaufwand, besteht darin, daß jede weitere Stufe eine weitere Taktzeit erfordert. Dadurch wird die Rechenmaschine also langsamer.

Die Realisierung der Negation ist trivial, da sie nur eine Umkehrung des Vorzeichens des Phasensignales erfordert. Man braucht daher lediglich beim empfangenden Parametron den Einkopplungsdraht (Bild 3) von der anderen Seite durch den Eingangstransformator zu stecken.

Die "Oder"-Schaltung entsteht dadurch, daß man das entscheidende Parametron zusätzlich mit einem positiven Signal (im folgenden als internes + bezeichnet) beaufschlagt. Man erhält immer dann einen positiven Ausgang, wenn x_1 oder x_2 oder beide positiv sind (Bild 8).

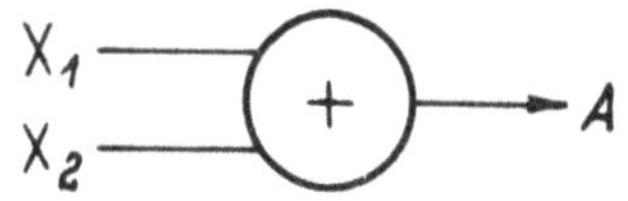

Bild 8: Logische "oder"-Schaltung

Einige Beispiele für zusammengesetzte Schaltungen [9, 10, 11]

Informationsübertragung zum Flipflop

Der Flipflop wurde schon als in sich geschlossener 3er Ring angegeben (Bild 4). Ein dauernd vom Parametron J (Bild 9) kommendes Signal soll nur dann den Flipflop I, II, III, in die durch J angegebene Lage setzen, wenn das als Eingabegatter wirkende Parametron G positiv ist. In Bild 9 bedeutet der Querstrich zwischen G und I die Negation des Eingangssignales. Man sieht unmittelbar: Solange G negativ ist, hebt sich in I das interne - und das + vom negierten G auf, I wird von III bestimmt. Ebenso bleibt IV sicher negativ. In II kompensiert sich das interne + mit dem - von IV. II wird daher von I bestimmt. Das im Flipflopkreis enthaltene Signal läuft also unverändert um. Wird G hingegen positiv, so kompensiert sich in IV das + von G und das interne -. IV übernimmt die Information J. I wird negativ, bestimmt vom negierten G und dem internen -. In II kompensiert sich das - von I mit dem internen + und es übernimmt im nächsten Takt die Information J aus IV. Wird jetzt das Eingabegatter G wieder negativ gemacht, so läuft die übernommene Information im Flipflop weiter um.

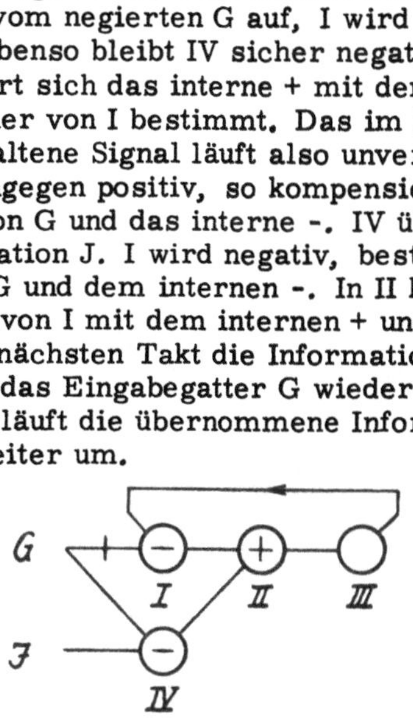

Bild 9: Signalübertragung zum Flipflop

Schieberegister

Reiht man diese Schaltung N-mal aneinander (Bild 10), so erhält man ein Schieberegister für N Dualziffern. Eine Verschiebung wird hier jedoch nur dann durchgeführt, wenn G positiv ist. In diesem Fall wird nämlich das jeweilige Parametron IV vom Parametron III des vorhergehenden Flipflops gesteuert und damit die Information um einen Flipflop nach unten geschoben. Über J kann der oberste Flipflop gleichzeitig eine neue Information übernehmen.

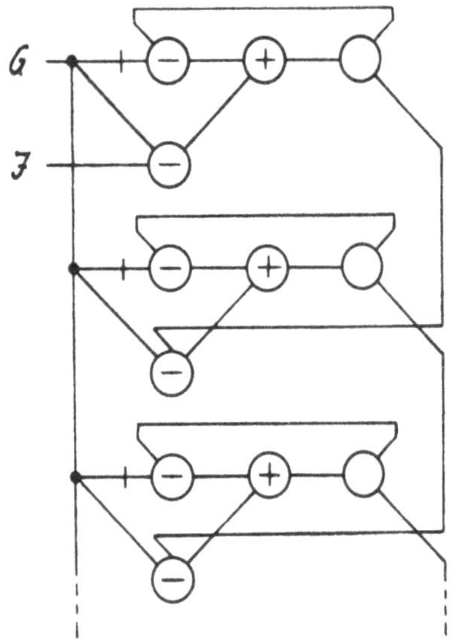

Bild 10: Schieberegister mit Verschiebung auf Befehl

Addierwerk

Bild 11 zeigt ein volles duales Addierwerk. x_o bis x_n und y_o bis y_n sind die Dualziffern der beiden zu addierenden Zahlen. x_o und y_o sind dabei die hintersten Ziffern, also die in der niedrigsten Position. Nach dem ersten Takt ist in C_o bereits bestimmt, ob ein Übertrag auftritt. Beim zweiten Takt erscheint in Z_o das Ergebnis für die niedrigste Ziffer. Ebenfalls kann auch erst im 2. Takt der Übertrag aus der kleinsten Stelle mit den Summandenziffern der zweitniedrigsten Stelle kombiniert werden usw.

Man benötigt also jeweils einen Takt, um den

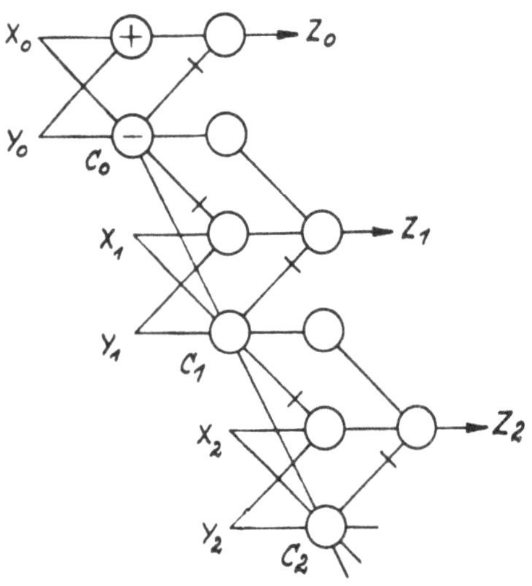

Bild 11: Duales Addierwerk

Übertrag für die nächste Stelle zu berechnen. Deswegen braucht man, obwohl beide Summanden jeweils mit ihren sämtlichen N Ziffern bei Beginn der Addition parallel zur Verfügung stehen, bei dieser Schaltung trotzdem etwas mehr als N Takte zur Durchführung der Addition.

Bei Verwendung eines zusätzlichen die Überträge speichernden Registers lassen sich jedoch auch mit Parametrons schnellere parallele Addierwerke bauen. Dies geht aus Tafel I hervor, in welcher für eine ältere Maschine NEAC 1101 und für die dicht vor der Fertigstellung stehende sehr schnelle PC 2 Pumpfrequenz 2 f, Taktfrequenz und Additionszeit angegeben sind. Bei der PC 2 besteht ein Summand aus 36 Dualziffern. Daneben enthält die Tabelle noch Angaben über die pro Parametron benötigte Pumpleistung. Diese steigt stark mit der Pumpfrequenz an.

Rechenmaschine	PC 2	NEAC 1101
	Tokio 1959	Kuwasuki 1958
Pumpfrequenz 2 f	6 MHz	2 MHz
Leistung/Param.	120 mWatt	30 mWatt
Taktfrequenz	300 kHz	60 kHz
parametrische Schwingungen/ Takt	10 Schwing.	17 Schwing.
Additionszeit	40 μ sec = 12 Taktzeiten	3500 μ sec
Multiplikations-zeit	340 μ sec	8000 μ sec
Zahl der Parametrons	9600	4000

Tafel I: Angaben zu zwei japanischen Parametron-Rechenmaschinen

Ein- und Ausgabe

Bei der Eingabe von Werten in die Rechenmaschine ist eine Umwandlung der Information in die Phasendarstellung nötig. Es soll hier lediglich das dabei verwendete Prinzip beschrieben und die Eingabe einer einzelnen Dualziffer behandelt werden. Die Dualziffer sei repräsentiert durch einen Wechselschalter S (Bild 12). Solange er in der Nullage steht, soll der Schalter die im Eingabe Flipflop umlaufende Zahl nicht beeinflussen. Zur Eingabe speist man den Schalter von einem Referenzparametron der Phase + und verbindet es in der oberen Schalterstellung direkt, in der unteren Schalterstellung über die Negation jeweils mit 2fachem Stimmrecht mit dem Flipflop. Der Schalter, der im praktischen Fall natürlich auch ein elektronisches Schaltglied sein kann, muß lediglich für einen Umlauf im Flipflop geschlossen sein, um die Eingabe auszuführen.

Zur Ausgabe geht die Rückumwandlung aus der Phasendarstellung in die Darstellung durch einen

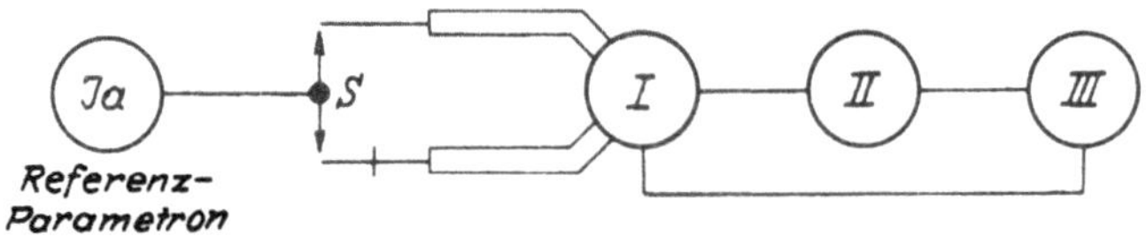

Bild 12: Umwandlung eines durch Schalterstellung dargestellten Signals in die Phasendarstellung

Gleichspannungsimpuls nach folgendem Prinzip vor sich: Man addiert die Wechselspannung aus Ausgabeparametron zur gleich großen Wechselspannung im Referenzparametron und erhält je nach Phasenlage eine Wechselspannung der Amplitude 0 oder 2. Diese Spannung wird gleichgerichtet und als Ausgangssignal verwendet.

Speicher für Parametron-Rechenmaschinen

Jede Rechenmaschine benötigt einen größeren Speicher, in welchem man Eingangswerte, Zwischenergebnisse und Rechenbefehle aufheben kann. Hierfür als Speicherelement den Parametronflipflop zu benutzen wird zu teuer. In mehreren japanischen Parametronmaschinen verwendet man konventionelle in Impulstechnik arbeitende Speicher (meist Magnettrommel) und verbindet sie über die gerade besprochenen Ein- und Ausgabeschaltungen mit der Parametronmaschine. Doch die Umwandlung und Rückwandlung in die Phasensprache ist umständlich und kostet Zeit.

Es gibt Speicherverfahren, bei denen man direkt oder wenigstens praktisch in der Phasensprache bleibt. Unmittelbar bietet sich da der Laufzeitspeicher an, bei welchem man das Phasensignal über einen Geber in eine Laufzeitstrecke gibt, es am Ende der Laufzeitstrecke wieder abnimmt und zum Geber zurückleitet. Derartige Speicher sind in der Rechenmaschinentechnik geläufig. Bei den hohen vom Parametron verlangten Frequenzen macht die sichere Speicherung von mehr als 4 Ziffern in einer akustischen Laufzeitstrecke aber bisher noch Schwierigkeiten.

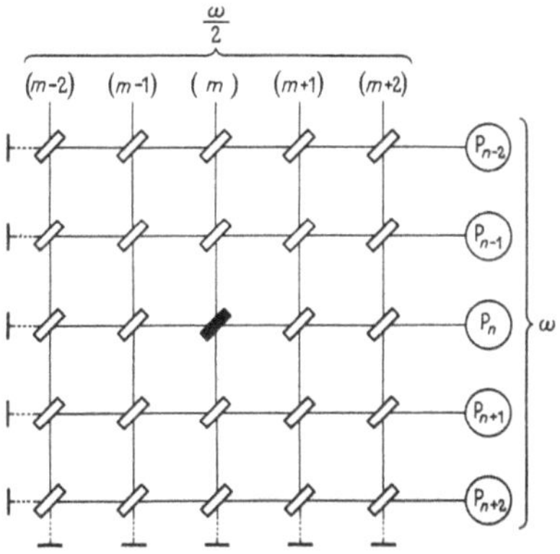

Bild 13: Lesen und Schreiben nach der Halbfrequenzmethode bei einer Ferritkernmatrix

Elegant, und zumindest bei den von Ferritkernparametrons verlangten Frequenzen brauchbar, ist eine Abart des Ferritkern-Matrixspeichers, welche bereits in mehreren japanischen Parametronrechnern verwendet wird [12]. Der Speicher ist in Bild 13 dargestellt und arbeitet nach der sogenannten Halbfrequenzmethode. Die Ferritkerne - es sind die üblichen Ferritkerne mit möglichst rechteckigen Hystereseschleifen - sind wie üblich in eine quadratische Matrix gefädelt. Zum Einschreiben einer Ziffer in den schwarz ausgezogenen Kern wird durch den zugehörigen senkrechten Draht m ein Strom der halben parametrischen Kreisfrequenz $\frac{\omega}{2}$ und durch den Draht n vom einschreibenden Parametron P_n her der Signalstrom der Kreisfrequenz ω geleitet. Jeder der beiden Ströme ist so stark, daß er für sich allein gerade noch keine bleibende Änderung des Magnetisierungszustandes in dem durchflossenen Kern verursacht. Im Kern am Kreuzungspunkt addieren sich beide Ströme in ihrer Auswirkung. In Bild 14 sind die beiden Ströme dünn und dazu der durch ihre Addition entstehende Strom dick eingezeichnet. Man sieht, daß der Additionsstrom in seinen Spitzen nach der einen Seite wesentlich größer ist als nach der anderen. Man wählt nun die Ströme so, daß diese Stromspitzen gerade zur bleibenden Ummagnetisierung des Kreuzungskernes, z. B. im oberen Bild nach "Ja" ausreichen. Im unteren Bild ist die Phase der ω-Schwingung um 180° verschoben, die hohen Stromspitzen weisen dann nach unten, und es wird ein "Nein" in den Kreuzungskern geschrieben.

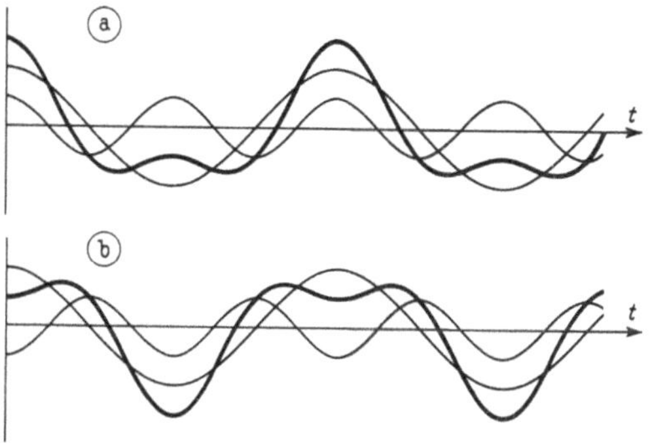

Bild 14: Addition der Schreibströme bei der Halbfrequenzmethode

a) $2 \cdot \cos \frac{\omega}{2} t + \cos \omega t$

b) $2 \cdot \cos \frac{\omega}{2} t + \cos (\omega t + \pi)$

Zum Herauslesen der Information aus dem Kreuzungskern wird wiederum ein Strom der Frequenz $\frac{\omega}{2}$ durch den Draht m (Bild 13) geschickt, der nicht ausreicht, irreversible Magnetisierungsveränderungen hervorzurufen. In den Kernen der Spalte m werden dann innere Hystereseschleifen durchlaufen, welche je nach Remanenzzustand nach der einen oder anderen Richtung gekrümmt sind. Durch die Krümmung entstehen für die auf die waagerechten Drähte übergekoppelten Ströme Oberwellen von $\frac{\omega}{2}$, also vor allem die erste Oberwelle ω, das ist die parametrische Frequenz. Die Richtung der Krümmung bestimmt die Phase der Oberwelle, welche für die beiden Remanenzzustände um 180° verschieden ist. Wird die Erregung des Parametrons P_n jetzt angeschaltet, dann schwingt es mit einer Phase an, die vom Remanenzzustand des aufgerufenen Kernes bestimmt ist. Der Speicherinhalt wird bei diesem Lesevorgang nicht zerstört, sondern im Gegenteil durch den Strom von P_n her regeneriert.

Nach diesem Verfahren sind bereits große Matrixspeicher für 1024 Worte gebaut worden.

Schrifttum

[1] E. Goto: On the Application of Parametrically Excited Nonlinear Resonators. Jour. of I.E.C.E.J. 38 (1955), S. 770

[2] J. v. Neumann: USA-Patent 2 815 488 vom 3. 12. 1957

[3] Z. Kiyasu, K. Fushimi, K. Yamanaka, K. Kataoka: Parametric Excitation Using Barrier Capacitor of Semiconductor. Jour. of I. E. C. E. J. 40 (1957), S. 162

[4] Z. Kiyasu, K. Fushimi, Y. Aiyama, K. Yamanaka: Parametric Excitation Using Selenium Rectifier. Jour. of I. E. C. E. J. 41 (1958), S. 786

[5] H. Billing, A. Rüdiger: The Possibilities of Speeding up Computers. UNESCO International Conference on Information Processing, Paris. Erscheint Anfang 1960 bei R. Oldenbourg, München

[6] H. Billing, A. Rüdiger: Das Parametron verspricht neue Möglichkeiten im Rechenmaschinenbau. Elektronische Rechenanlagen 1 (1959), H. 3, S. 119 - 126

[7] J. W. Leas: Microwave Solid-State Techniques for High Speed Computers. UNESCO International Conference on Information Processing, Paris. Erscheint Anfang 1960 bei R. Oldenbourg, München

[8] A. Rüdiger: Parametronschaltungen mit Halbleiterdioden als spannungsabhängiger Kapazität (in diesem Heft)

[9] Parametron Circuits (1, 2), Sonderdruck der TDK Electronics Co., Ltd., Kanda Matsuzumi-Cho 2, Tokyo (englisch).

[10] H. Terada: The Parametron - An Amplifying Logic Element. Control Engineering, April 1959, S. 110

[11] E. Goto: The Parametron, A Digital Computing Element which Utilizes Parametric Oscillation. Proc. IRE 47 (1959), S. 1304

[12] H. Takahashi, E. Goto: Memory Systems for Parametron Computers; Paper of Electronic Computer Technical Committee. I. E. C. E. J., 23. Febr. 1956. Zusammenfassung in Sonderdruck: "Dual Frequency Memory System" der TDK Electronics Co., Ltd., Kanda Matsuzumi-Cho 2, Tokyo (englisch)

PARAMETRONSCHALTUNGEN MIT HALBLEITERDIODEN ALS SPANNUNGSABHÄNGIGE KAPAZITÄT

A. Rüdiger, München

Mit 5 Bildern

Das Prinzip des Parametrons ist an einem anschaulichen Modell in [1, 2, 3], analytisch in [2, 3] behandelt worden. In einem Schwingkreis wird eine der beiden Reaktanzen (L oder C) mit etwa der doppelten Resonanzfrequenz variiert. Diese sog. Pumpfrequenz bezeichnen wir mit 2 f oder $2\,\omega$. In einem solchermaßen erregten Kreis wird bei geeigneter Bemessung der Parameter eine Unterharmonische der Frequenz f (oder ω) angefacht. Diese unterharmonische Schwingung kann zwei diskrete, um 180° verschiedene Phasenlagen besitzen, die zur Darstellung der Binärwerte 0 und 1 ausgenutzt werden.

Hier sollen speziell solche Parametrons behandelt werden, in denen als variable Reaktanz die spannungsabhängige Sperrschichtkapazität von Halbleiterdioden verwendet wird. Das Interesse an dieser Ausführungsform des Parametrons ist besonders groß, da es außerordentlich hohe Arbeitsfrequenzen und damit hohe Rechengeschwindigkeiten möglich macht.

Der Verlauf der Kapazität von Halbleiterdioden in Abhängigkeit von der anliegenden Spannung U ist in Bild 1 dargestellt [2, 3]. Die Kurve zeigt, daß

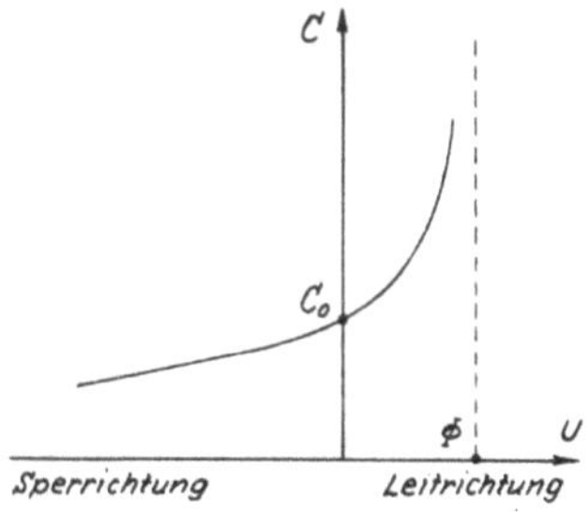

Bild 1: Abhängigkeit der Diodenkapazität C von der anliegenden Spannung U

sich die Kapazität durch Anlegen von Vorspannungen über einen weiten Bereich variieren läßt. Für Vorspannungen in Sperrichtung sind die Kapazitätswerte klein, für Vorspannungen in Leitrichtung dagegen groß. Der ausnutzbare Bereich ist nach rechts durch das Einsetzen der Leitfähigkeit, nach links durch die Zenerspannung begrenzt. Beides bringt eine starke Bedämpfung des mit solchen Kapazitäten aufgebauten Kreises mit sich. Wenn merkliche Schaltkapazitäten parallel liegen, ist das Aussteuern zu großen Sperrspannungen nicht mehr sinnvoll, weil dann die relative Kapazitätsänderung, auf die es hier ankommt, klein wird. Der ausnutzbare Bereich liegt etwa - um eine Größenordnung anzudeuten - bei einem Quotienten $\frac{C_{max}}{C_{min}} \approx 3$ zwischen größter und kleinster Kapazität.

Meist werden die Dioden in Sperrichtung vorgespannt, was ein Aussteuern über einen weiteren Bereich der Kennlinie gestattet, ohne daß die Leitfähigkeit erreicht wird. Allerdings ist die Kennlinie bei Sperrspannungen merklich flacher, so daß man zur Erzielung großer Kapazitätsänderungen meist bis nahe an die Leitfähigkeit aussteuern muß.

Es sind verschiedene Parametronschaltungen vorgeschlagen worden, die diese spannungsabhängigen Diodenkapazitäten ausnutzen. Es soll zunächst eine Schaltung (Bild 2) betrachtet werden,

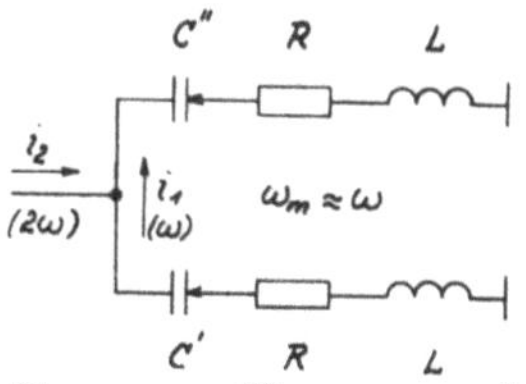

Bild 2: Ersatzschaltbild eines Parametrons mit Diodenkapazitäten

die - zur Trennung der Frequenzen $2\,\omega$ und ω - im Gegentakt ausgeführt ist, analog den japanischen Ferritkern-Parametrons [1]. Der Schwingkreis besteht aus den beiden Diodenkapazitäten C' und C'', den Widerständen R, die den sog. Bahnwiderstand oder spreading resistance der Dioden darstellen, und den Induktivitäten L. Der Kreis sei durch die Induktivitäten L und den mittleren Kapazitätswert C_m auf eine Frequenz ω_m nahe bei ω abgestimmt. Durch den Pumpstrom i_2 der Frequenz $2\,\omega$ werden die Diodenkapazitäten gleichsinnig um den Betrag ΔC variiert, die relative Kapazitätsänderung ist also $\Delta C / C_m = \gamma$.

Für kleine unterharmonische Schwingungen können wir den Schwingkreis durch eine lineare Differentialgleichung $L i_1' + R i_1 + \frac{1}{C(t)} \int i_1 dt = 0$ beschreiben, in der allerdings der letzte Koeffizient nicht konstant ist, sondern periodisch mit $2\,\omega$ von der Zeit abhängt.

Diese sogenannte Hillsche Differentialgleichung geht für das spezielle Zeitgesetz

$$C(t) = \frac{C_m}{1 - \gamma \cdot \cos 2\,\omega\, t}$$

in die sog. Mathieusche Differentialgleichung über. Deren beide unabhängige Lösungen lassen sich für günstigste Abstimmung ($\omega \approx \omega_m$) genähert schreiben in der Form

$$q^{\pm} = c \cdot e^{(\pm \frac{\gamma}{4} - \varrho)\cdot \omega t} \cdot \sin(\omega t \pm \tfrac{\pi}{4}) \quad \text{mit} \quad q = \int i_1 dt. \qquad (1)$$

Diese beiden unterharmonischen Schwingungen liegen um 90° auseinander, und ihre Amplituden folgen verschiedenen Exponentialgesetzen. Bei hinreichend großer relativer Kapazitätsänderung γ, wenn nämlich $\gamma/4$ größer ist als die Dämpfung

$$\varrho = \frac{1}{2}\,\omega R C_m, \qquad (2)$$

wird die Lösung q^+ angefacht, q^- weggedämpft. In

diesem Zusammenhang interessiert nur die anklingende Komponente q^+. Die Konstante c in (1) kann positiv oder negativ sein, es gibt also zwei um 180° verschiedene anschwingende Lösungen.

Das Exponentialgesetz gilt nur, solange sich der Kreis durch eine lineare Differentialgleichung beschreiben läßt, also nur bei kleinen unterharmonischen Schwingungen. Experimentell hat sich gezeigt, daß der exponentielle Anstieg meist sehr plötzlich in einen stationären Endzustand übergeht (Bild 3). Dieser stationäre Endwert kann, je nach Schaltung, seine Ursache in der Nichtlinearität der Kapazitätskennlinie oder in dem Leitendwerden der Dioden in den Spannungsspitzen haben.

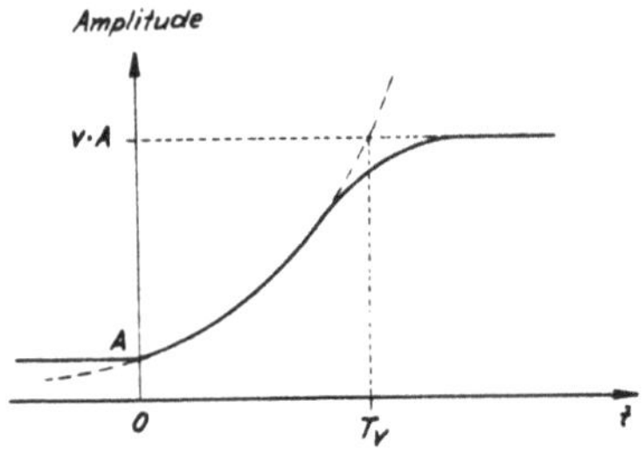

Bild 3: Anwachsen der Amplitude der unterharmonischen Schwingung

Beim Parametron ist ein möglichst schnelles Aufbauen der mit kleiner Amplitude A eingekoppelten unterharmonischen Schwingung bis zur stationären Amplitude v · A erwünscht. Es soll also die Zeit, in der sich die Amplitude um diesen Faktor v vergrößert hat (s. Bild 3), ein Minimum sein. Diese Zeit ist - nach dem Exponentialgesetz (1) -

$$T_v = \ln v \cdot \frac{1}{\left(\frac{\gamma}{4} - \varrho\right) \cdot \omega} \,. \qquad (3)$$

Bei konstanter relativer Kapazitätsänderung γ und konstanter Dämpfung ϱ wäre eine möglichst hohe Frequenz günstig. Da aber die Dämpfung (2) mit der Frequenz zunimmt, gibt es eine günstigste Frequenz ω_{opt}, die bei

$$\omega_{opt} = \frac{\gamma}{4} \cdot \frac{1}{R C_m}$$

liegt.

Die schnellste Anstiegszeit beträgt dann

$$T_v = \ln v \cdot \frac{32 R C_m}{\gamma^2}$$

Um diese Anstiegszeit bei vorgegebenem v klein zu halten, braucht man möglichst großes γ und eine möglichst kleine Diodenzeitkonstante $R C_m$.

Die relative Kapazitätsänderung γ kann nach Definition nicht größer als 1 werden, ein Wert von $\gamma = 1/2$ entspricht dem oben angegebenen Bereich $C_{max}/C_{min} = 3$.

Bei Golddrahtdioden erreicht man Zeitkonstanten $R C_m$ von nur wenigen 10^{-12} sec. Daraus erhält man Frequenzen f_{opt} in der Gegend von 10 GHz, also Pumpfrequenzen 2 f um 20 GHz. Koppelt man 1 % der Endamplitude ein, d. h. ist v = 100, so beträgt die Anstiegszeit T_{100} dann etwa 1 nsec (10^{-9} sec), das sind also etwa 10 unterharmonische Schwingungen.

Der Kehrwert dieser Anstiegszeit ist die höchstmögliche Taktfrequenz in einer Parametron-Rechenmaschine. Diese Taktfrequenz kann also bis etwa 1 GHz betragen, das ist ein Wert, der wesentlich über den mit Röhren- oder Transistorschaltungen möglichen Geschwindigkeiten liegt.

Zwei andere Diodeneigenschaften können allerdings dazu führen, daß man die angegebenen Frequenzen noch nicht ganz erreichen kann. Die höchstmögliche Frequenz ω der Unterharmonischen ist gegeben durch die Resonanz der mittleren Diodenkapazität C_m mit der Zuleitungsinduktivität. Bei Golddrahtdioden liegt diese Induktivität in dem sehr dünnen Golddrähtchen und beträgt einige nH. Zusammen mit einer mittleren Kapazität C_m von etwa 1 pF ergibt das eine höchste unterharmonische Frequenz von wenigen GHz, die also etwa um einen Faktor 3 unter der optimalen Frequenz liegt.

Auch die Leistungsaufnahme der Diode kann die Frequenz einschränken. Zum Aussteuern um eine bestimmte Kapazitätsänderung γ ist eine bestimmte Pumpspannung U_γ nötig. Der Pumpstrom ist dann $2 \omega \bar{C} U_\gamma$, und die zur Aussteuerung in der Diode in Wärme umgesetzte Pumpleistung ist

$$N = 4 \omega^2 \bar{C}^2 \cdot U_\gamma^2 \cdot R .$$

Die Pumpleistung steigt also mit dem Quadrat der Frequenz. Die Pumpleistungen liegen schon bei einer Pumpfrequenz von 2 f = 10 GHz, also einer Unterharmonischen von 5 GHz, in der Größenordnung von 100 mW je Diode. Es können also wirtschaftliche Erwägungen beim Aufbringen der Pumpleistung für eine ganze Rechenmaschine oder unzulässige Wärmeaufnahme der Dioden dafür sprechen, daß man bei niedrigeren als der optimalen Frequenz arbeitet.

Welche der erwähnten Frequenzgrenzen auch bestimmend sein mag, fest steht, daß das Diodenparametron Arbeitsfrequenzen in der Gegend mehrerer Gigahertz zuläßt. Man kommt also in das Gebiet der Zentimeterwellen, das schaltungstechnisch neue Möglichkeiten, aber auch neue Schwierigkeiten mit sich bringt.

Einer der Vorteile ist, daß sich in diesem Frequenzgebiet auf sehr leichte Weise Filter bauen lassen, um die Pumpfrequenz von der unterharmonischen Frequenz zu trennen. Diese Trennung braucht dann nicht mehr durch Gegentaktschaltungen wie oben in der Schaltung von Bild 2 zu geschehen. Ein solches unsymmetrisches Parametron ist in Bild 4 dargestellt [4, 5].

Der eigentliche Schwingkreis besteht aus einem

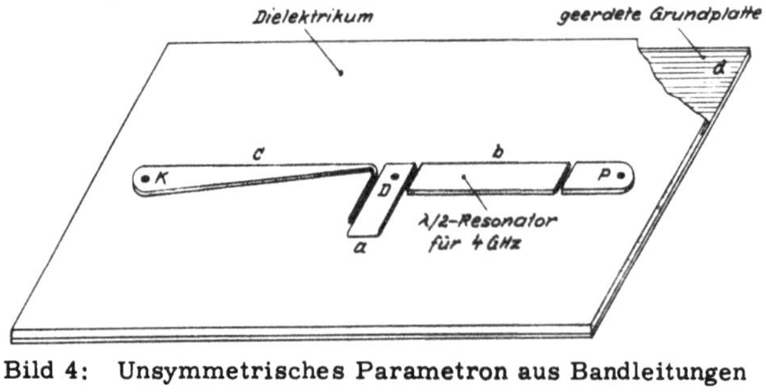

Bild 4: Unsymmetrisches Parametron aus Bandleitungen

einseitig kurzgeschlossenen, d. h. einseitig leitend mit der geerdeten Grundplatte verbundenen Stück Bandleitung (a), dessen offenes Ende (bei D) über die Diodenkapazität mit der Grundplatte verbunden ist. Die Pumpleistung wird über die Bandleitung (b) zugeführt, die für die Pumpfrequenz, die hier 4 GHz beträgt, gerade die Länge $\lambda/2$ besitzt. Dieses Filter sperrt also für die Unterharmonische 2 GHz.

Das Ein- und Auskoppeln der Unterharmonischen geschieht über das Leitungsstück (c), das mit dem eigentlichen Schwingkreis lose gekoppelt ist. Die Zuleitung der Pumpfrequenz und die Koppelleitungen von und zu anderen Parametrons werden bei P bzw. K als Koaxialkabel von unterhalb der Platte an die Schaltung herangeführt.

In [1] wurde die Schwierigkeit bei der Informationsübertragung aufgezeigt, die darin besteht, daß beim Parametron Eingang und Ausgang nicht getrennt sind. Bei den hohen Frequenzen läßt sich diese Schwierigkeit auf eine elegante Weise umgehen [5]. Dies wird in Bild 5 veranschaulicht.

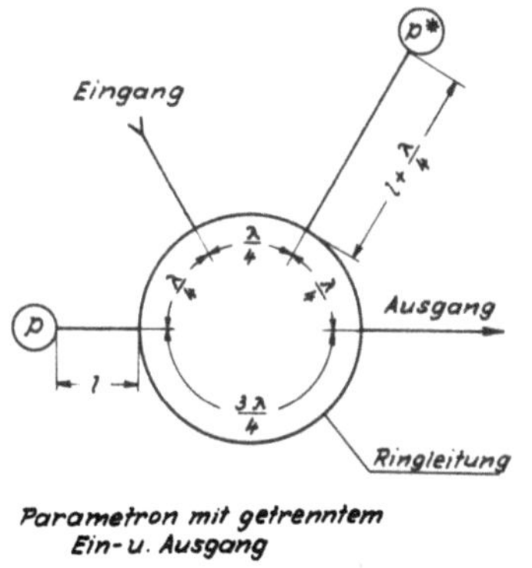

Bild 5: Parametronschaltung ohne Rückwirkung auf den Eingang

Die beiden Parametrons p und p* sind über verschieden lange Leitungen mit der Ringleitung verbunden, und zwar ist die zu p* führende Leitung gerade um eine Viertelwellenlänge länger als die zu p führende. Ein Eingangssignal, das von der Eingangsleitung her kommt, trifft also bei p* mit einer Verzögerung um 90° gegenüber p ein. Die zwei getrennten Pumpspannungen werden nun an die Parametrons so angelegt, daß die Parametrons genau mit den ankommenden Phasen anschwingen, p* also stets um 90° gegenüber p nacheilend. Die sich in p und p* aufbauenden unterharmonischen Schwingungen kommen nun über die Verbindungsleitungen zurück zur Ringleitung. Dabei erleidet das von p* kommende Signal eine nochmalige Verzögerung um 90°, so daß es gegenüber dem von p kommenden um 180° verspätet an der Ringleitung ankommt. Im Eingang heben sich also die beiden Schwingungen gerade auf. Im Ausgang addieren sie sich dagegen, da das Signal von p bis dahin einen um $\lambda/2$ längeren Weg zurückzulegen hat.

Diese Schaltung hat also gegenüber dem einfachen Parametron den Vorteil, daß das in der Schaltung verstärkte Signal nur zum Ausgang geleitet wird und nicht dagegen auf den Eingang und damit auf das vorhergehende Parametron zurückwirkt.

Man kann mit solchen Parametronschaltungen die Informationsübertragung in zwei Takten durchführen, ähnlich wie bei der in [1, 2, 3] besprochenen Verschiebung mit steuerbaren Koppelgliedern.

Besonders interessant ist, daß man sogar mit einem Verschiebungstakt auskommt [5], wenn man die Koppelleitungen zu Verzögerungsleitungen verlängert und zur Zwischenspeicherung der Information benutzt für den Zeitraum, wo alle Parametrons gleichzeitig abgeschaltet sind.

Zum Schluß soll noch gezeigt werden, wie man das periodische An- und Abschalten der Anfachung in den Parametrons durchführt. Dabei wird es insbesondere darauf ankommen, den eigentlichen Schaltvorgang kurz zu halten, damit sich die oben errechneten Anschwingzeiten T_v von etwa 10 unterharmonischen Perioden Dauer auch wirklich realisieren lassen.

Die nächstliegende Methode, nämlich die, die Pumpspannung periodisch an- und abzuschalten, ist bereits in [1] erwähnt worden. Einen Schalter, mit dem sich auch im Zentimeterwellengebiet beträchtliche Leistungen in nur wenigen Perioden schalten lassen, hat Uhlir [6] angegeben. Dieser Schalter beruht ebenfalls auf der spannungsabhängigen Diodenkapazität.

Dieses Verfahren des An- und Abschaltens der Pumpspannung läßt sich allerdings dann nicht anwenden, wenn in der Pumpzuleitung Filter liegen, die sich erst einschwingen müssen. Das ist der Fall bei der unsymmetrischen Ausführung des Parametrons nach Bild 4.

Eine andere Methode des Schaltens umgeht diese Schwierigkeit. Dabei liegt die Pumpspannung dauernd am Parametron, jedoch werden die Eigenschaften des Schwingkreises durch eine periodische Vorspannungsänderung variiert. Besonders wirksam zum Abschalten ist da eine Vorspannungsänderung in Leitrichtung der Diode. Zu der Verstimmung des Kreises durch die erhöhten Mittelwerte der Kapazitäten tritt dann eine starke Zunahme der Dämpfung durch Leitendwerden der Dioden, zumindest in den Spannungsspitzen der Pumpspannung. Ein Aufrechterhalten oder gar Aufschaukeln der unterharmonischen Schwingung ist dann nicht mehr möglich, und die vorhandene Schwingung wird weggedämpft. Mit dieser Methode sind bisher Taktfrequenzen von 100 MHz erreicht worden [5].

Bei den genannten Schaltvorgängen ist noch ein weiterer Punkt zu beachten. Jedes Schalten würde ja einen Schaltkreis von der unsymmetrischen Form nach Bild 4 zu gedämpften Schwingungen in seiner Resonanzfrequenz ω_m anstoßen. Diese Resonanzfrequenz ω_m liegt nahe bei der unterharmonischen Frequenz (Signalfrequenz) ω. Man muß dafür sorgen, daß die Amplitude dieser Eigenschwingung hinreichend weit unter der des eingekoppelten Nutzsignales liegt, da sonst die eingekoppelte Information verfälscht werden kann. Das bedeutet, daß das Einschalten der Pumpspannung oder der Diodenvorspannung nicht beliebig schnell vorgenommen werden darf. Nach groben Abschätzungen kann die Zeit, über die man aus diesem Grunde den Schaltvorgang hinziehen muß, durchaus in die Größenordnung der Zeit T_v fallen, insbesondere bei großem Anfachungsverhältnis v.

Diese Schwierigkeit hat man bei einem symmetrisch aufgebauten Gegentaktparametron nicht. Durch ein Schalten von Pump- oder Vorspannung könnten die beiden Zweige nur zu Eigenschwingungen im Gleichtakt, nicht aber - wie durch ein Nutzsignal - im Gegentakt erregt werden.

Zumindest beim Gegentaktparametron sollte es also möglich sein, den Schaltvorgang kurz gegenüber den Anschwingzeit T_V zu halten. Somit ist zu erwarten, daß man die oben errechneten Frequenzen und Anschwingzeiten, die nur von Diodeneigenschaften bestimmt waren, tatsächlich erreichen kann. Damit stünde im Parametron mit Halbleiterdioden ein Rechenmaschinenelement zur Verfügung, das um vieles schneller als die konventionellen Elemente ist.

Schrifttum

[1] H. Billing: Das Parametron und seine Verwendung in logischen Schaltungen. NTF (gleicher Band)

[2] H. Billing, A. Rüdiger: The Possibilities of Speeding up Computers Using Parametrons. UNESCO International Conference on Information Processing, Paris. Erscheint Anfang 1960 bei R. Oldenbourg, München.

[3] H. Billing, A. Rüdiger: Das Parametron verspricht neue Möglichkeiten im Rechenmaschinenbau. Elektronische Rechenanlagen 1 (1959), S. 119-126

[4] J. W. Leas: Microwave Solid-State Techniques for High Speed Computers. UNESCO International Conference on Information Processing, Paris. Erscheint Anfang 1960 bei R. Oldenbourg, München.

[5] F. Sterzer: Microwave Parametric-Subharmonic-Oscillator for Digital Computing. Proceedings IRE 47 (1959), S. 1317 - 1324

[6] A. Uhlir jr.: The Potential of Semiconductor Diodes in High-Frequency Communications. Proceedings IRE 46 (1958), S. 1099

DER EINSCHWINGVORGANG DER PARAMETRISCHEN SCHWINGUNG UND ANWENDUNGEN DES PARAMETRONS IN DER NACHRICHTENVERARBEITUNG

E. Schmitt, Karlsruhe

Mit 13 Bildern

1. Einleitung

Das Wesentliche eines Parametrons ist ein Schwingkreis, der einen veränderbaren Parameter, Induktivität oder Kapazität, enthält. Der Parameter wird nach einer vorgegebenen Zeitfunktion variiert.

In einem solchen Schwingkreis kann eine Schwingung mit der Frequenz ω erhalten werden, wenn die Erreger- oder Pumpfrequenz 2ω beträgt. Diese sogenannte parametrische Schwingung kann zwei mögliche Phasenlagen haben, die sich um 180° unterscheiden. Jede dieser beiden Phasen wird gleichwertig behandelt und kann unter bestimmten Bedingungen vorbestimmt werden.

Diese beiden Phasen können daher verwendet werden, die Binärziffern 0 und 1 darzustellen, indem man beispielsweise der Phase 0 die binäre 0 und der Phase π die binäre 1 zuordnet.

2. Parametron-Grundschaltkreis

Die Verwirklichung eines Parametrons, bei dem eine variable Induktivität mit Hilfe von zwei Ferritkernen gebildet wird, zeigt Bild 1. Die Ringkerne sind je mit einer Primär- und Sekundärwicklung versehen. Die Sekundärwicklungen mit den Induktivitäten L_1 und L_2 bilden zusammen mit dem Kondensator C einen Schwingkreis mit der Frequenz ω_m. Durch die Primärwicklung fließt ein Sinusstrom 2ω und ein Gleichstrom I, der zur Vormagnetisierung dient. Damit keine direkte Induktion von Primär- auf Sekundärseite erfolgt, sind die Primärwicklungen gegenphasig ausgeführt, so daß sich die auf die Sekundärseite transformierte Schwingung 2ω gerade kompensiert.

Bild 2 zeigt den qualitativen Verlauf der Induktivität in Abhängigkeit von der Feldstärke H. Durch den Wechselfluß wird die Induktivität um einen der Vormagnetisierung entsprechenden Mittelwert L_o im Takt 2ω verändert. Wenn der Veränderungsgrad der Induktivität $\frac{\Delta L}{L_o} = \gamma$ größer als die zweifache Dämpfung des Schwingkreises ist und die mittlere Frequenz des Kreises etwa gleich der halben Frequenz des Pumpstromes ist, wird die

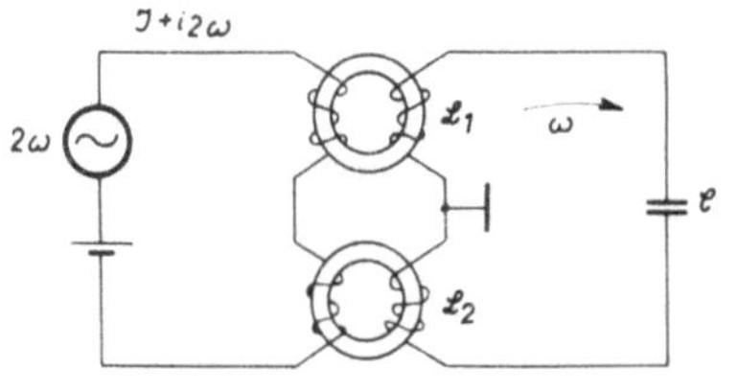

Bild 1: Parametron mit variabler Induktivität

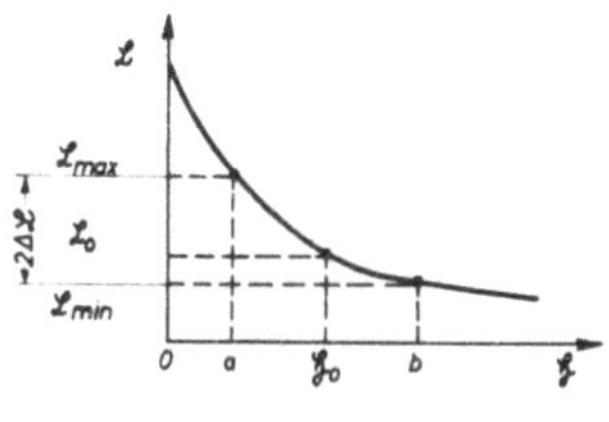

Bild 2: Verlauf der Induktivität

Schwingung angefacht. Hierbei verläuft der Einschwingvorgang exponentiell. Nach der Einschwingzeit t_e erreicht die parametrische Schwingung einen stationären Zustand und schwingt mit konstanter Amplitude und Phase, solange wie die Erregung eingeschaltet ist. Für die Einschwingzeit gilt in erster Näherung die Gleichung (d Kreisdämpfung, V Verstärkung in db):

$$\frac{t_e}{s} = \frac{\ln 10}{20\pi} \cdot \frac{\frac{V}{db}}{\left(\frac{\gamma}{2} - d\right)\frac{f}{Hz}}$$

Die Einschwingzeit ist also bei gleichbleibender Verstärkung umgekehrt proportional der Frequenz sowie der Differenz: Halber Veränderungsgrad der Induktivität vermindert um die Kreisdämpfung d. Den Einfluß der Dämpfung auf die Einschwingzeit zeigen die Bilder 3, 4, 5. Die Pumpfrequenz beträgt 2 MHz, die Frequenz der parametrischen Schwingung 1 MHz (Periodendauer 1 μ s).

Bei einer Kreisdämpfung d = 0,1 ergibt sich eine Einschwingzeit von etwa 3 bis 4 μ s. Eine Erhöhung der Dämpfung auf d = 0,18 hat eine Einschwingzeit von 5 μ s zur Folge. Für d = 0,3 erhöht sich die Einschwingzeit bereits auf 10 μ s. Wie aus der Gleichung für t_e zu ersehen ist, steigt die Einschwingzeit mit zunehmender Dämpfung hyperbelförmig an.

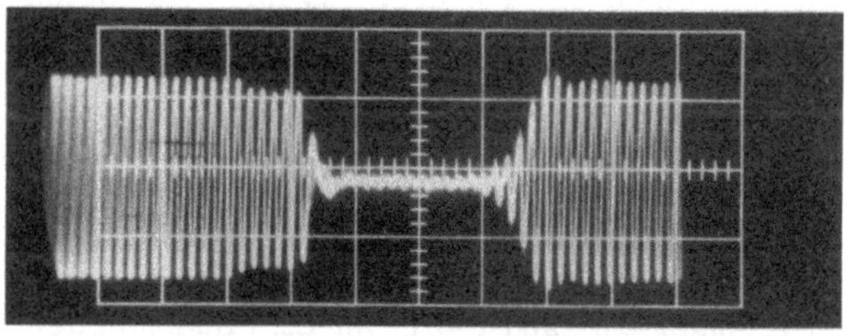

Bild 3: Einschwingvorgang d = 0,1

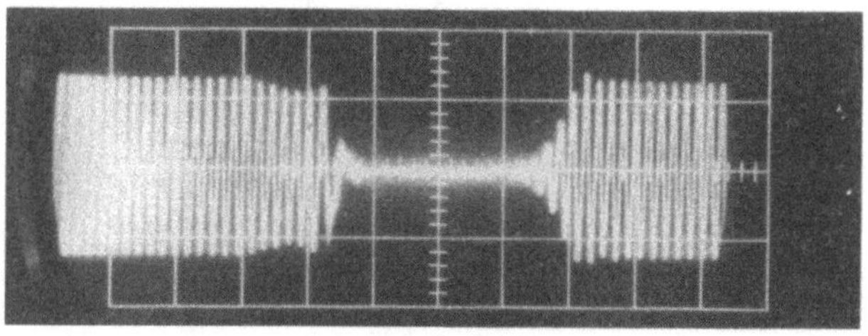

Bild 4: Einschwingvorgang d = 0,18

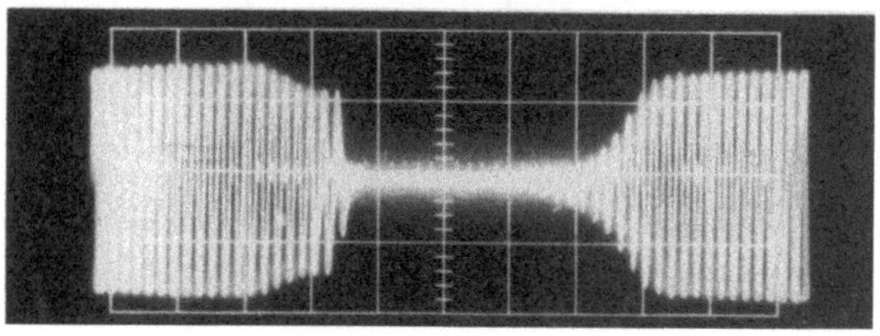

Bild 5: Einschwingvorgang d = 0,3

3. Informationsübertragung

Die parametrische Schwingung kann zwei mögliche Phasenlagen haben, die sich voneinander gerade um 180° unterscheiden. Wir ordnen der Phase 0 die binäre 0 und der Phase π die binäre 1 zu. Durch eine schwache vor Beginn der Erregung in das Parametron eingekoppelte Schwingung kann die Phase bestimmt werden. Im eingeschwungenen Zustand läßt sich die Phase nur sehr schwer ändern. Als einfachste Möglichkeit zur Übertragung der Information bietet sich deshalb die Unterbrechung der parametrischen Schwingung durch geeignetes Ein- und Abschalten der Erregung an, wobei die einzelnen Parametrons in geeigneter Weise miteinander verkoppelt werden.

Bei Verwendung von linearen Koppelgliedern wie etwa Ohmsche Widerstände oder Übertrager sind, wegen der Eindeutigkeit der Übertragungsrichtung, mindestens 3 Parametrons je bit erforderlich. Mit nichtlinearen Koppelgliedern, beispielsweise Dioden, werden nur zwei Parametrons je bit benötigt.

In den aufgebauten Modellschaltkreisen sind als Koppelglieder Ohmsche Widerstände R verwendet. Die Informationsübertragung erfolgt nach der sogenannten Dreitaktmethode. Hierbei werden die Parametrons in drei Gruppen aufgeteilt und durch die erregenden Quellen in den einzelnen Gruppen so zeitlich nacheinander ein- und abgeschaltet, daß die Information von einem Parametron auf das nächstfolgende übertragen wird. In den japanischen Maschinen wird hierzu der Pumpstrom 2ω im Dreitakt geschaltet. In den hier dargestellten Schaltkreisen wird der zur Vormagnetisierung dienende Gleichstrom I im Dreitakt geschaltet, eine Methode, die bisher noch nicht angewendet wurde.

Im Prinzip sind beide Verfahren gleichwertig, nur mit dem einen Unterschied, daß mit dem Gleichstromverfahren kürzere Umschaltzeiten erreicht werden, und zwar im wesentlichen dadurch, weil beim Ausschalten des Stromes I die Kreise negativ verstimmt werden und dadurch die Ausschwingzeiten sehr kurz sind. Die Wirkungsweise des Gleichstrom-Dreitaktes sei an einer Stufe eines Schieberegisters (Bild 6) erläutert.

Im Ausgangszustand $t < t_o$ ist I_{III} eingeschaltet, d.h. die Parametrons P_3 und P_3' sind erregt.

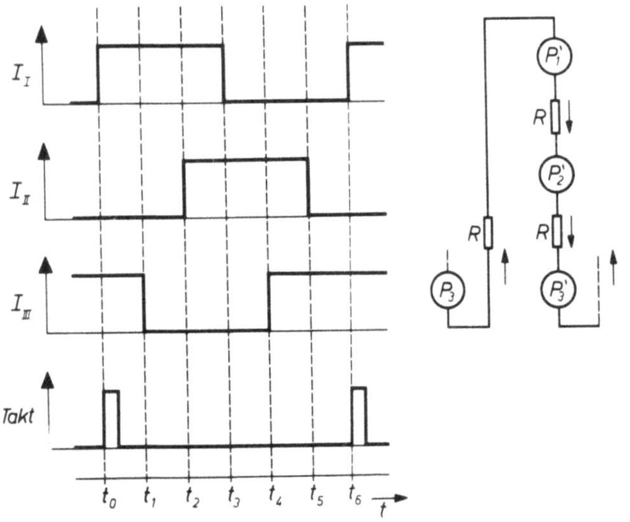

Bild 6: Schieberegister mit Gleichstrom-Dreitakt

Ein Teil der Schwingung von P_3 wird über den Koppelwiderstand R phasenrichtig in P_1' übergekoppelt. Durch einen Eingangstakt im Zeitpunkt t_o beginnt der Dreitakt, indem I_I eingeschaltet wird; P_1' schwingt mit der Phase von P_3 ein. Wenn P_1' genügend eingeschwungen ist, wird im Zeitpunkt t_1 I_{III} abgeschaltet. Nach dem Abklingen der Schwingung in P_3 wird im Zeitpunkt t_2 I_{II} eingeschaltet; P_2' schwingt infolge der Kopplung über R mit der Phase von P_1' ein. Wenn P_2' genügend eingeschwungen ist, wird im Zeitpunkt t_3 I_I abgeschaltet. Nach dem Abklingen der Schwingung in P_1' wird im Zeitpunkt t_4 I_{III} eingeschaltet; P_3' schwingt mit der Phase von P_2' ein. Wenn P_3' genügend eingeschwungen ist, wird im Zeitpunkt t_5 I_{II} abgeschaltet. Nach dem Abklingen der Schwingung in P_2' kann im Zeitpunkt t_6 der nächste Dreitakt erfolgen. Durch einen Dreitakt ist also die Information von P_3 nach P_3', d.h. um eine Stufe verschoben worden.

4. Schieberegister und Ringzähler

Das Bild 7 zeigt das Blockschaltbild eines siebenstufigen Schieberegisters. Die Schwingungsphase der Parametrons in Gruppe III wird durch Lampen

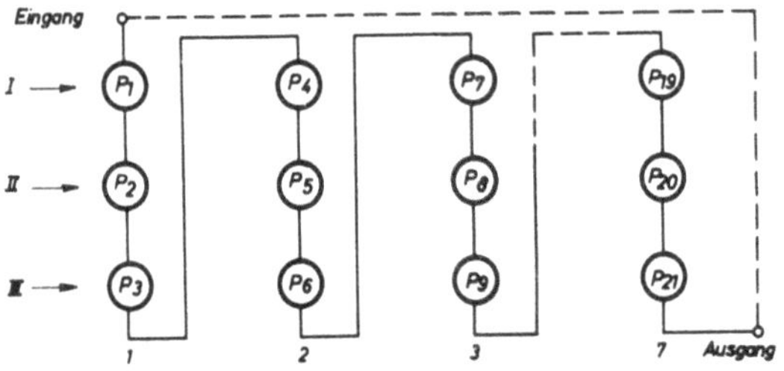

Bild 7: Schieberegister siebenstufig

angezeigt. Zur Anzeige wird eine Vergleichsschwingung mit der Phase π mit der betreffenden parametrischen Schwingung additiv überlagert und anschließend gleichgerichtet auf einen Schalttransistor gegeben. Wenn die beiden Schwingungen gegenphasig sind, kompensieren sie sich gegenseitig. Bei Gleichphasigkeit entsteht an der Basis des Transistors eine negative Spannung, so daß der Transistor Strom zieht und die Lampe im Kollektorkreis aufleuchtet.

Eine eingeschriebene Information wird durch jeden Dreitakt um eine Stelle nach rechts verschoben.

Einen Ringzähler erhalten wir einfach dadurch, daß wir nur eine Stufe markieren und Ausgang mit Eingang verbinden. Durch jeden Dreitakt wird der Zähler um eine Stelle weitergeschaltet.

5. Speicher und Negation

Um ein bit zu speichern, sind bei der Dreitaktmethode drei Parametrons notwendig (Bild 8). Eine am Eingang liegende Information wird durch einen Dreitakt über Parametron 1 und P_2 nach P_3 verschoben. Die eingespeicherte Information bleibt wegen der Rückkopplung P_3 - P_1 bei jedem Drei-

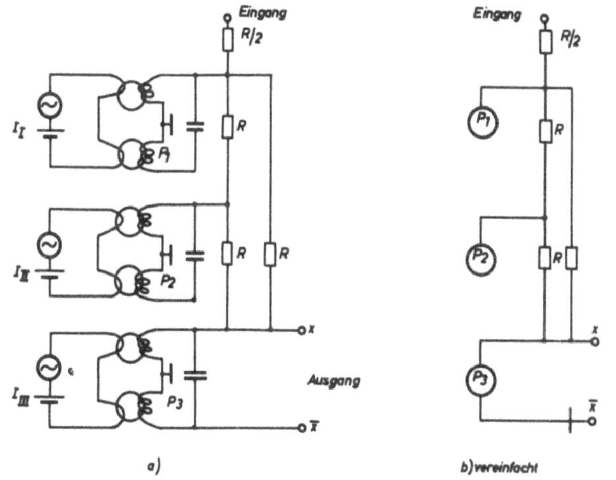

Bild 8: Speicher für 1 bit

takt solange erhalten, bis eine neue Information eingespeichert wird.

Durch den erdsymmetrischen Aufbau der Parametrons kann am Schwingkreis sowohl die Schwingung x als auch die hierzu negierte $\bar{x}$, d. h. um π verschobene Schwingung gleichzeitig abgenommen werden.

6. Disjunktion und Konjunktion

Die logischen Verknüpfungen mit Parametrons werden nach dem sogenannten Majoritätsprinzip gebildet. Koppelt man beispielsweise eine ungerade Anzahl von Parametrons der Gruppe I auf ein einziges Parametron P_y der Gruppe II, dann wird in P_y eine der beiden Phasen dominierend sein.

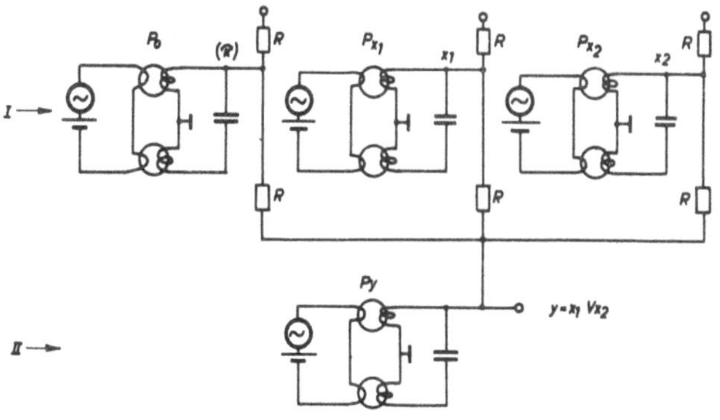

Bild 9: Disjunktion

In solchen Schaltungen treten zwangsläufig sogenannte Konstantan-Parametrons auf, die immer mit der gleichen Phase 0 oder π schwingen. Bei der Schaltung für die Disjunktion mit zwei Eingangsvariablen x_1 und x_2 ist als drittes Parametron in Gruppe I ein Konstanten-Parametron mit der Phase π notwendig (Bild 9). Im Parametron P_y in Gruppe II wird die Phase π vorherrschend sein, wenn x_1 oder x_2 oder beide mit der Phase schwingen (Tafel 1).

x_1	x_2	y
0	0	0
1	0	1
0	1	1
1	1	1

0 = Phase 0

1 = Phase π

Die Schaltung für die Konjunktion unterscheidet sich von der für die Disjunktion nur durch das Konstanten-Parametron, welches nun die konstante Phase 0 hat. Im Parametron y wird daher nur dann die Phase π vorherrschend sein, wenn x_1 und x_2 mit der Phase π schwingen (Tafel 2).

x_1	x_2	y
0	0	0
1	0	0
0	1	0
1	1	1

7. Antivalenz

Mit den besprochenen Schaltungen:

Negation, Disjunktion und Konjunktion

können alle noch fehlenden Funktionen zweier Eingangsvariablen gebildet werden. Als Beispiel sei hier der Schaltkreis für die Antivalenz betrachtet (Bild 10).

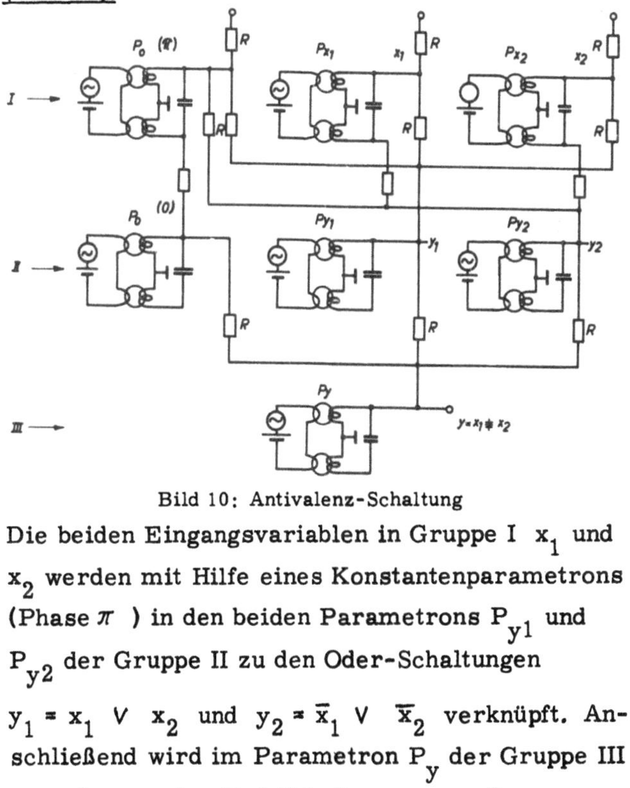

Bild 10: Antivalenz-Schaltung

Die beiden Eingangsvariablen in Gruppe I x_1 und x_2 werden mit Hilfe eines Konstantenparametrons (Phase π) in den beiden Parametrons P_{y1} und P_{y2} der Gruppe II zu den Oder-Schaltungen $y_1 = x_1 \vee x_2$ und $y_2 = \bar{x}_1 \vee \bar{x}_2$ verknüpft. Anschließend wird im Parametron P_y der Gruppe III y_1 und y_2 zu der Und-Schaltung $y = y_1 \& y_2$ verknüpft.

Nach Beendigung des Dreitaktes liegt damit im Parametron P_y der Gruppe III die Antivalenz $y = x_1 \not\equiv x_2$ vor (Tafel 3).

x_1	x_2	y
0	0	0
1	0	1
0	1	1
1	1	0

8. Parametron und Ferritkernmatrix

Ein Speicher aus Parametrons erfordert einen verhältnismäßig großen Aufwand. Bei der Dreitaktmethode sind drei Parametrons je bit notwendig. Weit vorteilhafter ist ein Verfahren, das in

Japan mit Dual Frequency Memory System bezeichnet wird. Hierbei wird eine Ferritkernmatrix als Speicher und Parametrons als Schreib- und Leseverstärker benutzt, ohne daß eine Zwischenumwandlung der Signale notwendig ist. Das Prinzip dieser Methode sei an Bild 11 erklärt.

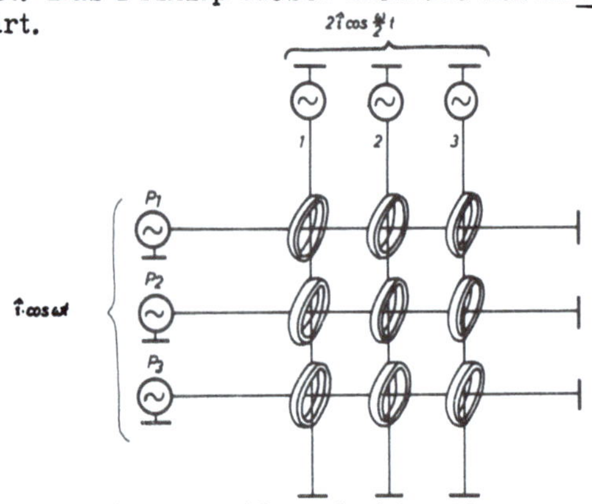

Bild 11: Ferritkern-Speicher-Matrix

Zum Einschreiben wird die Matrix in Koinzidenz spaltenweise mit einem HF-Strom $2\hat{\imath}\cos\frac{\omega}{2}t$ und zeilenweise mit dem Strom eines Parametrons $\hat{\imath}\cos\omega t$ beschickt. Der Spaltenstrom hat also gegenüber dem Zeilenstrom die doppelte Amplitude und die halbe Frequenz. Durch einen einzelnen dieser Ströme wird in den Kernen keine Änderung der Magnetisierungsrichtung hervorgerufen, da die Ströme symmetrisch sind und ihre Amplituden entsprechend klein sind. Im ausgewählten Kern dagegen fließt bei geeigneter Phasenlage der beiden Ströme als Summenstrom ein impulsähnlicher Wechselstrom (Bild 12), der je nach der Phase des Parametrons positiv oder negativ ist. Dadurch wird der Speicherkern entsprechend der Phase des Parametrons im positiven oder negativen Remanenzpunkt polarisiert.

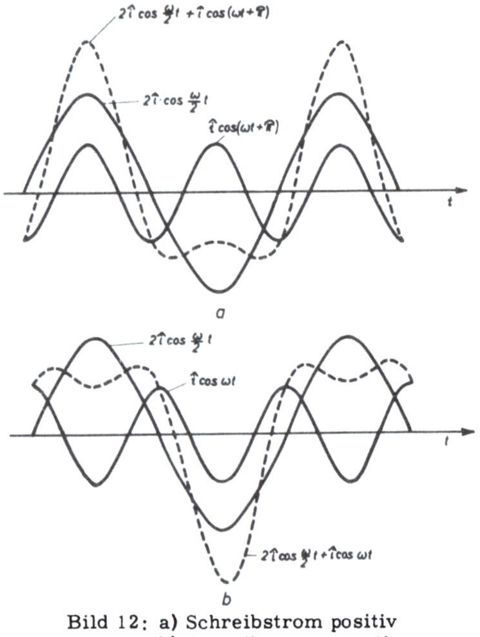

Bild 12: a) Schreibstrom positiv
b) Schreibstrom negativ

Zum Ablesen wird zunächst der halbfrequente Spaltenstrom auf die entsprechende Spalte gegeben (Bild 13). Wenn der Ferritkern im positiven oder negativen Remanenzpunkt polarisiert ist, wird eine innere Hysteresekurve durchlaufen, die wegen der einseitigen Begrenzung eine quadratische Nichtlinearität zur Folge hat, d.h. in der induzierten Spannung ist außer weiteren Komponenten die zweite Harmonische ω enthalten. Die Phase dieser Komponente ω ist für die beiden Remanenzpunkte um 180° verschieden. Diese Komponente wird mit einer der beiden Phasen, dem Remanenzpunkt entsprechend, in die Parametronleitung eingekoppelt und beim Einschalten der Erregung verstärkt, so daß das Parametron mit der richtigen Phase einschwingt. Hierbei wird die im Kern gespeicherte Information nicht zerstört. Zusätzlich wird beim Einschalten des Parametrons die abgelesene Information erneut eingeschrieben, da Schreib- und Leseparametron identisch sind.

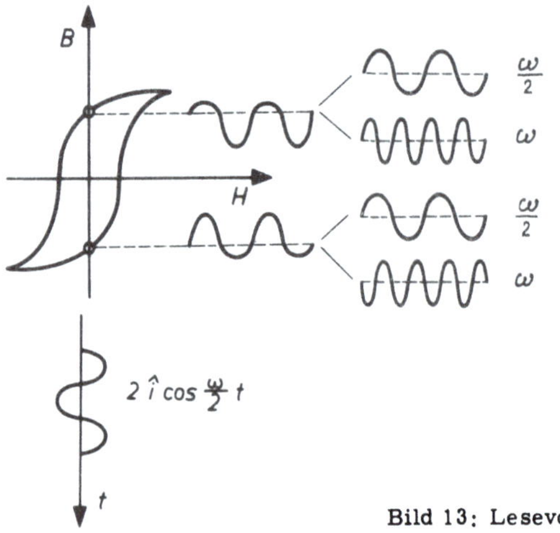

Bild 13: Lesevorgang

9. Rechengeschwindigkeit

Mit zunehmender Pumpfrequenz steigen die Hystereseverluste sehr schnell an, so daß die Rechengeschwindigkeit der Parametrons mit variabler Induktivität nach oben bald begrenzt wird. Mit geeigneten Ferriten dürfte die maximale Pumpfrequenz etwa bei 10 MHz liegen. Unter der Annahme, daß für einen Dreitakt 20 bis 30 Perioden der Pumpschwingung erforderlich sind, liegt die maximale Taktfrequenz bei 300 bis 500 KHz.

Die Rechengeschwindigkeit kann durch Parametrons mit variabler Kapazität um einige Zehnerpotenzen gesteigert werden, wenn man als veränderbare Kapazität geeignete Halbleiterdioden verwendet.

Schrifttum

[1] E. Goto: On the Application of Parametrically Exited Nonlinear Resonators. J.I.E.C.E.J. 38 (Okt. 1955), S. 770 - 775

[2] E. Goto: The Parametron, a Digital Computing Element which utilizes Parametric Oszillation. Proc. IRE 47 (1959), S. 1304 - 1316

[3] Z. Kiyasu u.a.: Parametric Exitation Using Barrier Capacitor of Semi-Conductor. J.I.E.C.E.J. 40 (1957), S. 162

[4] H. Takahashi, E. Goto: Dual Frequency Memory-System. TDK Electronics Co., Ltd., Kanda Matsuzumi-Cho 2, Tokyo

[5] H.E. Billing, A.O. Rüdiger: The Possibility of Speeding up Computers Using Parametrons. UNESCO International Conference on Information Processing, Paris

[6] H.E. Billing, A.O. Rüdiger: Das Parametron verspricht neue Möglichkeiten im Rechenmaschinenbau. Elektron. Rechenanl. 1 (1959), S. 119 - 126

[7] E. Schmitt: Allgemeine Untersuchungen am Parametron unter Berücksichtigung der Verwendung in nachrichtenverarbeitenden Systemen. Diplomarbeit (1959), Institut für Nachrichtenverarbeitung und Nachrichtenübertragung, Technische Hochschule Karlsruhe

THE VARIABLE-CAPACITANCE, PARAMETRIC AMPLIFIER (ÜBERSICHT ÜBER PARAMETRISCHE VERSTÄRKER MIT GESTEUERTEN KAPAZITÄTEN)

E. D. Reed, Murray Hill, USA

Mit 18 Bildern

For many years vacuum tubes have been the only means for obtaining low-noise amplification at microwave frequencies. Not only have these well-established tube amplifiers been improving continuously, but in some instances they have even surpassed performance goals set by accepted theory. This monopoly of the vacuum tube has not been seriously challenged by the transistor even though great strides have been made in extending its operation to higher and higher frequencies. Within the last two or three years, however, we have witnessed solid state art enter the field of microwave low-noise amplification and become firmly established in it. There have been three solid-state entries, namely, the maser, the variable-capacitance amplifier and the variable-inductance (or ferromagnetic) amplifier. The first two, i.e., the maser and the variable capacitance amplifier, have already yielded experimental results which point to early and important system applications.

In this race for lower and lower noise we find the maser far in the lead since the noise associated with its basic amplifying mechanism is negligibly small. So small, in fact, that for the first time in history, receiver noise has ceased to be a basic limitation on sensitivity over much of the microwave spectrum. In many applications, however, we cannot benefit from this ultimate in noise performance and are therefore unwilling to pay the cost of refrigeration and the magnetic field needed for masers. For these applications, the variable-capacitance amplifier (or parametric amplifier as it is often called) offers the advantage of simplicity. Its noise performance lies somewhere between that of vacuum tubes and masers yet, in contrast to masers, neither refrigeration nor a magnetic field are required. If, nevertheless, we are willing to introduce a moderate amount of refrigeration, that is, refrigeration to liquid nitrogen temperature, further - and rather significant - improvements in noise performance can be obtained.

The principles of parametric amplification have long been appreciated. Recognition of these principles has, in fact, been traced back as far as Lord Raleigh. The rediscovery of these principles, however, and application to low-noise microwave amplification is only about three years old. Historically, the maser came first. It was followed by the variable inductance amplifier which grew out of attempts to apply the paramagnetic maser principle to ferromagnetics. This work, in turn, sparked the variable-capacitance amplifier.

The first variable-capacitance amplifier for operation at microwave frequencies was built by M. E. Hines at Bell Telephone Laboratories about 2-1/2 years ago. Since then we have witnessed such growth in this field that today practically every laboratory with an interest in low-noise amplification is participating in this work.

A survey which appeared in Electronic News about a year ago (November 11, 1959) listed some three dozen laboratories in the United States engaged in various phases of parametric amplifier work.

By far the major part of the parametric amplifier effort to date has been centered around the use of the variable capacitance effect in semiconductor diodes. Not only has this work yielded the lowest noise figures but it has already demonstrated its practical importance in a number of experimental systems. Parametric microwave amplification using ferrites as variable inductance elements has also been demonstrated but significantly low noise figures have not as yet been reported. Work is also in progress on electron beam parametric amplifiers. The outstanding example here is the Quadrupole Amplifier by R. Adler of the Zenith Radio Corporation. In his tube, quadrupole fields act parametrically upon the fast cyclotron wave of an electron beam to produce amplification. While Adler's original tube has yielded excellent low-noise performance at around 400 mc, A. Ashkin of Bell Laboratories has more recently been successful in extending the application of Adler's ideas to low-noise amplifiers operating at around 4000 mc.

In this paper we shall deal primarily with the variable-capacitance amplifier which has clearly emerged as the most attractive and practical one of various parametric amplifiers mentioned above. We will review the principles involved in the operation of the three major types of variable-capacitance amplifiers which have yielded significant experimental results, namely the negative-resistance amplifier, the up-conversion amplifier and a third type which is really a hybrid of the other two in that it uses both negative resistance-gain and up-conversion gain. We shall give a qualitative treatment of the variable capacitance effect in semiconductor diodes and illustrate the application of these principles and also of these diodes in a number of experimental low-noise amplifiers. Finally, we will compare parametric-amplifier noise performance with that of the best experimental vacuum tube amplifiers.

The Negative-Resistance Amplifier - Physical Principles

The simplest and probably most effective way to introduce the physical principles involved in negative-resistance type parametric amplification is by reviewing the - by now well known - low frequency analogue of the mechanically pumped capacitor. Let one of the capacitor plates, say the upper plate, in the simple resonant circuit of Fig. 1 be movable so as to permit a mechanical variation of plate spacing, and hence, of capacitance. Let us apply to the terminals of the circuit a small signal voltage of frequency, s, - this frequency being equal to the resonant frequency of the circuit - thereby setting up a sinusoidal variation of voltage and also of charge across the capacitor.

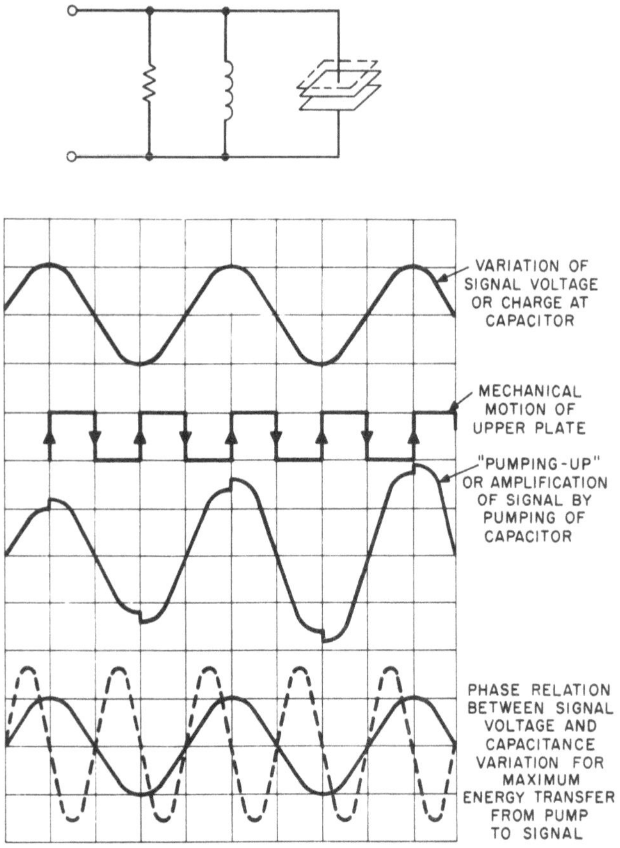

Fig. 1 Illustration of negative-resistance type parametric amplification by means of mechanically pumped capacitor

Imagine now that the upper capacitor plate is suddenly pulled upward a small amount whenever the charge is at a maximum regardless of polarity - this, of course, occurs twice every cycle - and returned to its original position whenever the charge is zero - again twice every cycle. In other words, we are performing a square wave pumping motion with the upper capacitor plate at twice the frequency of the applied signal. This pulling-apart of the capacitor plates, while it decreases the capacitance, does not alter the charge. But for a constant charge, the voltage on a capacitor is inversely proportional to capacitance. Hence, we increase or amplify the signal voltage whenever we increase the plate separation. This pumping-up of the signal voltage is also illustrated in Fig. 1.

Another way to look at this amplification process is to note that we always have to do work on the circuit when we separate the plates, since we have to overcome the attractive force between the opposite charges on the capacitor plates, while no work is expended in restoring the original plate separation since this occurs whenever the charge on the capacitor plates and, hence, the attraction between them is zero. The energy transferred in this way from the external pump to the circuit provides the signal gain and internal amplifier losses. Why do we call this type of gain negative-resistance gain? Because, like an ordinary resistor, this type of parametric amplifier is a two-terminal or single-port device. In the case of the familiar positive resistance the power reflected is always less than the incident power. Conversely, we speak of a negative resistance, if the power reflected is greater than the incident power.

A well known example of this kind of amplification from everyday life is a child pumping-up the excursions of a swing. Twice during each complete cycle, that is at both extremes of the swing, the child will raise his center of gravity and lower it during both downward phases of the swing.

In practice, of course, the capacitance is varied not by mechanical, but rather by electronic means and this variation is not square wave but sinusoidal as shown in Fig. 1 by the dashed sine curve. Summing up: In order to achieve maximum energy transfer from the pump to the circuit we require (1) that the capacitance be varied at exactly twice the signal frequency, and (2) that the phasing of this variation be such that the capacitance always is decreased when the charge, and hence the signal voltage, is at an extremum.

In a practical situation it is, of course, very difficult to maintain these exact frequency and phase relationships between an incoming signal, over which we may have little or no control, and our local pump. We will show next that this precise relationship, while necessary for maximum energy transfer from the pump to the circuit, is not required if we are willing to settle for something less than maximum. Let us then examine the situation where the frequency of the incoming signal, s, now differs from half the pump frequency p/2, as shown in Fig. 2(a). The result of this difference in frequency is that now the conditions for maximum energy transfer from pump to signal are no longer satisfied all the time. Rather, the pump and signal will periodically drift into and out of the condition for favourable interaction - there will, however, still be a net flow of energy from pump to signal - with the result that our amplified signal will now exhibit a beat phenomenon. It will grow and decay as indicated by the modulated waveform of Fig. 2(b). A waveform of this type may be shown to be the sum of two uniform sine waves having frequencies s and p - s, i. e., frequencies equidistant from half the pump frequency. This is an interesting and sufficiently important point to deserve restating: When the signal frequency equals half the pump frequency we obtain a single amplified output at the same frequency. This case, however, is not realizable because it requires a precise frequency and phase relationship between signal and pump which we cannot realize in practice. If, then, we move the signal off the half-pump frequency we get back not only the desired amplified signal but

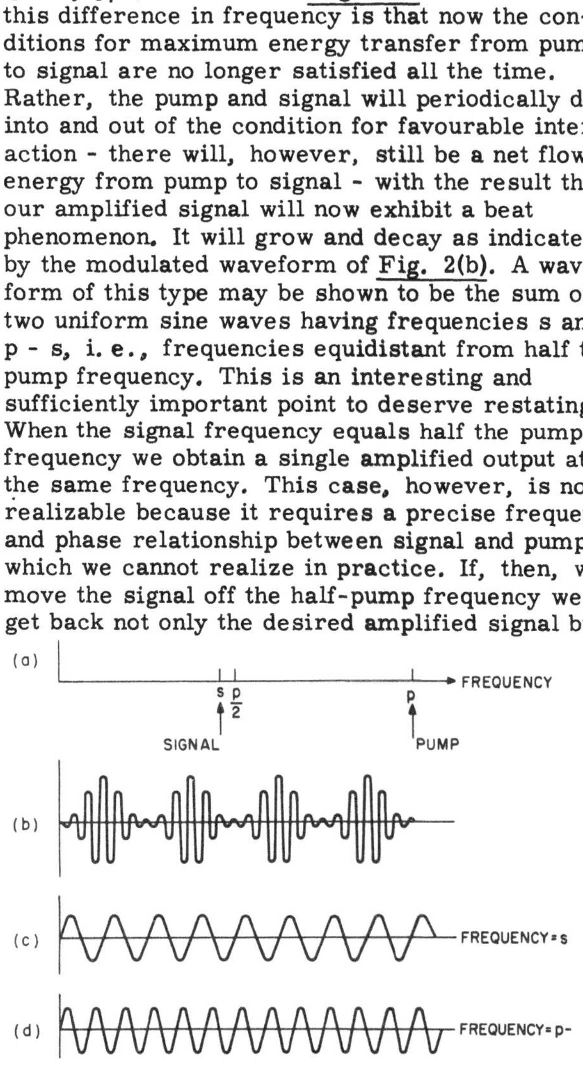

Fig. 2 Illustration of the generation of an image signal for the case when the signal frequency differs from half the pump frequency

also a signal at frequency p-s. This latter signal is known under various names. Some workers, for obvious reasons, call it the lower sideband or difference frequency signal. Others, having in mind its symmetry with respect to the applied signal about half the pump, refer to it as the image. Others still, because this signal is a useless by-product of the parametric amplification process, call it the idler. For the case shown here, where the signal is fairly close to half the pump, the idler has approximately the same amplitude as the amplified signal. As the signal moves further away from half the pump the relative amplitudes of these two signals change as we shall see later.

There are two important facts we should keep in mind here:

(1) The image signal is an inevitable by-product of the frequency mixing process which occurs when the signal to be amplified differs in frequency from half the pump frequency, and there is no way of suppressing this image without also suppressing the entire amplification and,

(2) The closer the signal frequency is to half the pump, the closer is also the image to signal and the more difficult it becomes to eventually separate the desired amplified signal from the undesired, but equally strong, image by filtering.

In a practical amplifier it is therefore desirable to keep the signal frequency a few megacycles away from half the pump frequency. This, of course, means that the parametric amplifier must provide sufficient bandwidth to encompass not only the signal band, but also the equally wide image band plus the guard band. Hence, except for special cases which will be discussed later, the negative-resistance parametric amplifier must provide more than twice the bandwidth occupied by the signal and hence accept and amplify more than twice the noise associated with conventional amplifiers.

Let us examine this noise problem a little closer. In Fig. 3, the input signal is represented by the short arrow at the bottom with its length corresponding to amplitude, width to the signal band and

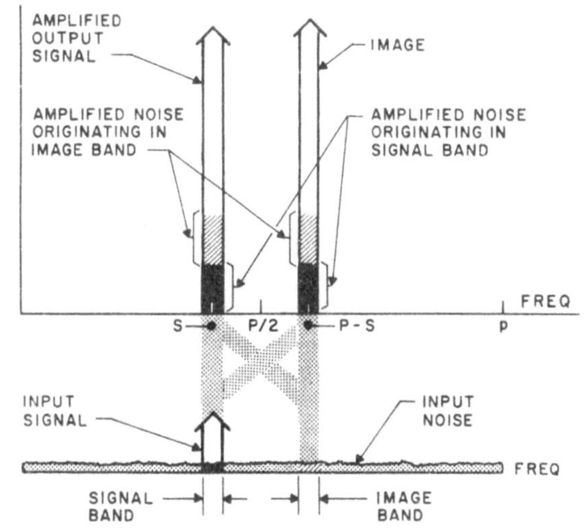

Fig. 3 Effect of image noise in case of ideal (noisefree), negative resistance amplifier is to double noise in signal band

position to frequency. At the base of this arrow we show input noise, that is, noise which enters the amplifier from the outside together with the desired input signal, as a uniform noise spectrum. The length of the input arrow to the length of the block portion at its base represents the input signal-to-noise ratio. The other two arrows are the amplified outputs at the signal and image frequencies. For the moment, we shall assume the amplifier itself to be noise-free, so that the ratio of the length of the output arrow to the black portion at its root equals the corresponding ratio at the input arrow. In other words, signal-to-noise ratio is preserved at least for noise originating in the signal band. This, unfortunately, is not the whole story: Since the amplifier has gain in the image band also, it picks up noise originating in the image band, amplifies it and adds it to the already existing amplified noise in both bands. If we now focus our attention on the signal band, we see that our original signal-to-noise ratio has been degraded by a factor of two in spite of the fact that the amplifier itself has contributed no noise to the amplification process. This type of reception where the signal is introduced in one band only while noise enters both in the signal and image band is called single sideband reception. For the case shown here, namely where both these bands are fairly closely grouped around the half pump frequency, the best noise figure we can obtain in 3 db.

All the more surprising that, in spite of this 3 db handicap, we can still realize noise figures in practice which compare favourably with the best low-noise tube amplifiers. This, as we shall see later, is due primarily to the excellent low-noise properties of the variable-capacitance diode itself.

It is of interest to note here that there is a type of signal for which we do not have to pay this 3 db penalty in noise figure. This is for the type of signal encountered in radio astonomy, i. e., where the signal itself is incoherent noise. This noise signal may now be introduced not only in the signal band but also in the image band. Thus, the amplifier transfers into the signal band not only noise but also useful signal so that, for the case of an ideal amplifier, signal-to-noise ratio is preserved.

The reader may justly wonder at this point how, in a practical situation, the four signals we have encountered so far - namely, the input signal, the amplified output signal, the image and the pump - are unscrambled and input isolated from output. The most commonly used method is illustrated in Fig. 4. It makes use of another solid state device, the ferrite circulator. The signal to be amplified is introduced at terminal 1 and guided over to terminal 2 where it enters the parametric amplifier and is amplified. The amplified signal, together with the image signal, re-emerge at terminal 2 and are guided over to terminal 3. Here, they encounter a filter which is transparent to the amplified signal but totally reflective to the image. Terminal 3, therefore, becomes the effective output terminal while the image signal is guided over to terminal 4 where it is harmlessly dissipated in a termination. The strong pump signal is confined to the variable capacitance and prevented from leaking into the output by a sharply-

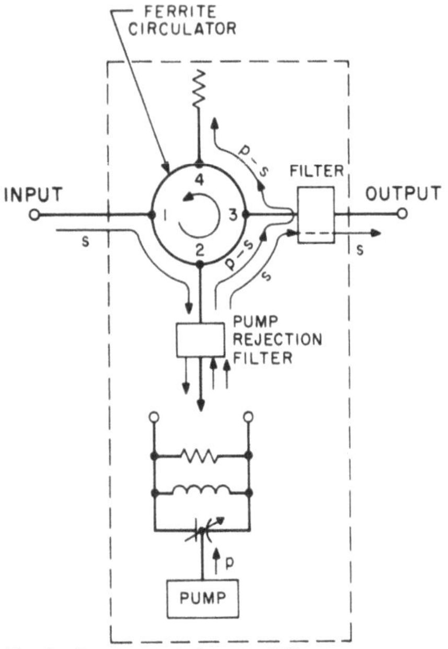

Fig. 4 Typical parametric amplifier arrangement including a ferrite circulator. The circulator serves to separate input from output and also to prevent noise originating in the output load from feeding back to the amplifier and being amplified

tuned pump rejection filter which may be inserted between the amplifier and terminal 2 of the circulator.

Variable-Capacitance Effect in Semiconductor Junction Diodes

The variable-capacitance diode constitutes the real heart of the parametric amplifier. In practical amplifiers it plays the role of the mechanically-pumped capacitor discussed before in connection with the low-frequency analog. To explain the operation of this important circuit element, we shall go through a fictitious process of assembling a P-N-junction. At the top of Fig. 5 we see two sections of semiconductor material. In the N-type section on the left, the circled plus signs represent fixed positive charges due to donor impurities, and the minus signs mobile negative-charge carriers or electrons. In the P-type section, the circled minus signs represent fixed negative charges due to acceptor impurities, and the plus signs mobile positive-charge carriers or holes. By themselves, both slabs are electrically neutral, i.e., in the N-type material the fixed positive charges are neutralized by precisely the same number of electrons and, similarly, in the P-type material, the fixed negative charges are exactly neutralized by the same number of holes. Let us now bring the two slabs into contact to form a P-N junction as in Fig. 5(b) and observe the events preceding the establishment of equilibrium in slow motion.

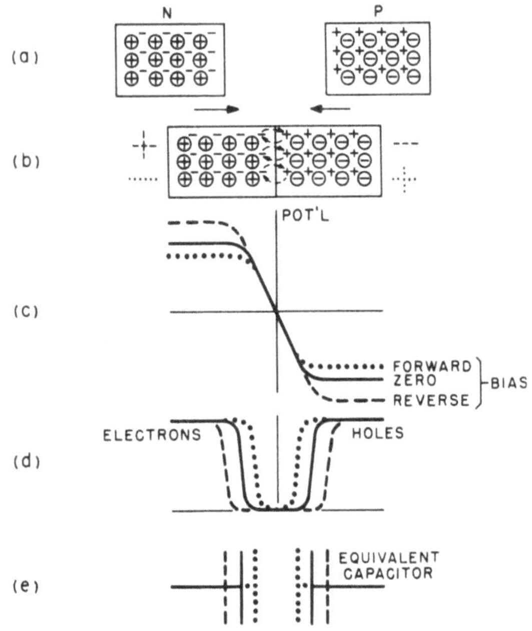

Fig. 5 Variable-capacitance effect in a semiconductor junction diode

With the P and N sections in contact, electrons will diffuse from a region of high to one of low electron density, that is from the left to the right and, similarly, holes will diffuse across the junction from the right to the left. As this diffusion proceeds, the loss of electrons will render the previously neutral N-type section increasingly positive. Similarly, the diffusion of holes from the right to left will render the P-type section increasingly negative. The potential difference between the two halves will result in a potential gradient or electric field at the interface (see solid curve in Fig. 5(c)), so directed as to oppose and finally bring to a halt the diffusion of electrons and holes across the junction. As another consequence of this electric field, a narrow region about the interface will be swept clear of electrons and holes, thus giving rise to the majority carrier distribution for an open-circuited or zero-biased diode shown in Fig. 5(d). Because it is devoid of mobile charge carriers, this central layer, usually referred to as depletion layer, may be thought of as a nonconducting or dielectric region. It is bounded on either side by regions which do contain mobile charge carriers and, hence, may be considered conducting regions. Thus, we may define an equivalent parallel-plate capacitor (Fig. 5(e)) having a plate separation equal to the depletion-layer width.

Next suppose the junction is given a slight reverse bias, i.e., a bias so directed as to increase the potential difference between left and right (see dashed curve in Fig. 5(c)). The positive potential applied to the N side (see dashed plus sign) will then urge the electron distribution toward the left, and the negative potential applied to the P side will urge the hole distribution to the right. The result of this moving-apart of majority carrier distributions will be a widening of the depletion layer and a decrease in terminal capacitance. Similarly, a forward bias will urge the majority carrier distributions toward each other, the depletion layer will shrink and the capacitance will increase. Thus we have here a capacitor whose terminal capacitance will vary with the applied voltage. It is very important to bear in mind in this connection that 1) this variation in capacitance results from a very minute motion of electron and hole distributions, that is, a motion of only a few millionths of an inch, and 2) an actual flow of charge carriers across the junction is not involved. These are the principal reasons which make the variable-capacitance diode such an excellent device both for high-frequency operation and for low-noise while the transistor, though consisting of the same materials, is not notable for excellence in either respect.

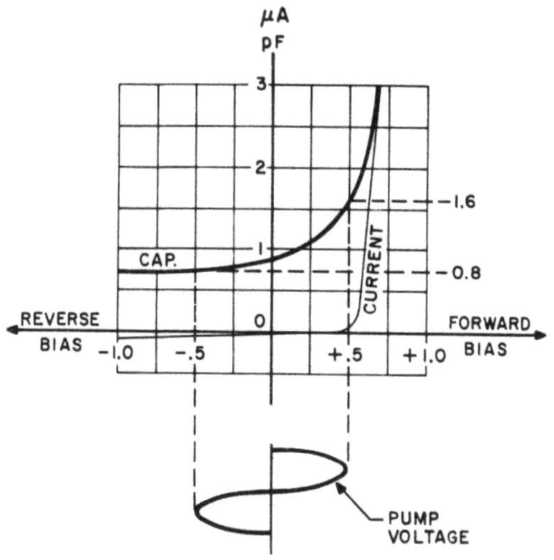

Fig. 6 Capacitance-voltage and current-voltage relationship for typical variable-capacitance junction diode

The capacitance-voltage relationship for a Silicon P-N junction diode of good quality is shown in Fig. 6. Also shown (dashed) over the same range of voltages is the conduction current. We see that over most of this range the conduction current is negligibly small, i.e., considerably less than half a microamp. The pump voltage is usually applied about the zero bias point and for a peak-to-peak amplitude of one volt may typically result in a 2 : 1 capacitance variation.

How about the frequency dependence of frequency limitation of this variable capacitance? There are no limitations known to us at present. The actual change in depletion layer width under the influence of the applied voltage is so minute, a few millionths of an inch only, that transit time effects are indeed negligible up to the highest frequencies of present day interest. Long before we reach transit time effects, however, we encounter another frequency limitation. This may be seen from the equivalent circuit of the diode at the top of Fig. 7. Here, C (V) represents the variable part of the capacitance just described and C the fixed capacitance. It is the terminal capacitance we measure with no applied drive. C is a function

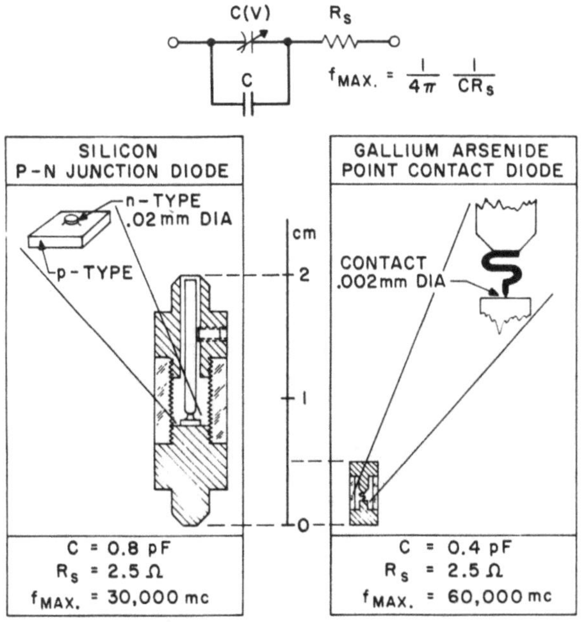

Fig. 7 Equivalent circuit and constructional features of junction-type and point-contact variable capacitance diodes

of the contact area, depletion layer width, the applied bias and the type of encapsulation. R_s represents the spreading or series resistance of the diode; it is due to the impedance of the bulk of the semiconductor material to the flow of majority carriers. Now it is clear that at very high frequencies the fixed capacitance, C, will effectively short out the variable capacitance so that all of the applied voltage will then appear across and be wasted in the series resistance. M. Uenohara has shown that the highest frequency at which amplification can be obtained is given by the simple relation

$$f_{s\,max} = \frac{1}{2}\,\frac{1}{2\pi C R_s}$$

At this frequency the negative resistance generated by the variable capacitance is exactly equal to the series resistance.

The principal noise contributed by the variable capacitance diode is thermal noise originating in R_s. In this connection, recent experiments at Bell Telephone Laboratories and Hughes Laboratories have shown that this noise contribution, small as it is, can be further reduced by refrigeration. Down to liquid nitrogen temperature, i.e., about 70°K, no change in resistance and hence a considerable improvement in noise performance was observed.

Another factor which makes the noise performance of this diode so attractive is that the variation of capacitance does not involve the flow across the junction of charge carriers. Hence, we would expect shot noise to be negligible. This has indeed been confirmed theoretically by Uhlir.

A typical silicon P-N junction diode on the left of Fig. 7. The active part consists of a P-type silicon base with a small cylindrical projection (mesa) of N-type material having a diameter of approximately .02 mm. The wafer is soldered to a metal base and pressure contact is made to the mesa by a metallic post. The entire arrangement is enclosed in an evacuated metal-ceramic cartridge.

Another type of diode which has aroused a great deal of interest during the very recent past is a point contact diode made of Gallium Arsenide. This diode was originally developed by Sharpless at Bell Telephone Laboratories as a millimeter wave detector but recent tests by Uenohara have shown it to possess excellent noise properties both at room temperature and at lower temperatures. Also, to be capable of higher-frequency operation than the junction diode. The active part of this diode consists of a GaAs base to which contact is made by means of a phosphor bronze spring having a contact area 1/100 that of the junction diode, i.e., a diameter of only .002 mm. The encapsulated diode shown on the right of Fig. 7 may be seen to be very much smaller than the junction diode.

Comparing the relevant parameters of these two diodes, we see that the capacitance of the GaAs diode is about half that of the junction diode, the spreading resistance about the same and the highest amplification frequency consequently twice that of the junction diode.

Experimental Negative-Resistance Parametric Amplifiers

Having established the physical principles involved in negative-resistance type parametric amplification and having discussed the variable-capacitance effect in junction diodes, we can now proceed to consider a number of experimental, low-noise amplifiers. One of the earliest amplifiers on which extensive measurements were made was designed by Uenohara for operation at 5000 mc. The principal features of this amplifier are shown in Fig. 8. It consists of a tunable waveguide cavity the loading of which can be varied by an adjustable iris. The variable-capacitance diode is mounted in the center of this cavity and pump power supplied to it through an X-band waveguide. Not shown here is the ferrite circulator which completes the amplifier. The gain-frequency characteristic for this amplifier resently obtained with a GaAs diode are also shown in Fig. 8. Uenohara specifies a 15 mc wide signal band (represented by the thickened portion) having a midband gain of 20 mc. For the reasons discussed before, a 5 mc wide guard band is maintained between the top of the signal band and the half pump frequency.

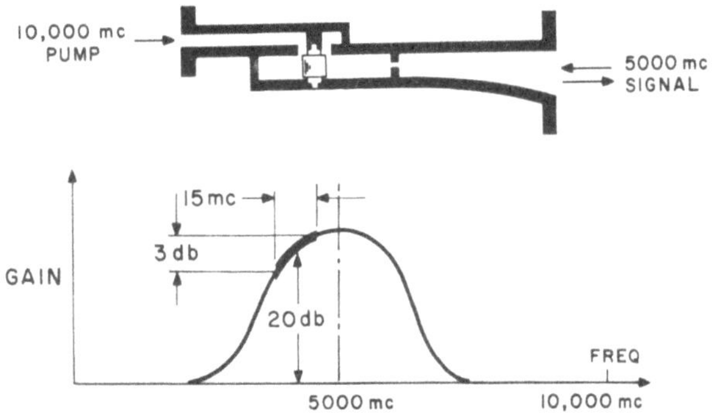

Fig. 8 Basic design features and performance of an experimental 5000-mc parametric amplifier due to M. Uenohara of Bell Telephone Laboratories

The noise figure obtained with this amplifier is 4 db for single sideband reception, i.e., for the condition where signal is introduced in the signal band only but noise enters the amplifier both in the signal and in the image band. However, in comparing a parametric amplifier having a 4 db noise figure with, say, a 4 db NF travelling wave tube it is important to bear in mind that in the case of the parametric amplifier a smaller fraction of the total noise output is due to noise generated within the amplifier. This also means that as the source temperature is decreased or, in practice, as we point the amplifier at the cold sky, the image noise becomes negligible and the parametric amplifier then exhibits noise performance superior to that of a travelling wave amplifier of identical noise figure. This is illustrated in Fig. 9, which shows the minimum detectable signal as a function of source temperature for a 4 db travelling wave tube and a 4 db parametric amplifier. The minimum detectable signal has been normalized with respect to its value at room temperature. Naturally, both the TWT and the parametric amplifier start out with the same sensitivity but as the source temperature decreases - and with it, the image noise contribution - the sensitivity of the parametric amplifier increases faster than that of the TWT. At a source

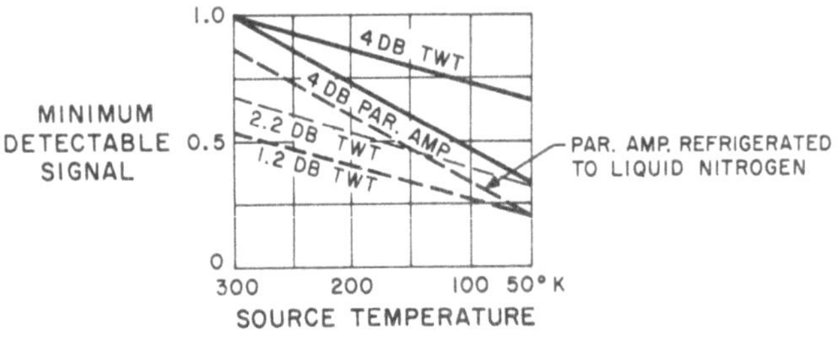

Fig. 9 Sensitivity as a function of source temperature for a travelling-wave tube and parametric amplifier both having noise figures of 4 db (referred to room temperature). Also shown is the further improvement due to refrigeration of diode

temperature of 50°K, the parametric amplifier is about twice as sensitive as the TWT. As a matter of fact, a travelling-wave tube would require a noise figure of 2.2 db in order to exhibit the same sensitivity as a 4 db parametric amplifier at this source temperature. For the case where the signal itself is noise as in radio astronomy, we may introduce this noise signal in both the signal and image band, as was pointed out earlier, and thereby obtain a 3 db advantage in noise performance. This would make the sensitivity of a 4 db NF parametric amplifier equivalent to that of a TWT having a 1 db NF. The fact that we have now mentioned three different equivalent noise figures in connection with the same amplifier namely 4, 2.2 and 1 db may seem confusing. It is true, however, that there is no single number which fully describes the noise performance of this amplifier under all conditions: For single sideband reception from a room temperature source its sensitivity is equal to that of a 4 db TWT. For single sideband reception from a cold source such as the sky its sensitivity equals that of a 2.2 db TWT and for the reception of radio astronomy signals the noise figure is equivalent to a 1 db TWT.

All the results given so far are for the case where the amplifier itself is maintained at room temperature but where the external image noise is eliminated by pointing the antenna at the cold sky. We may obtain further noise improvements by refrigerating the entire amplifier and thereby reducing the internal noise due to the series resistance. These dotted lines show the result of refrigerating the amplifier proper to liquid nitrogen temperature, i.e., to about 75°K. We see that the single sideband performance of this refrigerated amplifier when looking into the cold sky is equivalent to a 1.2 db NF TWT. For radio astronomy signals the refrigerated amplifier is equivalent to a 0.3 db NF TWT.

Uenohara was also able to obtain low noise amplification at 11,000 mc. Using a GaAs diode in a waveguide environment scaled from that described above he obtained a single sideband noise figure (at room temperature) of 6.5 db.

A parametric amplifier similar in concept and execution but operating at the lower frequency of 3000 mc was recently described by workers at Hughes Research Laboratories.

Broadbanding Techniques

One basic shortcoming of the type of negative-resistance amplifier, which employs a single diode in a simple resonant cavity, is its lack of bandwidth. Attempts to overcome this limitation have followed two separate and distinct paths, both of which have led to interesting and useful results. The earlier of the two broadbanding schemes makes use of large numbers of diodes in iterated structures while the more recent method combines special broadband circuitry with a single diode.

The principle underlying the operation of the iterated amplifier involves elimination of band-limiting resonant circuits and operation of the diode in a truly broadband environment. This, of course, greatly reduces the gain of the diode but permits us to build up the over-all gain by the use of large numbers of diodes in suitable arrays. Another useful property of this iterated amplifier is the unidirectionality of its gain, i.e., this amplifier has gain in the forward direction and no gain in the reverse direction.

To illustrate the principles involved here we shall make the following simplifying assumptions:

(1) The signal frequency equals exactly half the pump frequency,

(2) The signal and pump waves propagate through the structure with the same phase velocity and

(3) We can choose any arbitrary phase relation between the signal and pump wave.

Let the drawing at the top of Fig. 10 represent a transmission line, which may be modified waveguide or coaxial line, and let the vertical lines represent the positions of diodes mounted across this line. We shall space these diodes a quarter-wavelength apart at the pump wavelength. The reason for this spacing will become clear when we consider the reverse gain of this amplifier. As far as forward gain is concerned, the spacing of these diodes is immaterial. Let the sine curves in Fig. 10 represent snap shot pictures of the electric-field distribution in the transmission line, the solid curves due to the signal and the dashed curves due to the pump. As both these sine

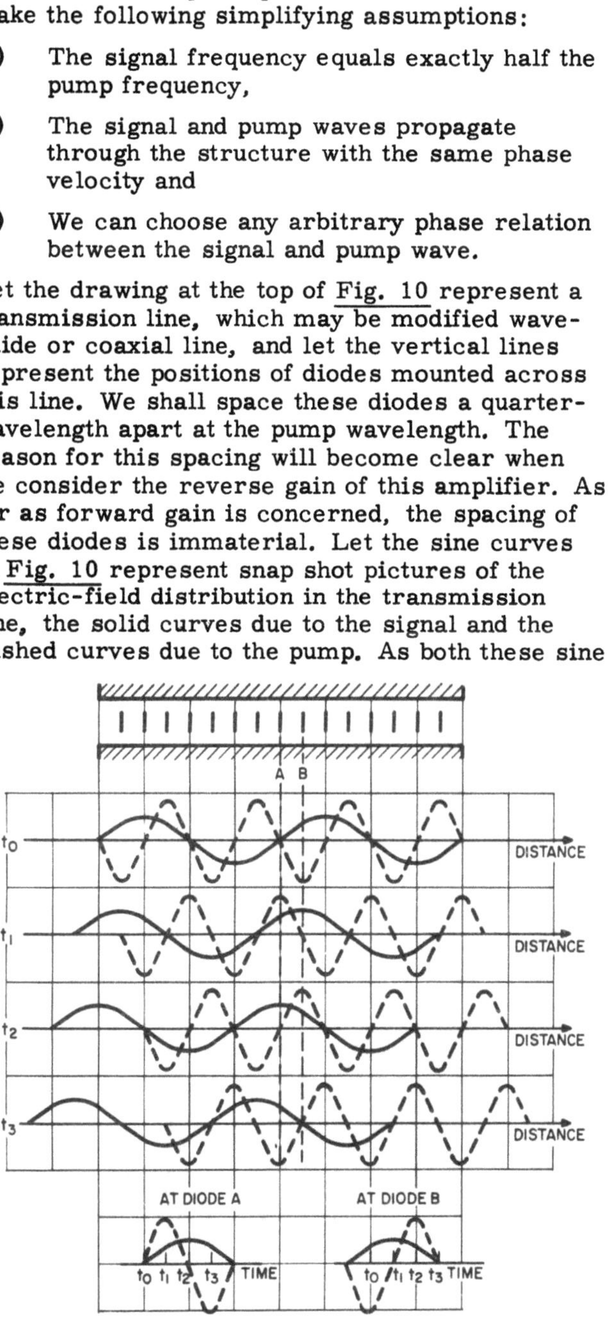

Fig. 10 Illustration of the operation of an iterated, broad-band amplifier and the production of non-reciprocal gain

waves move through the transmission line in the same direction, say to the right, with the same phase velocity, it is clear that interaction between pump and signal will take place with the same phase relation at each successive diode. Hence, if this phase relation is chosen to be favourable for any one diode, it will be equally favourable for all other diodes and the signal wave will grow exponentially as it progresses along the structure. such a favourable phase relation between the signal and pump wave is shown at the top of Fig. 10.

What happens, however, when the pump and signal waves propagate in opposite directions? In the sequences, corresponding to times t_1, t_2, and t_3, we see the signal wave travelling from right to left, i.e., in the reverse direction, while the pump wave continues from left to right. If we now examine, by inspection of Fig. 10, what any two adjacent diodes, such as diodes A and B, will see as a function of time, we find that diode A will see the pump and signal interact with the correct phase relationship for negative-resistance generation while diode B will absorb power. Plots of the interaction of signal and pump at diode locations A and B are given at the bottom of Fig. 10. The plot for diode A will be seen to be identical to that shown in Fig. 1 and to result in maximum energy transfer from pump to signal. For the situation, then, when pump and signal propagate in opposite directions, half the diodes will amplify and the other half will absorb power, resulting in a net reverse gain of unity. This produces gain stability greatly superior to that of the cavity-type negative-resistance amplifier but not nearly as good as that of, say, a travelling-wave tube or travelling-wave maser. In both these devices, the reverse loss exceeds the forward gain.

In the more general case, when the signal frequency differs from half the pump frequency, an idler wave of frequency, p-s, will again be generated and provision must now be made for the propagation of this wave along with the signal and pump waves. The phase velocities of these waves must be adjusted so that their phase constants closely satisfy a condition stipulated by Tien and Suhl which requires that $\beta_s + \beta_{p-s} = \beta_p$.

An iterated amplifier employing the principles just described was built by Englebrecht of Bell Telephone Laboratories for operation at 600 mc. His amplifier, may be considered to consist of two transmission lines, electrically uncoupled but occupying the same space. One of these carries the pump energy and the other the signal. In the cross section of Fig. 11 the electric field configuration due to pump is represented by solid lines and that due the signal by the dashed lines. Variable capacitance diodes, two per stage, are placed into a region where the pump and signal fields are parallel (or antiparallel) and their polarities are chosen such that their capacitances go up and down together under the influence of the pump. Compliance with the Tien Suhl phase-condition is achieved by adjustment of the trimming capacitors which, as may be seen in Fig. 11, are placed in a region where they can only interact with the pump field. Using 16 pairs of diodes in one amplifier, Englebrecht obtained these results:

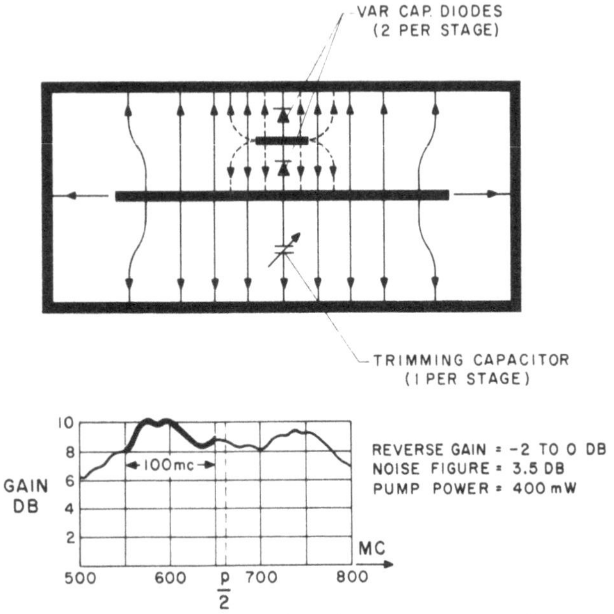

Fig. 11 Basic features and performance curves of an iterated amplifier due to R. Engelbrecht of Bell Telephone Labs. The results shown were obtained with 16 pairs of diodes

(1) A usable bandwidth of 100 mc or roughly 20 % for single sideband reception.

(2) An average gain over this band of 9 db.

(3) Reverse gain ranging from -2 to 0 db and

(4) Noise figure of 3, 5 db (For cold sky reception the sensitivity is equivalent to a 2. 5 db NF-TWT.).

The comparatively low gain of this amplifier should not be interpreted as a basic limitation but rather the result of stability considerations based on the particular values of input and output mismatch between which the amplifier was required to operate.

In an attempt to improve the stability of the negative-resistance, iterated amplifier still further, workers at Hughes Research Laboratories have been experimenting with the use of built-in non-reciprocal ferrite elements. This work though still in a very early stage, shows promise of yielding unconditional stability. The test section which gave rise to the results shown in Fig. 12 used a signal line consisting of four transmission type cavities each containing one diode and coupled by means of ferrite loaded rises. Pump power was fed to each diode separately with phase individually adjusted for optimum interaction. The

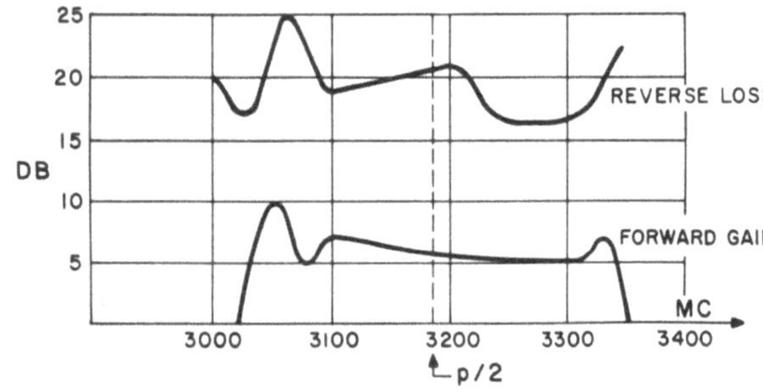

Fig. 12 Reverse loss exceeds forward gain and hence gives unconditional stability in an early experimental iterated amplifier incorporating non-reciprocal ferrite loss elements. Due to Currie, Weglein et al. of Hughes Research Labs.

experimental results indicate good bandwidth, about 150 mc for single sideband reception, and, since the reverse loss over this band greatly exceeds the forward gain, unconditional stability.

An obvious and serious disadvantage of the Bell Labs and Hughes iterated amplifiers is their lavish need for high-quality diodes. To circumvent this disadvantage, H. Seidel and coworkers at Bell Telephone Labs have been experimenting with a broadbanding technique in which a single diode interacts with suitable filter circuitry. A somewhat similar technique has been used in the past by the author to increase the electronic tuning range of reflex klystrons. The principles involved in this broadbanding scheme may be derived from the equivalent circuit of the negative-resistance, parametric amplifier shown in Fig. 13. Here, we see a transmission line of characteristic conductance, G_O, terminated in a cavity across which appears the negative conductance, $-|G|$, generated by the pumped capacitance. Compared to the cavity this negative conductance varies quite slowly with frequency. It reaches a maximum at p/2 and drops to zero at zero frequency and at the pump frequency. We will therefore, consider $(-|G|)$ to be invariant with frequency. Voltage gain is given by

$$\text{Voltage Gain} \equiv \frac{V_{REFL.}}{V_{INCID.}} = \frac{G_O - Y_L}{G_O + Y_L}$$

but

$$Y_L = -|G| + jB$$

hence

$$\text{Voltage Gain} = \frac{G_O + |G| - jB}{G_O - |G| + jB}$$

For high gain, $|G|$ must approximately equal G_O so that the real part of the numerator is much greater than that of the denominator. This makes the numerator so much less frequency dependent than the denominator that it may, for our purposes, be regarded as a constant. Thus,

$$\text{Voltage Gain} = \frac{K}{(G_O - |G|) + jB}$$

In words, gain is inversely proportional to the input admittance or directly proportional to the input impedançe of a simple resonant circuit having a shunt conductance $G_O - |G|$. This suggests that broadbanding techniques involving the use of multiple coupled cavities would be applicable here.

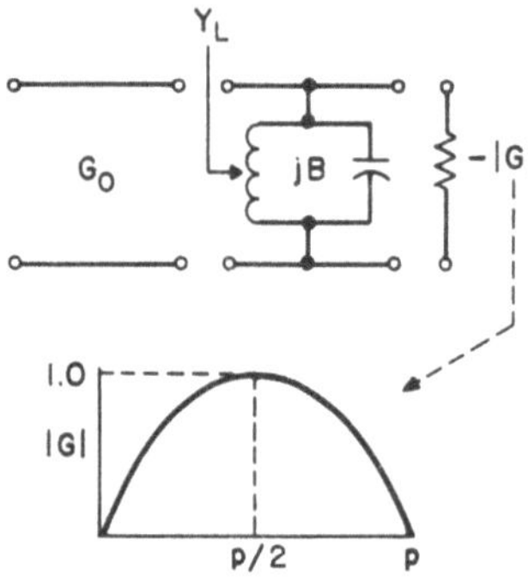

Fig. 13

Equivalent circuit of negative resistance amplifier using single diode in simple cavity. Compared to cavity, negative conductance is seen to be a slowly varying function of frequency

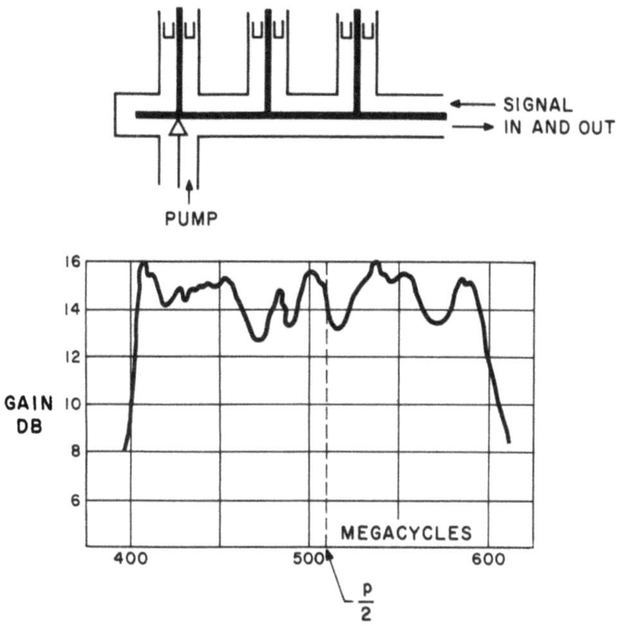

Fig. 14 Schematic representation and performance of negative-resistance amplifier using single diode and 3 coupled cavities. Due to H. Seidel et al. of Bell Telephone Labs.

Using three coupled cavities in the arrangement shown in Fig. 14, Seidel and his coworkers at Bell Telephone Labs have been able to confirm the validity of these ideas. They obtained a useful bandwidth of about 100 mc centered around 450 mc, i. e., a better than 20 % bandwidth, with an average gain of 14 db. Since this amplifier is completely bidirectional, it requires a broadband circulator having excellent matches to ensure stable operation. Such circulators are presently not available in this frequency range. The gain curve shown here, since it was obtained with a directional couple, therefore, indicates what could be done with a circulator rather than what has actually been achieved in a stable amplifier.

The up-conversion Amplifier

The up-conversion amplifier, or up-converter, is the second major type of variable-capacitance amplifier. It differs from the negative-resistance amplifier in these respects:

(1) The frequency involved here, in addition to the signal frequency, s, and the pump frequency, p, is the upper sideband, p+s. In contrast, the negative-resistance amplifier utilizes the lower sideband, p-s, only.

(2) In the up-converter, gain is proportional to the frequency ratio, $\frac{p+s}{s}$. Hence, to achieve reasonable gain, the pump frequency must be many times greater than the signal frequency, whereas a ratio of only two was required for the negative-resistance amplifier. This requirement for a large ratio of pump to signal frequency has restricted experimental up-converter work to signal frequencies in the below-1000 mc band.

(3) In the up-converter, the signal frequency is inevitably shifted in the amplification process while in the negative-resistance amplifier we had the choice of using the amplified output either at the signal frequency or at the lower sideband frequency.

(4) The up-converter is a true two-port amplifier having unconditional stability whereas the negative-resistance amplifier, being a singleport amplifier, requires for stable operation exceptionally good matches plus auxiliary instrumentation in the form of circulators, isolators or built-in ferrite elements.

While the operation of the negative-resistance amplifier could be explained with a particularly simple model, namely the mechanical pumping of a capacitor, a similarly pleasing model for the up-converter has not come to the attention of the author. Instead, this topic will be introduced by considering the fundamental power relation for a nonlinear (and lossless) reactance as summed up by a theorem due to Manley and Rowe. This simple yet very powerful theorem states: when a strong pump of frequency, p, and a weak signal of frequency, s, are simultaneously impressed on a nonlinear reactance, and if we consider only the signal and the two lowest sideband, p - s and p + s, that is, ignore all higher-order modulation products, then

$$\frac{P_s}{s} + \frac{P_{p+s}}{p+s} - \frac{P_{p-s}}{p-s} = 0$$

where P_s, P_{p+s} and P_{p-s} are the powers at the frequencies s, p + s and p - s. A positive value of P denotes net power leaving the amplifier, and a negative value denotes power absorbed by the amplifier. In the negative-resistance amplifier we assumed that our circuit did not respond to the upper sideband, p + s, hence the middle term above was zero and the Manley-Rowe relation describing this base becomes,

$$\frac{P_s}{s} = \frac{P_{p-s}}{p-s} .$$

We can see that, in order to have amplification at the signal frequency, s, that is, more power at s leaving the amplifier than entering it, P_s from our previous definition must be positive. This, in turn, means that P_{p-s} is also positive, showing that if amplified signal power leaves the amplifier, we must also have image power or lower-sideband power leave the amplifier. Incidentally, by rearranging the above relation as

$$P_{p-s} = \frac{p-s}{s} P_s$$

we see that the lower sideband exceeds the signal power by the frequency ratio (p-s)/s. We shall come back to this later.

In the up-converter, the circuit responds to the signal and the upper sideband and not to the lower sideband. Setting $P_{p-s} = 0$ in the Manley-Rowe relation, we obtain

$$P_{p+s} = \frac{p+s}{s} (-P_s)$$

Here the two powers are of opposite sign. Hence, if we want power out of one frequency, we must put power in at the other. In particular, if we inject power at frequency s, that is, make P_s

negative, we can extract (p+s)/s times as much power at the frequency, p+s.

An experimental up-conversion amplifier built by Airborne Instruments Laboratories is shown in outline in Fig. 15. A variable-capacitance diode is mounted in each of the collinear arms of a hybrid junction. The diodes are mounted with reversed polarities so that their capacitance variations occur in phase when they are excited by the out-of-phase pump signals coming from the E-arm. The signal is impressed in-phase on both diodes resulting in two amplified signals at the upper-sideband frequency. These in-phase signals are recombined at the center of the junction and emerge from the H-arm. The hybrid junction thus serves to provide isolation and individual ports for the input signal, pump and output. To ensure operation as a true up-converter, i. e., to eliminate any negative-resistance gain, the output waveguide is equipped with a filter, designed to pass the upper sideband only and to place a short in the plane of the diodes at the lower-side-band frequency. The up-conversion amplifier by itself has a noise figure of only 0, 7 db. Because of the limited gain of the amplifier (11 db), the noise contribution from the subsequent stage cannot be neglected. It raises the over-all system noise figure to 1, 9 db.

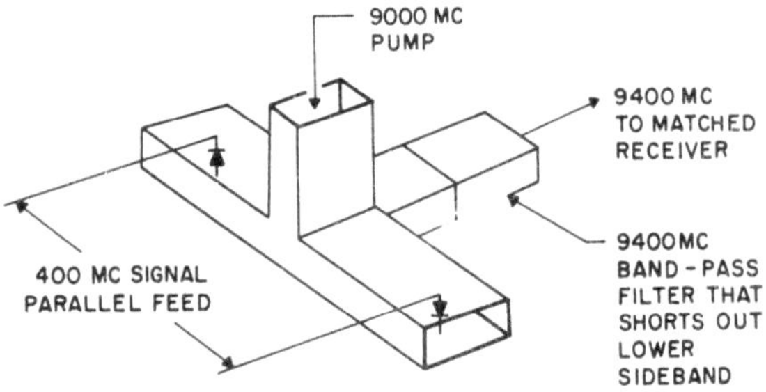

PERFORMANCE OF UP - CONVERTER

GAIN	11 db
BANDWIDTH	22 MC
NOISE FIGURE	0.7 db (50°K)
OVERALL NOISE FIGURE INCLUDING 7.6 db NF OF 9400 MC RECEIVER	1.9 db (160° K)

Fig. 15 Basic outline and performance data of 400-mc up-conversion amplifier due to P. P. Lombardo of Airborne Instruments Laboratories

Lower Sideband up-Converter

This is the third and last type of parametric amplifier to be described here. A comparison of the frequencies involved in this type of operation with those involved in the negative-resistance and up-conversion amplifiers is given in Fig. 16. The lower sideband up-converter is essentially, a negative-resistance amplifier differing, however, from the type we considered earlier in two respects:

(1) The useful output is no longer at the signal frequency but rather at the lower sideband or image frequency, that is, at a higher frequency.

(2) The signal frequency is no longer close to half the pump as it was in Uenohara's, Englebrecht's and the other negative-resistance amplifiers, but rather, very much lower. This makes possible the in-

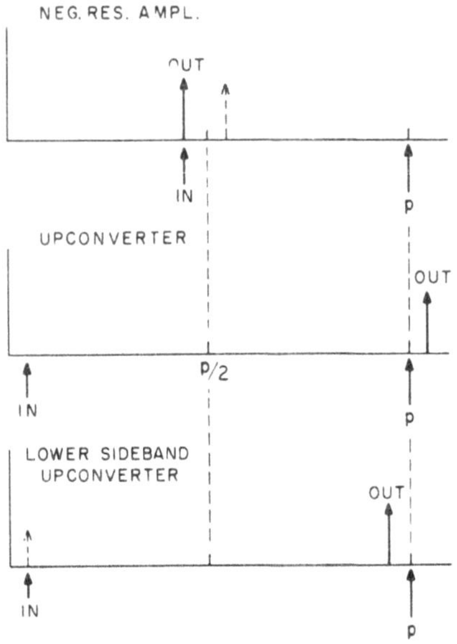

Fig. 16 Comparison of frequencies used in the three basic types of variable-capacitance amplifiers

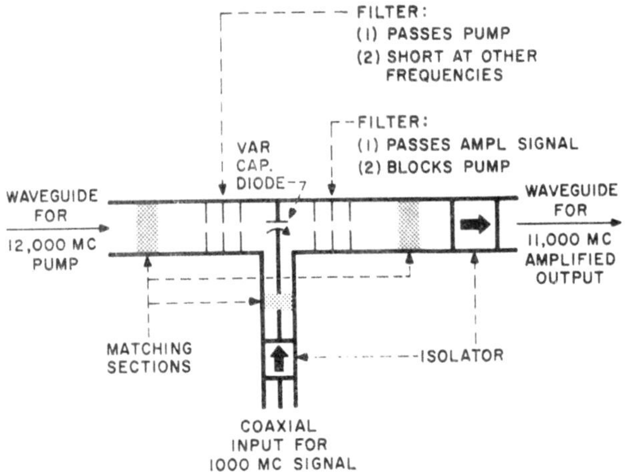

GAIN : 20 db
BANDWIDTH : 20 MC
NOISE FIGURE : 1 db (AMPL ALONE)
1.5 db (OVERALL SYSTEM)

Fig. 17 Lower sideband upconverter for use in scatter propagation system. Due to H. Seidel et al. of Bell Tel. Labs.

troduction of up-conversion gain in addition to the negative resistance gain which is inherent in lower sideband operation.

This amplifier has advantages both with respect to the pure negative-resistance type as well as the pure up-converter. Compared to the former, it offers improved stability since for a given overall gain only part of this gain is derived from negative-resistance gain with the rest coming from stable up-conversion gain. Compared to the pure up-converter, it offers the advantage that the available gain is no longer limited by the ratio of output to input frequency.

There is also a noise advantage in this operation. We saw before, in the case of the ideal negative-resistance amplifier, that image noise effectively doubled the noise in the signal channel and thereby put at 3 db floor under the noise figure. In the lower sideband up-converter the effect of image noise is much less serious. Again, the noise in the output channel stems from noise introduced at the signal and image channel but while the signalband noise is amplified both by negative-resistance and up-conversion gain, the image noise is amplified by a smaller amount, namely, negative-resistance gain only.

Fig. 17 shows the basic features of a lower-side-band up-converter developed at Bell Tel. Labs by H. Seidel and coworkers for application in a scatter-propagation system. This amplifier has given rise to an overall system noise figure of about 1.5 db. Its gain and bandwidth are 20 db and 20 mc respectively.

Noise Performance Comparison between Vacuum-Tube Amplifiers and Parametric Amplifiers

The shaded area in Fig. 18 shows the best noise performance reported to-date on various experimental vacuum-tube amplifiers (excluding Adler's quadrupole tube) over the frequency spectrum from 500-10,000 mc. At 500 mc a close-spaced planar triode developed by von Ohlsen of Bell Telephone Laboratories has

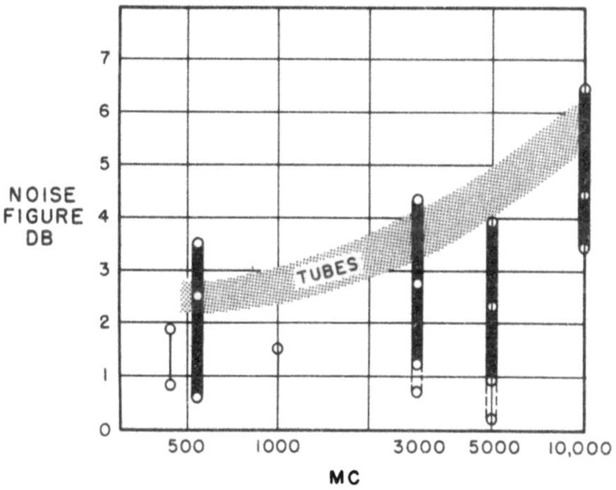

Fig. 18 Noise performance comparison of vacuum tube and variable-capacitance, parametric amplifiers

yielded a noise figure of 2.5 db. At 3000 mc, noise figures of 3.5 db have been obtained, both by Currie of Hughes Aircraft Company in a backward-wave amplifier and by St. John and Caulton of Bell Laboratories in a travelling-wave tube. At X band, a noise figure of about 6 db was reported by Watkins of Stanford University for a special, multi-electrode travelling-wave tube. Superimposed on this plot of vacuum-tube noise performance are some of the parametric-amplifier results discussed earlier in this paper. Uenohara's 5000-mc amplifier is represented by a vertical line extending over a range of noise figures from 4 db down to .3 db. The 4 db noise-figure represents the most unfavourable type of operation, namely, single-sideband reception from a room-temperature source. For cold-sky reception where image noise becomes negligible, the equivalent noise figure is reduced to about 2.2 db and for double sideband reception it is further reduced to 1 db. The dashed extension shows the additional improvement which may be obtained by refrigerating the diode to liquid nitrogen temperature. Similarly, the 3000 mc Hughes amplifier is represented by a vertical line extending from 4.5 db down to .7 db and the 600 mc Englebrecht amplifier by a line from 3.5 to 0.5 db. At 10,000 mc the equivalent noise figures for Uenohara's amplifier are seen to range from 6.5 db to 3.5 db.

The noise performance of the 1000 mc amplifier by H. Seidel et al. is represented by a single point at 1.5 db and that of the 400 mc AIL amplifier by a line ranging from 1.9 down to .7 db.

Acknowledgement

The author wishes to thank his many colleagues, both within and outside Bell Telephone Laboratories for permitting him to report on their work.

EXPERIMENTELLE UND THEORETISCHE UNTERSUCHUNGEN AN REAKTANZVERSTÄRKERN MIT UND OHNE HILFSKREIS

R. Maurer u. K. H. Löcherer, Ulm

Mit 8 Bildern

In den letzten drei Jahren ist ein neuer HF-Verstärkertyp bekannt geworden, der sich gegenüber konventionellen Verstärkern besonders bei ultrahohen Frequenzen durch sehr geringes Eigenrauschen auszeichnet. Als aktives Element enthält dieser Verstärker ein nichtlineares Schaltelement, z. B. eine in Sperrichtung vorgespannte Halbleiterdiode, bzw. einen vormagnetisierten Ferritkörper (d. h. eine nichtlineare Reaktanz) oder einen stark modulierten Elektronenstrahl. Diese Verstärker werden daher als Reaktanzverstärker bezeichnet oder auch als parametrische Verstärker, weil das nichtlineare Element ein zeitabhängiger Parameter der Schaltung ist.

Bei den Reaktanzverstärkern erfolgt die zeitliche Variation der Reaktanz im Takte der sog. Pumpfrequenz f_b, die gleich der Summe aus der Signalfrequenz $f_s = f_1 = \frac{\omega_1}{2\pi}$ und der Hilfsfrequenz $f_{b-s} = f_2 = \frac{\omega_2}{2\pi}$ ist (sog. Frequenzkehrlage). Die der Reaktanz zugeführte Betriebs- oder Pumpleistung P_b wird dabei in Signalleistung P_s bzw. P_{b-s} umgewandelt [1]. Diese Umwandlung ist gleichbedeutend mit einer Entdämpfung der zu den beiden Frequenzen f_1 und f_2 gehörenden Leistungen P_s bzw. P_{b-s}. Damit ist eine echte Verstärkung möglich; diese gestattet es, den Rauschbeitrag des meist vorhandenen konventionellen Nachverstärkers wesentlich zu verkleinern, so daß eine Gesamtrauschzahl erzielt wird, die nur den geringen Beitrag des Reaktanzverstärkers enthält.

In Frequenzkehrlage, d. h. für $f_b = f_1 + f_2$ sind drei Verstärkertypen möglich.

1. Der Modulator mit der Eingangsfrequenz f_1 und der Ausgangsfrequenz $f_2 > f_1$
2. Der Demodulator mit der Eingangsfrequenz f_1 und der Ausgangsfrequenz $f_2 < f_1$
3. Der Geradeausverstärker mit der Eingangs- und Ausgangsfrequenz f_1.

Wir wollen uns hier nur mit den Signal- und Rauscheigenschaften des Geradeausverstärkers befassen, der als variable Reaktanz eine in Sperrrichtung vorgespannte Kapazitätsdiode enthält.

1. Schaltung und Vierpolgleichungen

In Bild 1 ist die Schaltung eines Dioden-Reaktanzverstärkers dargestellt, der als Schwingungskreise Parallelkreise enthält. Im allgemeinen Fall enthält die Schaltung drei Schwingungskreise:

a) den Signalkreis mit der Resonanzfrequenz Ω_1 und der Bandbreite B_1,

b) den Hilfskreis mit der Resonanzfrequenz Ω_2 und der Bandbreite B_2,

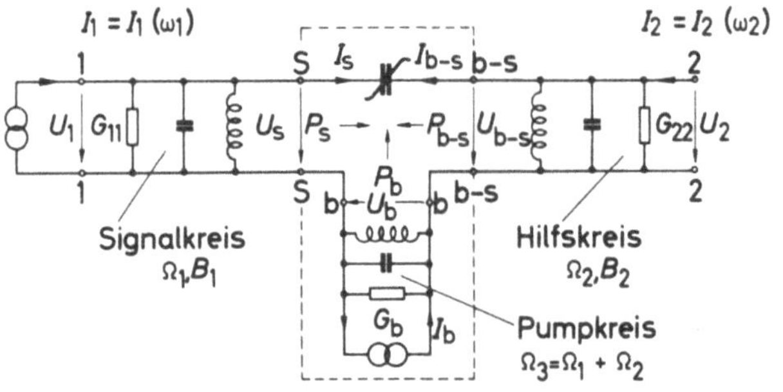

Bild 1: Schaltung des Dioden-Reaktanzverstärkers mit Parallelkreisen

c) den Pumpkreis mit der Resonanzfrequenz $\Omega_3 = \Omega_1 + \Omega_2$ in Frequenzenkehrlage.

Signal- und Hilfskreis sind über die Reaktanz-Diode miteinander gekoppelt. Die Durchsteuerung der Diode erfolgt durch die Pumpspannung U_b.

Zwischen den Strom- und Spannungskomponenten der drei beteiligten Frequenzen besteht im allgemeinen ein nichtlinearer Zusammenhang, der aber in ein lineares Gleichungssystem übergeht, wenn wir schwache Signalaussteuerung voraussetzen. Weiterhin können wir den in Bild 1 dargestellten Sechspol durch Zusammenfassen der Kapazitätsdiode mit dem Betriebsoszillator als einen Vierpol auffassen. Wenn die Bandbreiten der drei Kreise schmal sind, haben wir an den Klemmen 1-1 bzw. 2-2 lediglich Spannungen der Frequenzen f_1 bzw. f_2 und erhalten mit den in Bild 1 gewählten Pfeilrichtungen nach [1] die Vierpolgleichungen

$$I_1 = G_{11}\cdot\left(1+j\frac{2\delta}{B_1}\right)U_1 - j\,\omega_1 C'\cdot U_2^* = Y_{11}U_1 + Y_{12}U_2^* \qquad (1)$$

$$I_2^* = j\,\omega_2 C'\cdot U_1 + G_{22}\cdot\left(1+j\frac{2\delta}{B_2}\right)U_2^* = Y_{21}U_1 + Y_{22}U_2^*$$

In Gl. (1) bedeutet C' die 1. Fourierkomponente der zeitabhängigen Kapazität. Die Frequenzabweichung von der Resonanz ist in Gl. (1) mit δ bezeichnet, unter Beachtung des Zusammenhanges zwischen Ω_1 und Ω_2 nach der Beziehung $\Omega_1 = \Omega_3 - \Omega_2$:

$$\delta = \frac{\omega_1 - \Omega_1}{2\pi} = \frac{\Omega_2 - \omega_2}{2\pi} \qquad (2)$$

Im Fall des Geradeausverstärkers soll eine Verstärkung auf der Signalfrequenz f_1 erzielt werden. In G_{11} ist daher außer dem Innenleitwert G_s der Signalquelle und dem Verlustleitwert G_{c1} des Eingangskreises der Lastleitwert G_L enthalten; G_{22} ist gleich dem Verlustleitwert G_{c2} des Hilfskreises. An den Klemmen 2-2 ist also im Gegensatz zum Demodulator und Modulator beim Geradeausverstärker keine Last vorhanden, d. h.

$$G_{11} = G_s + G_{c1} + G_L\,, \quad G_{22} = G_{c2}$$
$$I_2 = I_2^* = 0 \tag{3}$$

Mit den Bedingungen nach Gl. (3) für den Geradeausverstärker erhalten wir für den Eingangsleitwert G_I die Beziehung

$$G_I = \left(\frac{I_1}{U_1}\right)_{I_2^*=0} = (G_s+G_{c1}+G_L)\cdot\left(1+j\cdot\frac{2\delta}{B_1}\right) - \frac{\omega_1\,\omega_2\,C'^2}{G_{c2}}\cdot\frac{1}{1+j\cdot\frac{2\delta}{B_2}} \tag{4}$$

und damit für das Ersatzbild des Geradeausverstärkers die Schaltung in Bild 2a. Die Wirkung der nichtlinearen Reaktanz wird durch den Leitwert $\mathfrak{Y}_N$ veranschaulicht. Die im Resonanzfall durch den negativen Leitwert

$$G_N = \frac{\Omega_1 \cdot \Omega_2 \cdot C'^2}{G_{c2}} \tag{5}$$

beschriebene Entdämpfung des Signalkreises bewirkt eine Verstärkung des Signals auf der Signalfrequenz f_1; das verstärkte Signal wird am Lastleitwert G_L entnommen.

Bei verlustfreier Diode bestehen die gesamten Verlustleitwerte der Schaltung allein aus den Verlustleitwerten G_{c1} und G_{c2} des Signal- und Hilfskreises; diese sind unabhängig von der Pumpspannung. Bei verlustbehafteter Diode ist das Ersatzbild sowohl im Signal- als auch im Hilfskreis durch die Serienschaltung aus dem ohmschen und induktiven Diodenwiderstand zu ergänzen, siehe die Bilder 2a und 2b. Wird die Serienschaltung in eine äquivalente Parallelschaltung umgerechnet (siehe die Bilder 2c und 2d), so werden die Ersatzbildgrößen von dem negativen Leitwert G_N abhängig.

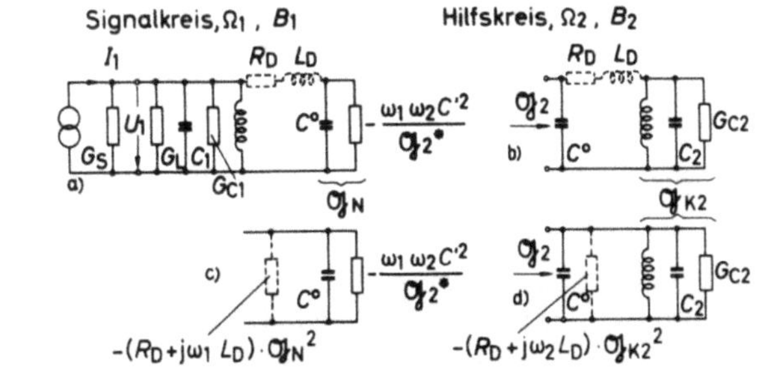

Bild 2: Ersatzschaltung des Reaktanz-Geradeausverstärkers bei verlustbehafteter Diode

R_D	= 12 Ω		
C^o	= 0,67 pF bei $\bar{U}_{sp}$ = -3,5 V		
L_D	= 9 nH		
G_s	= 0,98 mS		
G_L	= 0,15 mS, $ü^2$ = 109		
G_{c1}	= 0,06 mS	G_{c2}	= 1,88 mS
C_1	= 5,9 pF	C_2	= 5,8 pF
Ω_1	= $2\pi \cdot 510$ MHz	Ω_2	= $2\pi \cdot 1290$ MHz
B_1	= 32 MHz	B_2	= 50 MHz

2. Übertragungsgewinn und Bandbreite

Zur Beurteilung der Signaleigenschaften sind zwei Größen notwendig:

a) Der Übertragungsgewinn $L_ü$

b) Die Bandbreite B.

Der Übertragungsgewinn ist definiert als das Verhältnis der Wirkleistung am Lastleitwert dividiert durch die verfügbare Leistung des Signalgenerators. Bei Resonanz $\delta = 0$ erhalten wir für den Übertragungsgewinn des Geradeausverstärkers

$$L_ü = \left(\frac{|U_1|^2 \cdot G_L}{|I_1|^2 \cdot /4G_s}\right)_{\delta=0} = \frac{4\,G_s \cdot G_L}{(G_s+G_L+G_{c1}-G_N)^2} \tag{6}$$

mit dem Entdämpfungsleitwert nach Gl. (5). Die Bandbreite erhalten wir aus der Forderung, daß der Übertragungsgewinn gegenüber seinem Wert bei Resonanz auf die Hälfte abgesunken ist:

$$L_ü\left(\delta = \pm\frac{B}{2}\right) = \frac{1}{2}\,L_ü\,(\delta = 0) = \frac{1}{2}\,L_ü \tag{7}$$

$$B = B_1 \cdot \frac{1 - G_N/(G_s+G_L+G_{c1})}{1 + (G_N/(G_s+G_L+G_{c1}))\cdot B_1/B_2} \tag{8}$$

Wir erkennen aus den Beziehungen für $L_ü$ und B, daß mit wachsendem G_N $L_ü$ ansteigt und B abfällt. Bei dem Wert $G_N = G_s + G_{c1} + G_L$ wird $L_ü = \infty$ und B = 0, der Verstärker schwingt. In den Formeln für $L_ü$, B und G_N sind die Diodenverluste mit enthalten, wenn wir unter G_{c1} und G_{c2} die Summe aus den Kreisverlusten und den umgerechneten Diodenverlusten verstehen.

3. Zusätzliche Gesamtrauschzahl der Kettenschaltung

Zur Beurteilung der Rauscheigenschaften des Geradeausverstärkers wollen wir die Kettenschaltung in Bild 3 betrachten. Die Kettenschaltung

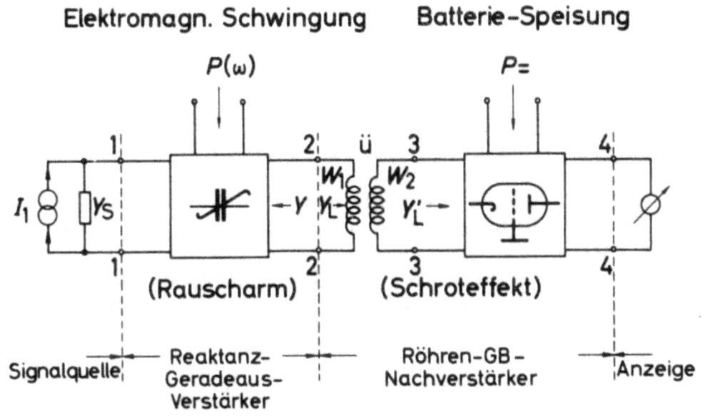

Bild 3: Verstärkerkette aus einem Reaktanz-Geradeausverstärker mit Signalquellenleitwert Y_s und Ausgangsleitwert Y und einem konventionellen Röhren-Nachverstärker mit idealem Übertrager

enthält als Vorverstärker einen Reaktanz-Geradeausverstärker und als Nachverstärker einen konventionellen Röhrenverstärker (PC 86) in GB-Schaltung [2]. Die Verstärker sind über einen idealen Übertrager miteinander verbunden, dessen Übersetzung $ü = W_1/W_2$ frei wählbar ist.

Das Rauschquellenersatzbild der Verstärkerkette für Resonanzabstimmung des Vorverstärkers und Rauschabstimmung im Nachverstärker zeigt Bild 4. Der Rauschstrom i_s der Signalquelle wird durch das Wärmerauschen von G_s hervorgerufen:

$$\overline{|i_s|^2} = 4k\,T_o \cdot \Delta f \cdot G_s \tag{9}$$

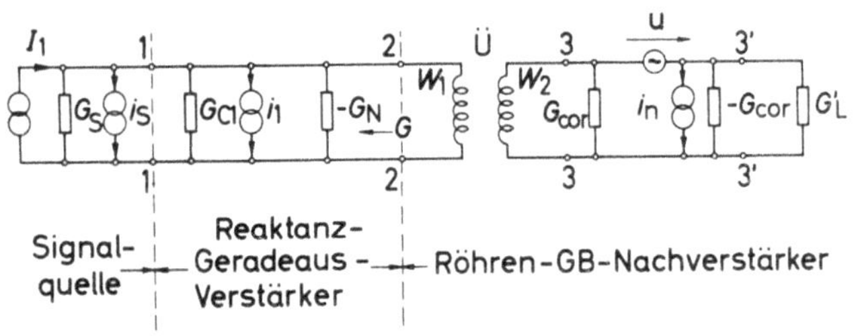

Bild 4: Rauschquellen-Ersatzbild der Verstärkerkette bei Resonanz im Vorverstärker und Rauschanpassung im Nachverstärker

Der Rauschstrom i_1 des Geradeausverstärkers rührt vom Wärmerauschen des Signalkreises mit dem Verlustleitwert G_{c1} und von dem auf der Signalseite erscheinenden Wärmerauschen des Hilfskreises mit dem Verlustleitwert G_{c2} her:

$$\overline{|i_1|^2} = 4\,k\,T_o\,\Delta f \cdot \left(G_{c1} + G_{c2} \cdot \left|\frac{Y_{12}}{Y_{22}}\right|^2\right), \qquad \left|\frac{Y_{12}}{Y_{22}}\right|^2 = \frac{\Omega_1}{\Omega_2} \cdot \frac{G_N}{G_{c2}} \tag{10}$$

Die zu G_{c1} und G_{c2} gehörenden Rauschströme sind nicht korreliert, wenn die Diode und der Betriebsoszillator als rauschfrei angesehen werden können. Diese Voraussetzung trifft beim Reaktanzverstärker meistens zu. Das Rauschen des Nachverstärkers wird in bekannter Weise [3] durch zwei innere Rauschquellen i und u beschrieben, die im allgemeinen miteinander korreliert sind. In der hier gewählten Ersatzschaltung bedeuten i_n und u die nichtkorrelierten Rauschquellen-Anteile; die Korrelation wird durch den Korrelationsleitwert y_{cor}, bzw. bei Rauschabstimmung, wie hier vorausgesetzt, durch seinen Realteil G_{cor} berücksichtigt. Für die quadratischen zeitlichen Mittelwerte der Rauschströme und -spannungen gelten die Nyquist-Beziehungen

$$\overline{|u|^2} = 4\,k\,T_o\,\Delta f \cdot R_n, \quad \overline{|i_n|^2} = 4\,k\,T_o\,\Delta f \cdot G_n \tag{11}$$

Für die zusätzliche Rauschzahl F_{z1} des Vorverstärkers erhalten wir aus den Gln. (9) und (10)

$$F_{z1} = \frac{\overline{|i_1|^2}}{\overline{|i_s|^2}} = \frac{G_{c1}}{G_s} + \frac{\Omega_1}{\Omega_2} \cdot \frac{G_N}{G_s} \tag{12}$$

und für die zusätzliche Rauschzahl des Nachverstärkers

$$F_{z2} = \frac{G_n}{ü^2 \cdot G} + \frac{R_n}{ü^2 \cdot G} \cdot \left(ü^2 \cdot G + G_{cor}\right)^2, \qquad G = G_s + G_{c1} - G_N \tag{13}$$

Zur vollständigen Beurteilung der Rauscheigenschaften der Kettenschaltung ist noch der verfügbare Leistungsgewinn L_{V1} des Vorverstärkers zu berechnen. L_{V1} ist das Verhältnis aus der verfügbaren Wirkleistung am Ausgang des Vorverstärkers dividiert durch die verfügbare Wirkleistung der Signalquelle am Eingang des Vorverstärkers. Die verfügbare Wirkleistung am Ausgang des Geradeausverstärkers ist $P_V = |I_1|^2/4G$, wobei G der Realteil des Ausgangsleitwertes des Geradeausverstärkers und I_1 der Kurzschlußstrom am Ausgang des Geradeausverstärkers bedeutet. Da beim Geradeausverstärker entsprechend Bild 4 keine Längsleitwerte vorhanden sind, stimmt der Kurzschlußstrom am Ausgang des Vorverstärkers mit dem der Signalquelle überein. Mit der verfügbaren Wirkleistung der Signalquelle $P_s = |I_1|^2/4G_s$ folgt für den verfügbaren Leistungsgewinn des Geradeausverstärkers die Beziehung

$$L_{V1} = \frac{|I_1|^2/4G}{|I_1|^2/4G_s} = \frac{G_s}{G} = \frac{G_s}{G_s + G_{c1} - G_N} \tag{14}$$

Die zusätzliche Gesamtrauschzahl der Kettenschaltung ist nach H. T. Friis [4]

$$F_z = F_{z1} + \frac{F_{z2}}{L_{V1}} \tag{15}$$

Bei der Anwendung dieser Beziehung ist folgendes zu beachten: Beim Reaktanzverstärker kann infolge der möglichen Entdämpfung ein positiver, negativer oder der Ausgangsleitwert Null eingestellt werden. Für $G > 0$ sind L_{V1} und F_{z2} positive Größen, für $G < 0$ sind L_{V1} und F_{z2} negativ. Der Anteil des Nachverstärkers F_{z2}/L_{V1} stellt damit immer eine positive Größe dar. Für $G = 0$ ist sowohl L_{V1} als auch F_{z2} unendlich, aber der Anteil F_{z2}/L_{V1} des Nachverstärkers strebt für $G \to 0$ einem endlichen Grenzwert zu.

Wir wollen jetzt untersuchen, welchen Minimalwert die zusätzliche Gesamtrauschzahl der Kettenschaltung als Funktion des Ausgangsleitwertes G und des Übersetzungsverhältnisses ü annimmt.

Durch Einführung der für den Nachverstärker charakteristischen Größen F_{z2min}, der minimalen Rauschzahl bei Rauschanpassung und G_{smin}, dem dazu notwendigen Antennenleitwert, in die Gl. (13) erhalten wir die zusätzliche Gesamtrauschzahl nach Gl. (15)

$$F_z = \frac{G_{c1}}{G_s} + \frac{\Omega_1}{\Omega_2} \cdot \left(1 + \frac{G_{c1}}{G_s}\right) + \left(F_{z2min} - \frac{\Omega_1}{\Omega_2}\right) \cdot \frac{G}{G_s} + \frac{R_n}{ü^2 G_s} \cdot \left(G_{smin} - ü^2 \cdot G\right)^2 \qquad (16)$$

mit

$$G = G_s + G_{c1} - G_N \qquad (17)$$

Nehmen wir zunächst an, daß G_{c1}, G_s, $\frac{\Omega_1}{\Omega_2}$, F_{z2min}, G_{smin} und $ü^2$ konstante, durch den Verstärkeraufbau gegebene Größen sind, so stellt F_z als Funktion von G eine Parabel im 1. Quadranten dar, deren Minimum wir unter gewissen Nebenbedingungen bestimmen wollen. Es sind nun drei Fälle zu betrachten, die zeigen, unter welchen Bedingungen die Vorschaltung eines Geradeausverstärkers vor einen Nachverstärker sinnvoll ist.

I. Die zusätzliche Rauschzahl des Nachverstärkers F_{z2min} ist kleiner als das Verhältnis Ω_1/Ω_2.
In diesem Fall hat der dritte Summand in Gl. (16) ein negatives Vorzeichen, und wir erhalten den kleinsten Wert der zusätzlichen Gesamtrauschzahl, wenn G seinen größten positiven Wert

$$G = G_s + G_{c1} \qquad (G_N = 0) \qquad (18)$$

hat. $G_N = 0$ bedeutet, daß vor den Nachverstärker ein passives Netzwerk geschaltet ist, welches durch seine Verluste die Rauschzahl des Nachverstärkers erhöht, wie die minimale Rauschzahl

$$F^{I}_{zmin} = \frac{G_{c1}}{G_s} + F_{z2min} \cdot \left(1 + \frac{G_{c1}}{G_s}\right) > F_{z2min} \qquad (19)$$

zeigt.

II. Die zusätzliche Rauschzahl F_{z2min} des Nachverstärkers ist gleich Ω_1/Ω_2.
Der dritte Summand in Gl. (16) ist also Null, und wir erhalten den kleinsten Wert der zusätzlichen Gesamtrauschzahl

$$F^{II}_{zmin} = \frac{G_{c1}}{G_s} + \frac{\Omega_1}{\Omega_2} \cdot \left(1 + \frac{G_{c1}}{G_s}\right) > \frac{\Omega_1}{\Omega_2} = F_{z2min} \qquad (20)$$

für

$$ü^2 \cdot G = G_{smin}. \qquad (21)$$

F^{II}_{zmin} ist größer als F_{z2min}, so daß auch in diesem Fall durch den Geradeausverstärker keine Verbesserung der zusätzlichen Gesamtrauschzahl erreicht wird.

III. Die zusätzliche Rauschzahl F_{z2min} des Nachverstärkers ist größer als Ω_1/Ω_2.
Durch Extremwertbildung erhalten wir für

$$G = G_{opt} = \frac{1}{2ü^2 \cdot R_n} \cdot \left[2R_n \cdot G_{smin} - \left(F_{z2min} - \frac{\Omega_1}{\Omega_2}\right)\right] \qquad (22)$$

die minimale Rauschzahl

$$F^{III}_{zmin} = \frac{G_{c1}}{G_s} + \frac{\Omega_1}{\Omega_2}\left(1 + \frac{G_{c1}}{G_s}\right) + \frac{F_{z2min} - \frac{\Omega_1}{\Omega_2}}{4ü^2 \cdot R_n \cdot G_s} \cdot \left[4R_n \cdot G_{smin} - \left(F_{z2min} - \frac{\Omega_1}{\Omega_2}\right)\right] \qquad (23)$$

Diese hat bezüglich $ü^2$ dann ihren kleinsten Wert, wenn je nach der Größe des Rauschbeitrages des Nachverstärkers $ü^2$ so groß gewählt wird, daß der dritte Summand vernachlässigbar gegenüber den beiden ersten ist. Dieser kleinste Wert

$$F^{III}_{zmin} \longrightarrow \frac{G_{c1}}{G_s} + \frac{\Omega_1}{\Omega_2} \cdot \left(1 + \frac{G_{c1}}{G_s}\right) < F_{z2min} \qquad (24)$$

für $ü^2 \to \infty$

ist bei stark rauschendem Nachverstärker stets kleiner als F_{z2min}, so daß in diesem Fall eine wesentliche Verminderung der zusätzlichen Gesamtrauschzahl durch den Geradeausverstärker erzielt wird. Bei kleinen Kreisverlusten ist $F^{III}_{zmin} \approx \Omega_1/\Omega_2$, was bedeutet, daß mit $\Omega_2 \gg \Omega_1$ sehr kleine Rauschzahlen durch den Reaktanz-Geradeausverstärker erzielt werden können.

4. Der Versuchsaufbau

Die Schaltung des Versuchsaufbaues zeigt Bild 5. Als Resonanzkreise für die Signal- und Hilfsfrequenz werden kapazitiv belastete Leitungskreise verwendet, deren Abstimmung durch Veränderung der Leitungslängen l_1 und l_2 mit Kurzschlußschiebern erfolgt. Die beiden Kreise sind über die Reaktanzdiode miteinander gekoppelt. Die Ankopplung von Signalgenerator und Last an den Signalkreis erfolgt kapazitiv mit den Kapazitäten C_s und C_L. Mit Hilfe von C_L kann die Lastankopplung und

Bild 5: Ersatzschaltung des Versuchsaufbaues mit Leitungskreisen

Zu Bild 5:

G_s'	= 1/60 S	G_p'	= 1/60 S
G_L'	= 1/60 S		
C_s	= 1,3 pF	C_p	= 0,5 pF
C_L	= 0,5 pF		
C_{s1}	= 1,6 pF	C_{s2}	= 3,2 pF
l_1	= 8,5 cm	l_2	= 1,5 cm
Z_1	= 60 Ω	Z_2	= 60 Ω

damit die Bandbreite, d. h. das notwendige $\ddot{u}^2$ zur Erzielung der minimalen Rauschzahl eingestellt werden. An den Hilfskreis ist über die Kapazität C_p der Pumpgenerator angekoppelt. Der Hilfskreis wird damit durch den Innenleitwert des Pumpgenerators belastet. Für die Pumpspannung mit der Frequenz $f_3 = f_1 + f_2$ hat der Signalkreis einen kleinen Widerstand. Die Reaktanzdiode liegt damit praktisch zum Hilfskreis parallel und wird durch die über den Hilfskreis angekoppelte Pumpspannung durchgesteuert.

5. Meßergebnisse

Mit dem im vorhergehenden beschriebenen Versuchsaufbau wurden bei der Signalfrequenz $f_1 = 510$ MHz, der Hilfsfrequenz $f_2 = 1290$ MHz und der Pumpfrequenz $f_3 = 1800$ MHz der Übertragungsgewinn $L_{\ddot{u}}$, das Produkt $\sqrt{L_{\ddot{u}}} \cdot B$, die gesamte zusätzliche Rauschzahl F_z der Kettenschaltung und die Bandbreite B gemessen und nach den in den Abschnitten 1 - 3 angegebenen Formeln berechnet. Als Reaktanzdiode wurde eine Germaniumdiode mit Gold-Galliumwhisker verwendet, die ein Verhältnis $C_{max}/C_{min} = 3,7$, einen Bahnwiderstand von $R_s = 12\,\Omega$ und bei $\overline{U}_{sperr} = -3,5$ V eine Kapazität von 0,67 pF hatte.

In Bild 6 sind die gerechneten und gemessenen Werte für $\sqrt{L_{\ddot{u}}}$ und $\sqrt{L_{\ddot{u}}} \cdot B$ als Funktion des Entdämpfungsleitwertes G_N aufgetragen. Das linke Bild zeigt $\sqrt{L_{\ddot{u}}} = f(G_N)$, und wir erkennen den Anstieg des Übertragungsgewinnes mit wachsender Entdämpfung. In dem rechten Bild ist das Produkt $\sqrt{L_{\ddot{u}}} \cdot B = f(G_N)$ aufgetragen. Durch den mit wachsender Entdämpfung immer stärker werdenden Einfluß des Hilfskreises auf die Bandbreite des Signalkreises fällt das Produkt mit zunehmender Entdämpfung ab. Im Versuchsaufbau mit $B_2 = 50$ MHz und $B_1 = 32$ MHz (bei $G_N = 0$) bedeutet dies einen Abfall des Produktes um den Faktor 1,65, d. h. das Produkt fällt von dem Wert 17 MHz auf den Wert 10,5 MHz im Bereich $G_N = 0$ bis $G_N = G_s + G_{c1} + G_L = 1,1$ mS ab.

In Bild 7 sind die gemessenen und gerechneten Rauschzahlen F und Bandbreiten B als Funktion des Entdämpfungsleitwertes G_N aufgetragen. Wie eingangs ausgeführt, stellt die Rauschzahl F bei festem $\ddot{u}^2$ als Funktion von G_N eine Parabel dar. Wir erhalten aus Gl. (16) die Normalform dieser Parabel, wenn wir die Scheitelkoordinaten F_{min} und G_{Nopt} einführen:

$$F - F_{min} = \frac{\ddot{u}^2 \cdot R_n}{G_s} \cdot (G_N - G_{Nopt})^2 .$$

Den Schnittpunkt dieser Rauschparabel mit der Ordinatenachse erhalten wir bei $G_N = 0$ zu

$$F_{min} + \frac{\ddot{u}^2 \cdot R_n}{G_s} \cdot G_{Nopt}^2 .$$

Dieser Anfangswert ist abhängig von den Rausch-

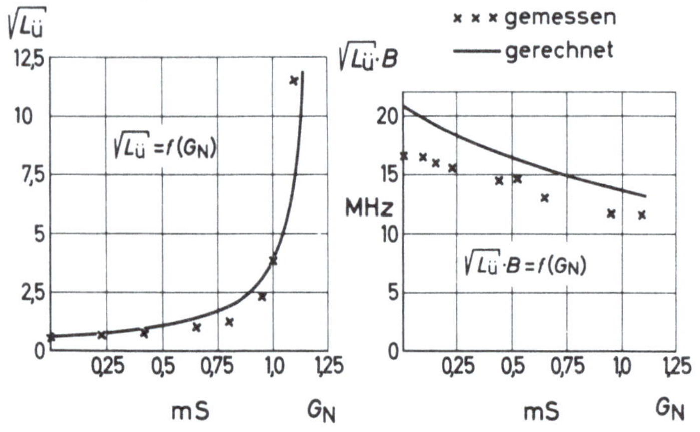

Bild 6:

Übertragungsgewinn $\sqrt{L_{\ddot{u}}}$ und Produkt $\sqrt{L_{\ddot{u}}} \cdot B$ als Funktion des Entdämpfungsleitwertes G_N

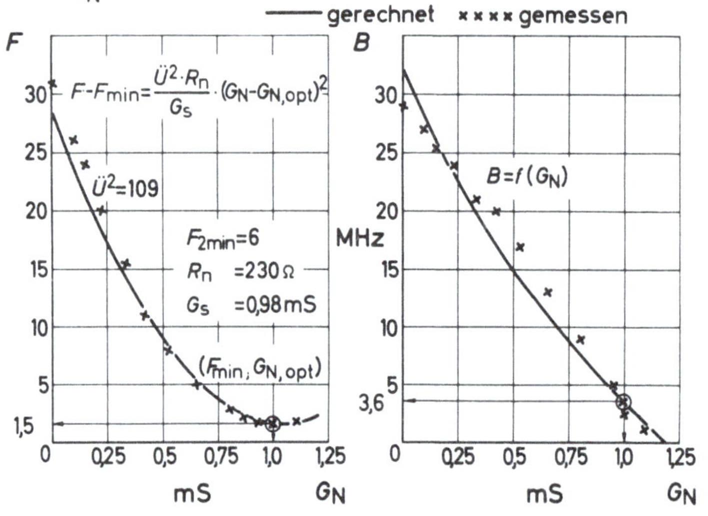

Bild 7:

Rauschzahl F der Verstärkerkette und Bandbreite B des Geradeausverstärkers als Funktion des Entdämpfungsleitwertes G_N

eigenschaften des Nachverstärkers, der Ankopplung des Nachverstärkers an den Vorverstärker und von den Verlusten des Vorverstärkers, der im Falle des Geradeausverstärkers bei $G_N = 0$ ein passives Netzwerk darstellt. Für einen gegebenen Nachverstärker, d.h. bei festem F_{2min}, G_{smin} und R_n nähert sich die minimale Rauschzahl F_{min} mit wachsendem $ü^2$ immer mehr dem absolut kleinsten Wert $1 + \frac{G_{c1}}{G_s} + \frac{\Omega_1}{\Omega_2} \cdot (1 + \frac{G_{c1}}{G_s})$, die Parabelöffnung aber und damit die Stabilität und Bandbreite des Verstärkers werden immer kleiner. Man muß also, von den Rauscheigenschaften des Nachverstärkers ausgehend, einen im Hinblick auf Stabilität und Bandbreite günstigen Wert für die Übersetzung wählen. Beim Versuchsaufbau wurden bei $G_s = 0,98$ mS, $R_n = 230\ \Omega$, $ü^2 = 109$, $F_{2min} = 6$ und $G_n = 13$ mS folgende Werte ermittelt:

$$\left.\begin{array}{ll} F_{min} & = 1,5 \\ B & = 3,6 \text{ MHz} \end{array}\right\} \text{ bei } G_N = G_{Nopt} = 1 \text{ mS}$$

$$\left.\begin{array}{ll} F & = 31 \\ B & = 32 \text{ MHz} \end{array}\right\} \text{ bei } G_N = 0$$

Der Geradeausverstärker hatte bei $G_N = 0$ und der gewählten Lastankopplung $ü^2 = 109$ die Bandbreite $B = 32$ MHz. Mit wachsender Entdämpfung fällt B ab und erreicht bei $G_N = G_s + G_{c1} + G_L = 1,2$ mS den Wert Null; bei dieser Entdämpfung tritt Selbsterregung ein.

6. Minimale Rauschzahl der Verstärkerkette bei vorgegebener Bandbreite B

Die Bandbreite B des Geradeausverstärkers und die zusätzliche Rauschzahl F_z der Verstärkerkette sind von den Veränderlichen ü und G_N abhängig.

Wenn in der Praxis die Bandbreite B vorgeschrieben ist, sind ü und G_N nicht mehr voneinander unabhängig, sondern einer Nebenbedingung unterworfen. Es ist von Interesse, welches Minimum F_{zmin} von F_z unter dieser Bedingung theoretisch erreicht werden kann. Die Lösung dieses Extremalproblems ist in [5] angegeben. Das Ergebnis dieser Rechnung für die Daten der Versuchsanordnung nach den Legenden zu den Bildern 2 und 5 ist in Bild 8 dargestellt. F_{zmin} wächst mit B praktisch linear an und liegt auch bei großen Bandbreiten noch wesentlich unter den bei Röhrenverstärkern möglichen Werten von F_{z2min}. Mit dem in Abschnitt 4 beschriebenen Versuchsaufbau ergibt sich bei der Frequenz $f_1 = 510$ MHz und der Bandbreite B = 20 MHz die minimale zusätzliche Rauschzahl $F_{zmin} = 1,25$. Das Experiment liefert $F_{zmin} = 1,4$, die Übereinstimmung mit der Rechnung ist gut.

Die zur Erreichung von F_{zmin} erforderlichen Werte von ü ($= ü_{opt}$) und G_N ($= G_{Nopt}$) sind als

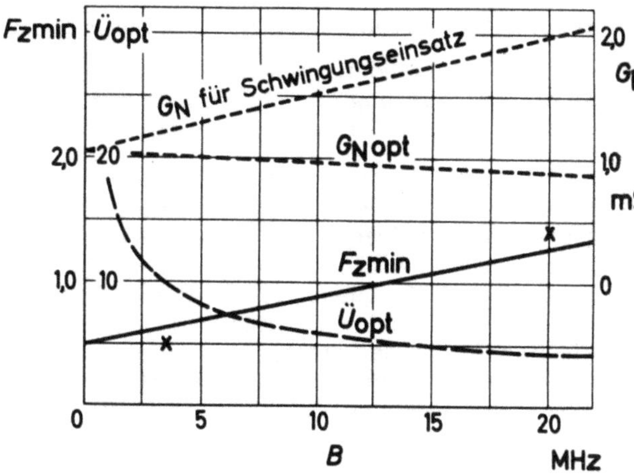

Bild 8: Minimale zusätzliche Rauschzahl F_{zmin} der Verstärkerkette als Funktion der vorgegebenen Betriebsbandbreite B des Geradeausverstärkers

Funktion der vorgegebenen Bandbreite in Bild 8 ebenfalls dargestellt. An der Kurve "G_N für Schwingungseinsatz" des Geradeausverstärkers läßt sich ablesen, wie weit der Wert G_{Nopt} für das Rauschzahlminimum von der Schwinggrenze entfernt liegt. Damit läßt sich die Stabilität der Schaltung bei Einstellung des Rauschzahlminimums beurteilen.

In dem betrachteten B-Bereich ist G_{Nopt} praktisch konstant und gleich $G_s + G_{c1}$, d.h. praktisch unabhängig vom Lastleitwert G_L. Damit ist gezeigt, daß zur Erreichung von F_{zmin} ein möglichst großer verfügbarer Leistungsgewinn L_{V1} ($G_N \to G_s + G_{c1}$ bedeutet $L_{V1} \to \infty$) und zur Erzielung großer Bandbreite und Stabilität eine kleine Ankopplung $ü_{opt}$ eingestellt werden müssen.

7. Reaktanzverstärker ohne Hilfskreis

Zum stabilen Betrieb des Geradeausverstärkers ist es notwendig, daß in der Schaltung ein Resonanzkreis vorhanden ist, dessen Resonanzfrequenz in der Nähe der Hilfsfrequenz $f_2 = f_b - f_1$ liegt. Wenn $f_b \approx 2 f_1$ ist, so ist $f_1 \approx f_2$, d.h. die Hilfsfrequenz liegt dicht bei der Signalfrequenz. In diesem Fall kann der Signalkreis zusätzlich die Rolle des Hilfskreises übernehmen. Ein gesonderter Hilfskreis ist dann nicht notwendig.

Bei dieser Schaltungsart können zwei störende Effekte auftreten:

a) Wenn die Signalfrequenz genau gleich der halben Pumpfrequenz ist ($f_1 = 1/2\ f_b$), fällt die Hilfsfrequenz f_2 genau mit der Signalfrequenz f_1 zusammen. In diesem Sonderfall tritt eine Instabilität der Verstärkung auf, da diese jetzt von der Phase zwischen Pumpspannung und Signalspannung abhängt.

In der Praxis ist allerdings die Signalfrequenz f_1 niemals über einen längeren Zeitraum genau gleich $1/2\ f_b$, besonders nicht bei Modulation des Signals.

b) Liegt die Hilfsfrequenz f_2 so dicht bei der Signalfrequenz f_1, daß sie beide innerhalb der Bandbreite des nachfolgenden Verstärkers liegen, so tritt an seinem Ausgang eine Schwebung mit der Frequenz $|f_2 - f_1|$ störend in Erscheinung. Diese Schwebung kann man durch einen Lautsprecher hörbar machen. Für den praktischen Betrieb muß also die Bandmittenfrequenz des Signals so weit gegenüber der halben Pumpfrequenz verschoben sein, daß die Hilfsfrequenz außerhalb der Bandbreite des nachfolgenden Verstärkers liegt. Dabei muß die Bandbreite des entdämpften Signalkreises größer sein als die der nachfolgenden Stufe, damit er noch als Resonanzkreis für die Hilfsfrequenz wirkt.

Schrifttum

[1] W. Dahlke, R. Maurer und J. Schubert: Theorie des Dioden-Reaktanzverstärkers mit Parallelkreisen. A.E.Ü. 13 (1959), S. 321 - 340

[2] R. Maurer: Die Stifttriode im Frequenzbereich der Fernsehbänder IV und V. Die Telefunken-Röhre Heft 35 (September 1958), S. 43 - 62

[3] H. Rothe und W. Dahlke: Theorie rauschender Vierpole. A.E.Ü. 9 (1955), S. 117 - 121

[4] H.T. Friis: Noise figures of radio receivers. Proc. Inst. Radio Engrs. 32 (1944), S. 419 - 422

[5] R. Maurer, K.H. Löcherer und K. Bomhardt: Der Reaktanz-Geradeausverstärker als rauscharme Vorstufe im UHF-Gebiet. A.E.Ü. 13 (1959), S. 509 - 524

PARAMETRISCHER VERSTÄRKER MIT DREI SIGNALFREQUENZEN

K. Abel, München

Mit 4 Bildern

Der einfachste und bekannteste parametrische Verstärker ist eine Anordnung mit einer nichtlinearen Reaktanz, in der neben der Pumpfrequenz zwei Signalfrequenzen in äußeren Schaltkreisen berücksichtigt werden, nämlich die Eingangssignalfrequenz und die untere oder obere Seitenbandfrequenz. Diese Anordnung läßt sich als Aufwärtsumsetzer, Abwärtsumsetzer oder als Direktverstärker eines Signals betreiben. Bei Aufwärtsumsetzung zum oberen Seitenband und bei Abwärtsumsetzung, sofern die Eingangssignalfrequenz größer ist als die Pumpfrequenz, ist der Eingangswiderstand positiv. Die Verstärkung ist dann gleich dem Verhältnis der Frequenz f_a des Ausgangssignals zur Frequenz f_e des Eingangssignals, also f_a/f_e. Die Anordnung verstärkt nur bei Aufwärtsumsetzung, da nur dann f_a f_e ist. Bei Aufwärtsumsetzung zum unteren Seitenband und bei Abwärtsumsetzung, sofern die Eingangssignalfrequenz kleiner ist als die Pumpfrequenz, entsteht ein negativer Eingangswiderstand, der zur Verstärkung beliebigen Ausmaßes ausgenutzt werden kann. Mit diesem negativen Eingangswiderstand kann ein Signal auch direkt, d. h. ohne Frequenzumsetzung, verstärkt werden.

Im folgenden soll eine Anordnung untersucht werden, die neben der Pumpfrequenz drei Signalfrequenzen in äußeren Schaltkreisen berücksichtigt, nämlich eine Eingangssignalfrequenz und zwei Seitenbandfrequenzen. In Bild 1 ist ein Schaltungsbeispiel für einen solchen Verstärker gezeichnet. Der Verstärker enthält eine nichtlineare Kapazität. Sie wird von einem Pumpgenerator mit der Frequenz f_p mit Energie versorgt. Am Signaleingang liegt ein Signalgenerator mit der Frequenz f_e, am Ausgang ein Ausgangskreis mit der Nutzlast für die Schwingungen bei der Seitenbandfrequenz f_a und ein Hilfskreis mit einem Verbraucher für die Schwingungen bei der Frequenz f_h. Bei Direktverstärkung eines Signals dient auch der Ausgangskreis bei f_a als Hilfskreis.

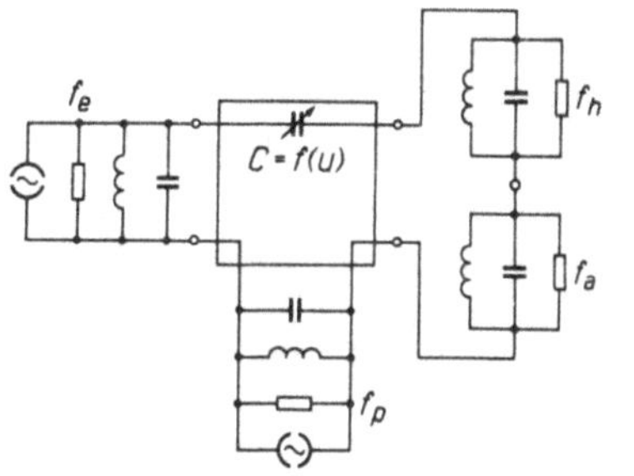

Bild 1: Schaltungsbeispiel für einen parametrischen Verstärker mit 3 Signalfrequenzen

*) Mitteilung aus dem Zentral-Laboratorium der Siemens & Halske AG.

1. Leistungsbetrachtung

Wir wollen uns auf eine Betrachtung der Energieverhältnisse beschränken, da diese am schnellsten einen Überblick über die prinzipiellen Eigenschaften und die Verwendungsmöglichkeit eines parametrischen Verstärkers verschafft. Dazu legen wir ein Ersatzschema zu Grunde, wie es in Bild 2 gezeigt ist. Der Verstärker enthält eine verlustlose nichtlineare Kapazität. Daran sind angeschlossen: Ein Pumpgenerator mit der Frequenz f_p, ein Signalgenerator mit der Frequenz f_e und zwei Ausgangskreise mit den Frequenzen f_a und f_h. Die zugehörigen Wirkleistungen nennen wir P_p, P_e, P_a und P_h. Die Leistung P zählt positiv, wenn sie von der nichtlinearen Reaktanz aufgenommen und negativ, wenn sie von dieser abgegeben wird.

Die Leistungen P_a und P_h sind also immer negativ, da bei den Frequenzen f_a und f_h von der nichtlinearen Reaktanz nur Leistung abgegeben wird. Es sind also $-P_a$ und $-P_h$ gleichzeitig die Leistungen, welche in den zugehörigen Ausgangskreisen verbraucht werden. Die Richtung von P_e und P_p liegt nicht ohne weiteres fest. Mindestens eine von beiden muß positiv sein, da $\sum P = 0$ sein muß. Der Fall "P_p negativ" ist uninteressant, da dann nämlich die nichtlineare Kapazität mehr Leistung an den Pumpgenerator abgibt, als sie von diesem aufnimmt. Die abgegebene Leistung müßte aber der Signalgenerator aufbringen. In diesem Fall könnte keine Verstärkung erzielt werden. Wir setzen also voraus, daß P_p positiv ist.

Die Leistung P_e setzt sich zusammen aus einer Leistung P_v, die vom Signalgenerator in die nichtlineare Reaktanz fließt, und einer rücklaufenden bzw. von der nichtlinearen Reaktanz an den Signaleingang abgegebenen Leistung P_r. Es gilt also:

$$P_e = P_v - P_r \tag{1}$$

P_v ist gleichzeitig die verfügbare Leistung des Signalgenerators. Man kann dafür auch setzen:

$$P_e = P_v \left(1 - \frac{P_r}{P_v}\right) = P_v \left(1 - |\gamma|^2\right) \tag{2}$$

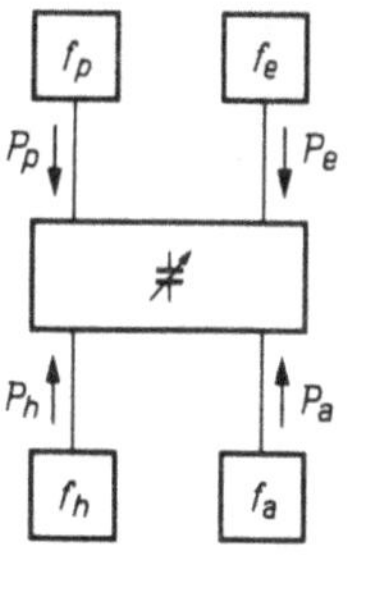

Bild 2: Ersatzschema eines parametrischen Verstärkers mit 3 Signalfrequenzen

worin γ der Reflexionsfaktor am Signaleingang ist. Ist P_e positiv, d.h. $|\gamma| < 1$, dann ist der Eingangswiderstand positiv; bei Anpassung ist P_e gleich der verfügbaren Leistung des Signalgenerators. Ist P_e negativ, dann ist P_r größer als P_v; die nichtlineare Reaktanz gibt dann mehr Leistung an den Signaleingang zurück als sie vom Signalgenerator aufnimmt. In diesem Falle wird $|\gamma| > 1$ und der Eingangswiderstand negativ.

Die Verstärkung bei Frequenzumsetzung können wir auf zwei Arten definieren:

a) Innere Verstärkung

Die Verstärkung G ist gleich dem Verhältnis der von der nichtlinearen Reaktanz bei f_a abgegebenen Leistung zur Eingangsleistung P_e, also

$$G = \frac{-P_a}{P_e} \tag{3}$$

Der Zähler ist immer positiv. Daher hat G das Vorzeichen von P_e. Das Vorzeichen von G sagt also aus, ob es sich um einen positiven oder negativen Eingangswiderstand handelt. Die so bestimmte Verstärkung G ist unabhängig von den äußeren Schaltgliedern; sie ist damit zur Beschreibung der Eigenschaften des parametrischen Verstärkers gut geeignet. Wir wollen sie im folgenden *innere Verstärkung* nennen.

b) Äußere Verstärkung

Eine zweite für die Praxis wichtige Definition ist das Verhältnis der von der Nutzlast bei f_a aufgenommenen Leistung zur verfügbaren Signalgeneratorleistung, also

$$G' = \frac{-P_a}{P_v} \tag{4}$$

G' ist von den äußeren Schaltkreisen abhängig und soll daher *äußere* Verstärkung genannt werden. Wir erhalten eine Verbindung zwischen G' und G, wenn wir P_v durch Gl. (2) ersetzen. Dann ist

$$G' = G\,(1 - |\gamma|^2) \tag{5}$$

Bei positivem Eingangswiderstand ist im Falle der Anpassung G' = G. Die innere Verstärkung ist also bei positivem Eingangswiderstand die maximale äußere Verstärkung. Bei negativem Eingangswiderstand kann die äußere Verstärkung beliebig größer oder kleiner gemacht werden, als die innere, denn man kann $|\gamma|$ jeden Wert von 1 bis ∞ geben, z. B. durch einen verlustlosen Transformator zwischen Signalgenerator und Verstärker.

Wir können auch die Direktverstärkung eines Signals angeben, wenn zwischen Signalgenerator und Verstärker ein Zirkulator geschaltet ist. Dann ist P_r die Nutzleistung und

$$G' = \frac{P_r}{P_v} = |\gamma|^2 \tag{6}$$

Direktverstärkung ist also immer möglich, wenn ein negativer Eingangswiderstand existiert. Sie kann jeden gewünschten Wert von 1 bis ∞ annehmen.

Es genügt also, daß man von der *inneren* Verstärkung Kenntnis hat, um auf die äußere Verstärkung schließen zu können. In der Folge wollen wir nur noch untersuchen, unter welchen Bedingungen der Eingangswiderstand positiv oder negativ und wie groß die innere Verstärkung ist. Wir benötigen dazu Gleichungen, welche die einzelnen Leistungen zueinander in Beziehung setzen. Dazu sind die Energiegleichungen von *Manley* und *Rowe* [1] geeignet. Um diese Gleichungen anwenden zu können, treffen wir folgende Frequenzauswahl, welche für die meisten möglichen Fälle charakteristisch ist:

$$\begin{aligned} f_1 + f_2 &= f_o \\ f_1 + f_o &= f_3 \end{aligned} \tag{7}$$

f_o ist die Pumpfrequenz, f_1, f_2 und f_3 sind die drei Signalfrequenzen. Jede dieser drei Frequenzen kann Eingangssignalfrequenz sein. Bei Frequenzumsetzung ist dann eine der beiden übrigen Schwingungen Nutzschwingung, während die andere in einem Hilfskreis auftritt. Bei Direktverstärkung eines Signals sind zwei Hilfskreise für die Schwingungen bei den beiden anderen Signalfrequenzen vorgesehen.

Mit dieser Frequenzrelation lauten die Energiegleichungen:

$$\left.\begin{aligned} \frac{P_o}{f_o} + \frac{P_2}{f_2} + \frac{P_3}{f_3} &= 0 \\ \frac{P_1}{f_1} - \frac{P_2}{f_2} + \frac{P_3}{f_3} &= 0 \end{aligned}\right\} \quad \text{wenn } f_1 = \text{Eingangssignalfrequenz } f_e \text{ ist,} \tag{8}$$

$$\left.\begin{aligned} \frac{P_o}{f_o} + \frac{P_1}{f_1} + \frac{2P_3}{f_3} &= 0 \\ \frac{P_2}{f_2} - \frac{P_1}{f_1} - \frac{P_3}{f_3} &= 0 \end{aligned}\right\} \quad \text{wenn } f_2 = f_e \text{ ist,} \tag{9}$$

$$\left.\begin{aligned} \frac{P_o}{f_o} - \frac{P_1}{f_1} + \frac{2P_2}{f_2} &= 0 \\ \frac{P_3}{f_3} + \frac{P_1}{f_1} - \frac{P_2}{f_2} &= 0 \end{aligned}\right\} \quad \text{Wenn } f_3 = f_e \text{ ist.} \tag{10}$$

Wegen der getroffenen Frequenzauswahl sind die drei Gleichungspaare aequivalent. Merkmal der Gleichungspaare ist, daß die Signaleingangsleistung und die Pumpleistung in getrennten Gleichungen erscheinen. Die Größe P/f ist eine Energiegröße. Sie wird im folgenden mit w bezeichnet.

Gegeben sind zwei unabhängige Gleichungen mit vier Unbekannten. Wir haben also zwei Freiheitsgrade, die sich in der Ebene darstellen lassen. Dazu formen wir das erste Gleichungspaar um:

$$\begin{aligned} -w_o &= w_3 + w_2 \\ w_1 &= -w_3 + w_2 \end{aligned}$$

Das entspricht der bekannten Darstellung einer

Drehung des Koordinatenkreuzes um 45°. Wird w_3 als Abszisse und w_2 als Ordinate gewählt, dann sind w_o und w_1 die transformierten neuen Koordinaten; w_1 ist darin gegenüber der w_2-Koordinate um 45° gedreht und w_o wegen des negativen Vorzeichens gegenüber der w_3-Koordinate um 45° + 180°. Ein Punkt in der Ebene kann dann mit den Koordinatenwerten des alten und des neuen Systems gekennzeichnet werden. Den Maßstab auf den neuen Koordinaten w_o und w_1 erhält man, wenn man die Einheitspunkte der alten Koordinaten w_3 und w_2 auf die w_o- und w_1-Koordinaten projiziert. Das System wird anschaulicher, wenn es noch um 135° gedreht wird, damit die Verbindungslinien der Einheitspunkte senkrecht und waagerecht liegen und w_o die waagerechte Koordinate bildet. Damit ist die Darstellung nach Bild 3 gewonnen. Jeder Punkt in der Ebene veranschaulicht einen Energiezustand des Verstärkers. Als Beispiel ist der Punkt P eingetragen; die Projektionen auf die vier Koordinaten geben die einzelnen Energiegrößen an, also:

$$w_o = 4, \quad w_1 = 2, \quad w_2 = -1, \quad w_3 = -3.$$

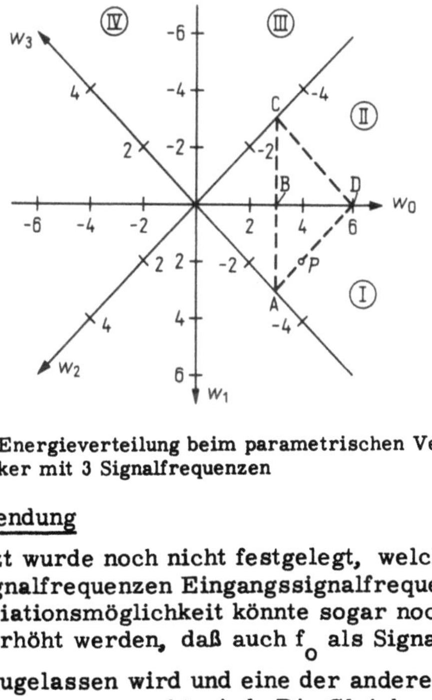

Bild 3: Energieverteilung beim parametrischen Verstärker mit 3 Signalfrequenzen

2. Anwendung

Bis jetzt wurde noch nicht festgelegt, welche der drei Signalfrequenzen Eingangssignalfrequenz ist. Die Variationsmöglichkeit könnte sogar noch dadurch erhöht werden, daß auch f_o als Signalfrequenz zugelassen wird und eine der anderen zur Pumpfrequenz gemacht wird. Die Gleichungen (8) und das Diagramm haben für alle diese Fälle Gültigkeit.

Wir wollen uns aber auf die Betrachtung von zwei Fällen beschränken:

a) Wenn f_1 Eingangssignalfrequenz ist, also bei Aufwärtsumsetzung zum unteren oder oberen Seitenband, und

b) wenn f_3 Eingangssignalfrequenz ist; dabei soll nur untersucht werden, wann ein negativer Eingangswiderstand erzeugt werden kann.

Bevor wir die beiden Fälle betrachten, soll die Gleichung für die innere Verstärkung noch auf eine Form gebracht werden, die ebenfalls Energiegrößen enthält, also

$$G = \frac{-P_a}{P_e} = \frac{f_a}{f_e} \frac{-P_a/f_a}{P_e/f_e} = \frac{f_a}{f_e} \frac{-w_a}{w_e} \qquad (11)$$

Der erste Faktor ist die bekannte innere Verstärkung beim Verstärker mit zwei Signalfrequenzen, denn für diesen ist wegen Gleichung (8) der zweite Faktor ± 1. Sind aber mehr als zwei Signalfrequenzen in äußeren Schaltkreisen berücksichtigt, so kann der zweite Faktor auch andere Werte annehmen. Der zweite Faktor gibt also die Verstärkungserhöhung bzw. Verstärkungsminderung an, welche ein Verstärker mit mehr als zwei Signalfrequenzen aufweist.

a) Eingangssignalfrequenz ist f_1

Ist f_1 Eingangssignalfrequenz, dann sind die Ausgangsleistungen P_2 und P_3 und damit auch w_2 und w_3 immer negativ. Mit dieser Feststellung ist auch der Bereich der möglichen Energiezustände im Diagramm von Bild 3 festgelegt; er umfaßt die Sektoren I und II; hier ist w_o immer positiv. Die Signaleingangsenergie ist im Sektor I positiv und die Ausgangsenergie $-w_2$ kleiner als die Ausgangsenergie $-w_3$. Der Eingangswiderstand ist positiv. Im Sektor II ist die Eingangsenergie w_1 negativ. Hier ist $-w_2 > -w_3$ und der Eingangswiderstand immer negativ.

Wir behandeln zuerst den Fall der Aufwärtsumsetzung nach f_3. Bei $w_2 = 0$, also wenn der Hilfskreis bei der Frequenz f_2 keine Leistung aufnimmt, befinden wir uns an der Grenze des Bereichs auf der w_3-Koordinate. Hier haben wir den Verstärker mit zwei Signalfrequenzen. Die Verstärkung ist f_3/f_1, da $-w_3 = w_1$ ist. Wir können jetzt von der w_3-Achse aus die Sektoren I und II bis zur w_2-Achse durchschreiten und die Energieverhältnisse untersuchen. Dazu wählen wir zwei charakteristische Wege:

Der eine führt längs der Geraden w_o = konstant, - d. h. die Pumpleistung wird konstant gehalten - von A über B nach C; der andere längs der Geraden w_3 = konstant - d. h. die Ausgangsleistung wird konstant gehalten - von A nach D und von da längs der Geraden w_2 = konstant von D nach C. Längs dieser Wege in das Gebiet I hinein wird $-w_2$ größer, d. h. die reelle Last im Hilfskreis bei f_2 entnimmt der nichtlinearen Reaktanz mehr Leistung. Längs des Weges A - D wird w_1 immer kleiner. Das bedeutet, daß für eine bestimmte Ausgangsleistung weniger Eingangsleistung erforderlich ist. Längs des Weges A - B wird w_1 schneller kleiner als w_3. Das Verhältnis

$$\frac{-w_3}{w_1},$$

d. i. definitionsgemäß die Verstärkungserhöhung, wächst also, wenn man sich der w_0-Achse nähert und erreicht auf dieser den Wert ∞. Hier ist $w_2 = w_3$ und gleichzeitig $w_1 = 0$ geworden. Beim Verstärker mit einer nichtlinearen Kapazität bedeutet das, daß der Eingangsleitwert Null wird und reine Spannungssteuerung eintritt. Wird $-w_2$ weiter erhöht, dann wird w_1, und damit der Eingangswiderstand, negativ. Auf den Wegen B - C und D - C wird die Ausgangsenergie $-w_3$ kleiner, der Betrag der Eingangsenergie w_1 größer. Der Betrag der Verstärkungserhöhung wird also von ∞ kommend immer kleiner, bis er auf der w_2-Achse mit w_3 Null wird.

Wir kommen nun zum Aufwärtsumsetzer nach f_2. Auf der w_2-Achse, also wenn $w_3 = 0$ ist, haben wir den Verstärker mit zwei Signalfrequenzen. Die innere Verstärkung ist hier $-f_2/f_1$.

Je weiter man in das Gebiet II hineingeht, d. h., je mehr der Kreis bei f_3 Energie verbraucht, um so größer wird der Betrag der Verstärkungserhöhung. Dieser steigt bei $w_3 = w_2$ bis ∞, w_1 wird dabei Null. Dies bedeutet wieder, daß die Steuerung leistungslos geschieht. Überschreiten wir die w_0-Achse, machen also $-w_3 > -w_2$, dann wird der Eingangswiderstand positiv und die Verstärkung von ∞ kommend immer geringer, je größer $|w_3|$ gegenüber $|w_2|$ wird. Bei $w_2 = 0$ wird auch die Verstärkung Null. In Bild 4 ist die Verstärkungserhöhung $-w_3/w_1$ und $-w_2/w_1$ in Abhängigkeit von den in Bild 3 eingetragenen Wegen A-B-C und A-D-C aufgetragen.

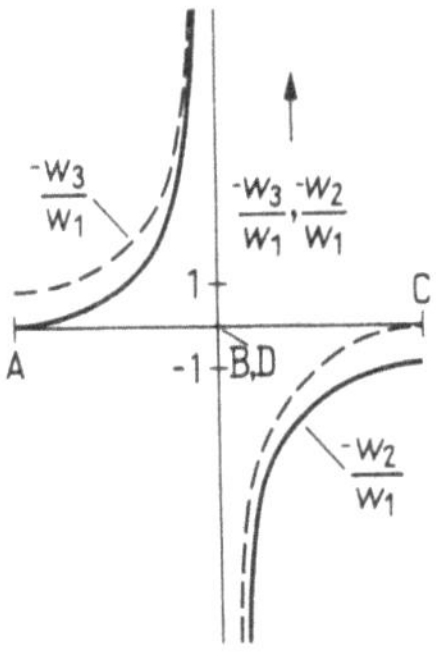

Bild 4: Verstärkungserhöhung $-w_3/w_1$ bzw. $-w_2/w_1$ bei Aufwärtsumsetzung

Beim Aufwärtsumsetzer mit drei Signalfrequenzen ist es also möglich, durch äußere Schaltmittel, sowohl bei Umsetzung zum oberen als auch zum unteren Seitenband, wahlweise positiven und negativen Eingangswiderstand zu erzeugen und die Verstärkung gegenüber einem Verstärker mit zwei Signalfrequenzen zu erhöhen. Bei gleichem reellen Abschluß der Schwingungen des unteren und oberen Seitenbandes erhält man für $f_1 \ll f_0$ annähernd gleiche Ausgangsleistungen bei beiden Seitenbandfrequenzen und einen sehr großen Eingangswiderstand.

b) Eingangssignalfrequenz ist f_3

Wir kommen schließlich zum zweiten ausgewählten Fall, wo f_3 Eingangssignalfrequenz ist, also $f_3 = f_e$. Hier sind w_1 und w_2 die Ausgangsenergien und daher immer negativ. Der Bereich der möglichen Energiezustände liegt daher in den Sektoren II, III und IV. Unsere Frage lautet: Wann entsteht ein negativer Eingangswiderstand bei f_3, also der höchsten vorkommenden Frequenz, d. h., wann wird w_3 negativ? Nur im Sektor II ist w_3 negativ. Das ist der Bereich, wo $0 \leqq -w_1 < -w_2$ ist. Solange also die Energie im Kreis bei f_1 kleiner ist als im Kreis bei f_2, ist der Eingangswiderstand negativ.

Es ist also möglich, bei einer Frequenz, die größer ist als die Pumpfrequenz, einen negativen Eingangswiderstand zu erzeugen und damit auch Direktverstärkung eines Signals zu erzielen.

Die übrigen noch möglichen Fälle eines parametrischen Verstärkers mit drei Signalfrequenzen können an Hand der Energiegleichungen und des Diagramms, ähnlich wie die behandelten Beispiele, untersucht werden. Auch sie sind interessant und vervollständigen das Bild über die Gesetzmäßigkeit beim parametrischen Verstärker.

Schrifttum

[1] Some General Properties of Nonlinear Elements - Part I: General Energy Relations. Proc. Inst. Radio Engrs. 44 (1946), S. 904

PARAMETRISCHE SYSTEME UNTER VERWENDUNG VON GEKREUZTEN MAGNETISCHEN FELDERN

Y. Angel, Paris

Mit 19 Bildern

I. Einführung

Die zurzeit gebräuchlichen gesteuerten Verstärker lassen sich in zwei Klassen einteilen und zwar

1. Verstärker mit konzentrierter Wirkungsweise,
2. Verstärker mit verteilter Wirkungsweise,

je nachdem, ob die Energie in den Verbraucherstromkreis zwischen den Klemmen eines im Prinzip einzelnen Reaktanzelementes oder entlang einer Übertragungslinie zugeführt wird.

Hier sollen nur die Verstärker mit konzentrierter Wirkungsweise betrachtet werden, die eine einzige gesteuerte Reaktanz enthalten.

Man kann zwischen autoparametrischen (selbstgesteuerten) Verstärkern und heteroparametrischen (fremdgesteuerten) Verstärkern unterscheiden, je nachdem, ob die Reaktanzänderungen, die die Energieübertragung hervorrufen, durch das elektrische Signal selbst, das auf die Klemmen dieser Reaktanz gegeben wird, oder durch äußere Mittel ausgelöst werden.

Bild 1 zeigt das Prinzipschaltbild

a) einer autoparametrischen Anordnung (nach Manley und Rowe)

b) einer heteroparametrischen Anordnung.

Die meisten bisher veröffentlichten Arbeiten beziehen sich auf autoparametrische Verstärker, in denen das Reaktanzelement ein Kristall mit den Eigenschaften einer nichtlinearen Kapazität ist. Dagegen haben wir bei unseren Arbeiten, die in den Laboratoires d'Electronique et de Physique appliquée ausgeführt wurden, ein induktives Element benutzt, das von einem Strom gesteuert wird, der in einem von dem zu verstärkenden Signal unabhängigen Stromkreis fließt. Es handelt

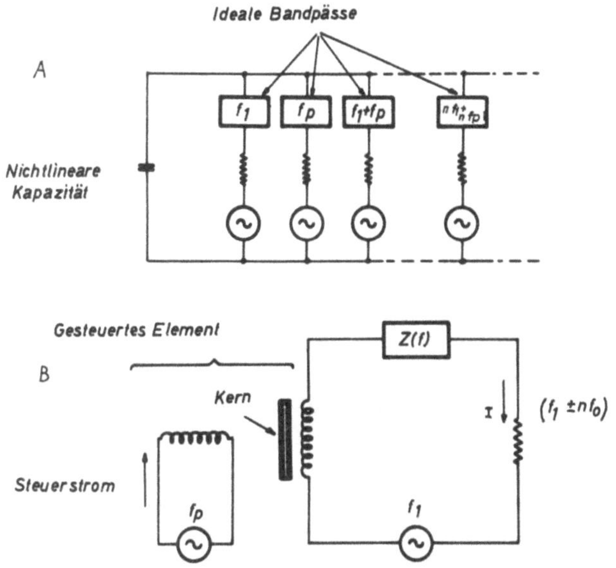

Bild 1: Schaltungen: A Autoparametrisch (nach [1]) B Hetroparametrisch

sich also um eine heteroparametrische Schaltung. Die Steuerung der Induktivität beruht auf einer besonderen magnetischen Erscheinung [1]. Diesen magnetischen Vorgang wollen wir zunächst untersuchen.

2. Magnetische Kerne, die in zwei aufeinander senkrechten Richtungen magnetisiert sind

Auf einen ferromagnetischen, röhrenförmigen Kern seien Solenoid- und Toroidwicklungen aufgebracht. Bild 2 zeigt einen solchen Kern

A) mit einer Solenoidwicklung und
B) mit einer Toroidwicklung.

Für unsere Versuche wurden zwei Wicklungen jeder Art auf den gleichen Kern gebracht.

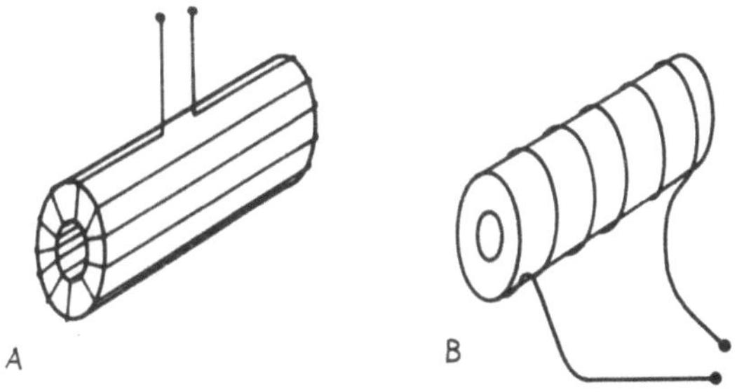

Bild 2: Toroidwicklung und Solenoidwicklung auf rohrförmigen Ferritproben. Wicklungen beider Typen werden auf derselben Probe aufgebracht

Diese Wicklungen erlauben es, im Kern gleichzeitig zwei magnetische Felder zu erzeugen, deren Kraftlinien an allen Punkten aufeinander senkrecht stehen, d.h. einerseits axiale Kraftlinien, die im wesentlichen in der Mitte der Probe parallel zur Achse laufen, wenn diese langgestreckt ist (das Feld H_L einer Solenoidwicklung), andererseits zur Achse des Kernes konzentrische Kreise (Feld H_T einer Toroidwicklung).

Durch die EMK, die in beiden Wicklungen induziert wird, sind übrigens die Induktionen B_L und B_T bekannt, die den Feldern H_L und H_T entsprechen.

Bild 3 zeigt die Meßeinrichtung zum Aufzeichnen der Hysteresisschleife der transversalen Induktion B_T in Abhängigkeit vom Feld H_T bei vorhandener longitudinaler Magnetisierung H_L, die durch einen Magneten NS hervorgerufen wird.

Man erkennt die Elemente einer klassischen Schaltung zum Aufzeichnen einer Hysteresisschleife mit Hilfe von toroidförmigen Proben, in der lediglich das ballistische Galvanometer durch oszillographische Darstellung ersetzt wird.

Ein nahezu sinusförmiger Strom wird in eine toroidförmige Primärwicklung eingespeist. Das Feld H_T ist diesem Strom proportional. Die EMK,

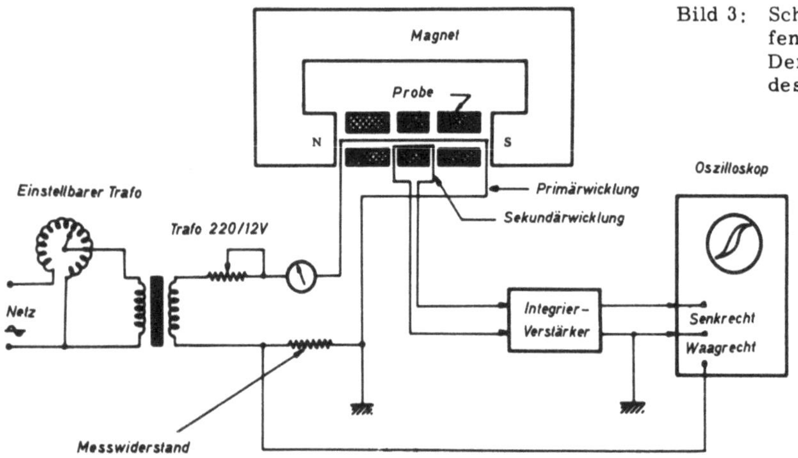

Bild 3: Schaltung zum Aufzeichnen von Hysteresisschleifen bei Anwesenheit einer Längsmagnetisierung. Der Magnet NS ist verschiebbar, um die Stärke des Längsfeldes verändern zu können.

die in einer ebenfalls toroidförmigen Sekundärwicklung induziert wird, ist $\frac{dB_T}{dt}$ proportional. Die Hysteresisschleife wird auf dem Schirm des Oszillographen aufgezeichnet, indem man die horizontale Ablenkung durch den Primärstrom und die vertikale Ablenkung durch B_T steuert, das man durch Integrieren von $\frac{dB_T}{dt}$ erhält.

Eine Vorrichtung, die in Bild 3 nicht dargestellt ist, erlaubt die Teilung der Koordinatenachsen zu schreiben. Der Magnet NS ist verstellbar, damit man die Längsmagnetisierung H_L *) regeln kann; man kann statt dessen eine Solenoidwicklung verwenden, die von einer regelbaren Stromquelle hohen Innenwiderstandes gespeist wird.

Die Ergebnisse sind für alle untersuchten ferro- oder ferrimagnetischen Materialien qualitativ gleich. In den Bildern 4 und 5 sind diese Ergebnisse für einen Nickel-Zink-Ferrit (vom Typ 4D Philips) dargestellt. Dazu ist folgendes festzustellen:

1) Die Existenz von H_L modifiziert das Verhältnis von B_T zu H_T, unabhängig von den Vorzeichen H_L.
2) Die wichtigsten Gesetze der Hysteresis sind gewahrt, insbesondere die Lage der kleinen Schleifen innerhalb der größeren.
3) Während H_L von 0 bis H_O wächst, nehmen die remanante Induktion (B_T), die Koerzitivkraft (H_L) und der Flächeninhalt der Schleife bis zu verschwindend kleinen Werten ab.
4) Wenn H_L größer als H_O wird, verläuft die Charakteristik B_T (H_T), die keine Schleife mehr zeigt, nahezu linear mit einer Neigung, die sich mit $1/H_L$ ändert.

Die in Bild 3 dargestellte Meßeinrichtung erlaubt es wegen des Entmagnetisierungseffektes nicht, die Werte des Parameters H_L in die Kennlinienfelder zu übertragen. Damit dieses Feld sich möglichst gleichmäßig auf das gesamte Volumen

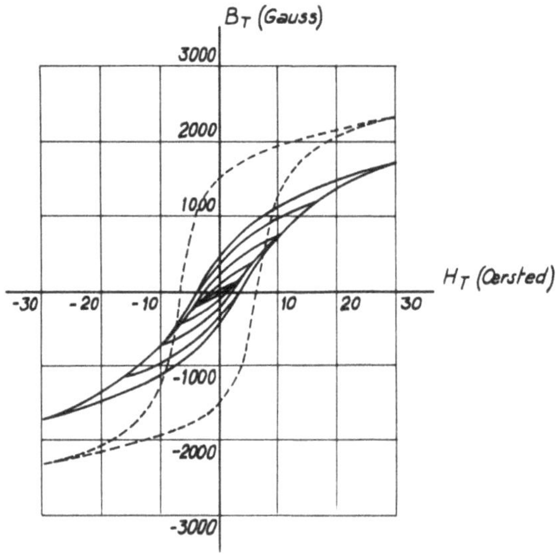

Bild 4: Hysteresisschleifen eines Nickel-Zink-Ferrites (Typ 4D Philips) für einen bestimmten Wert des Längsfeldes, zusammen mit der klassischen Hysteresisschleife der gleichen Substanz. Zu beachten ist die Verkleinerung des Flächeninhaltes und die Lage der kleinen Schleifen innerhalb der großen.

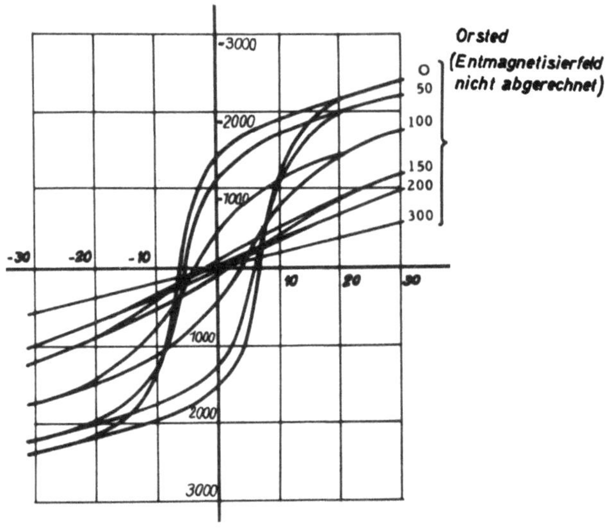

Bild 5: Hysteresisschleifen konstanter Amplitude für verschiedene Werte des Längsfeldes (Nickel-Zink-Ferrit vom Typ 4D Philips)

der Probe verteilt, wurde diese mit Schutzringen versehen (Bild 3). Diese Ringe sind von der Primärwicklung umgeben, damit der Einfluß des Feldes H_T die Effekte der Längshysteresis auslöscht. Ohne diese Vorsichtsmaßregel könnten die gemes-

*) Im folgenden sei die longitudinale Vormagnetisierung H_L kurz als Längsmagnetisierung bezeichnet.

senen Größen zwei Werte annehmen, je nach der Änderungsrichtung von H_L durch die Längshysteresis. Da die benutzten Proben keine große Länge hatten (das Verhältnis von Länge zum Durchmesser liegt in der Größenordnung von 6), führt die Berechnung der Korrektur durch die Entmagnetisierung zu großen Fehlern. Für die Berechnung von H_L mußte daher zu anderen Methoden gegriffen werden; diese beruhen auf Anordnungen, die von Permeabilitäts-Meßeinrichtungen abgeleitet sind.

Die oben dargestellten Eigenschaften, die für Eisen, Nickel und verschiedene Ferrite geprüft wurden, vor allen Dingen die Eigenschaften von Misch-Ferriten wie Ni, Mn und Ni, Zn, scheinen allgemeine Eigenschaften der ferro- oder ferrimagnetischen Substanzen zu sein. In dem Falle gutleitender Ferromagnetika ist es wegen der Wirbelströme, die die Phase des wahren Feldes H_T gegen die des erregenden Feldes verschieben, nicht leicht, das Verschwinden der Hysteresisschleife nachzuweisen. Die Magnetisierung mit gekreuzten Feldern ist, bevor die Ferrite bekannt wurden, mehrfach an mehr oder weniger massiven Metallstücken untersucht worden. Wir schreiben es den Wirbelströmen zu, daß dem Verschwinden der Hysteresis bisher nicht mehr Aufmerksamkeit gewidmet wurde.

Es ist schwer, den Wert H_O des Feldes, bei dem die Hysteresisschleife verschwindet, genau zu bestimmen, denn der Flächeninhalt der Schleife scheint mit horizontaler Tangente - wenn nicht asymptotisch - auf Null zuzulaufen, und die Meßungenauigkeiten (hervorgerufen durch restliche Wirbelströme, Ummagnetisierungsverluste, Phasenverschiebungen und verschiedene induktive Störungen) haben uns nicht erlaubt, mit Sicherheit auf die Art, w i e der Wert Null erreicht wird, also auf die t h e o r e t i s c h e Existenz eines Schwellwertes zu schließen. Immerhin bestehen p r a k t i s c h gesehen keinerlei Zweifel an der Eindeutigkeit des Wertes H_O.

Dieser Wert ist charakteristisch für das Material und hängt von der Temperatur ab. Er wird in jedem Falle mit steigender Temperatur kleiner und geht im Curiepunkt gegen Null.

Im Falle der Ferrite hat man festgestellt, daß das Obengesagte gültig bleibt - und zwar unabhängig von der Frequenz, mit der die Schleifen B_T (H_T) aufgezeichnet werden - solange man in dem Bereich bleibt, wo die magnetischen Verluste der Probe klein bleiben, d. h. in dem praktischen Anwendungsbereich des betrachteten Materials. In einem bestimmten Änderungsintervall von H_L zwischen Null und H_O nehmen die magnetischen Verluste schneller ab als die Permeabilität. Es ergeben sich daraus eine Erhöhung der Gütezahl der Wicklungsinduktivität, die man mittels eines magnetischen Kernes verwirklichen kann und, unter Berücksichtigung der vorstehenden Ausführungen, eine Erweiterung des Frequenzbereiches, in dem das Material brauchbar ist, in Richtung höherer Frequenzen. Dieser technologische Aspekt der Frage wird durch Bild 6 hinreichend erläutert, die die Änderung der Gütezahl als Funktion der Längsmagnetisierung für verschiedene Frequenzen darstellt.

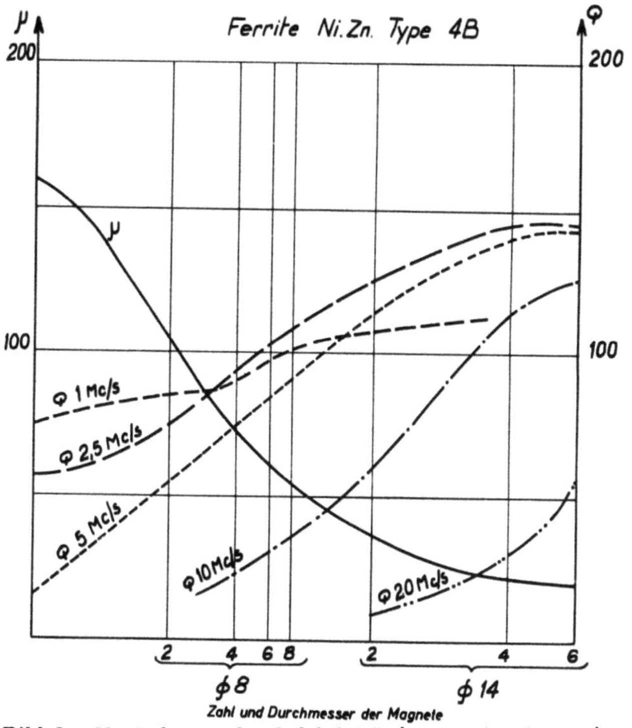

Bild 6: Veränderung der Induktivität (proportional zu μ) und des Gütefaktors Q einer Spule mit längs vormagnetisiertem Kern. Die Abszissen (in willkürlichen Einheiten) sind in grober Näherung proportional dem Längsmagnetisierungsfeld H_L. Zu beachten ist die Erhöhung von Q mit der Längsmagnetisierung bei hohen Frequenzen

Betrachten wir jetzt die Werte von H_L, die größer als H_O sind. Es gibt dann keine Schleife mehr, sondern eine Charakteristik, deren Neigung, wie schon gesagt, eine fallende Funktion von H_L ist.

Die Induktivität einer Toroidspule hängt also von der Größe der Längsmagnetisierung H_L ab, die in dem Kern herrscht.

Die Erfahrung hat gezeigt, daß diese Abhängigkeit selbst dann erhalten bleibt, wenn H_L nicht konstant ist, sondern sich mit hoher Frequenz ändert. Damit wird es möglich, die Induktivität durch eine äußere, nicht in deren Stromkreis einbezogene Wirkung zu steuern, also aktive Elemente zu verwirklichen, die ein heteroparametrisches System darstellen.

Die Veränderung der Induktivität hat zur Folge, daß zwischen dem Stromkreis der Induktivität und dem Stromkreis, der diese steuert, Energie ausgetauscht wird. Wenn also der Strom, der im Steuerkreis fließt, auf die Induktivität einwirkt, so muß umgekehrt der die Induktivität durchfließende Strom eine Spannung in dem Steuerkreis induzieren.

Gegeben sei ein Kern, der mit einer Solenoidspule 1, 1' und einer Toroidspule 2, 2' bewickelt ist. Wir erregen den Kern in der Längsrichtung, sei es mittels eines äußeren Feldes, sei es, indem wir einen Gleichstrom durch die Wicklung 1, 1' schicken.

1) Die Einführung eines Wechselstromes bei 1, 1' hat nur die Wirkung, daß die zwischen 2 und 2' vorhandene Induktivität L geändert wird. In der Wicklung 2, 2' wird nur insoweit eine Spannung

induziert, als diese Wicklung bereits von einem Strom i_2 durchflossen wird. Diese Spannung ist also $\frac{dLi_2}{dt}$; sie ist Null, wenn $i_2 = 0$ ist.

2) Schicken wir umgekehrt in die Klemmen 2, 2' einen Wechselstrom i_2 der Frequenz f, so erscheint in der Wicklung 1, 1' eine Spannung e_1 der Frequenz 2f. Diese Spannung verschwindet, wenn man die Magnetisierung wegnimmt.

Mit Hilfe einer ähnlichen Anordnung, wie sie zum Aufzeichnen von Hysteresisschleifen benutzt wird, ist es möglich, die Kurve $\int e_1 dt \sim B_L(H_T)$ auf dem Schirm des Oszilloskops erscheinen zu lassen. Man stellt dann folgendes fest: Für die Werte der Längsmagnetisierung H_L, die kleiner als H_O sind, hat die Kurve die Form einer Schleife; es ist eine Hysteresis vorhanden. Für die Werte H_L, die größer als H_O sind, entartet die Schleife in ein offenes Kurvensegment, das zweimal pro Periode (einmal in jeder Richtung) durchlaufen wird; es gibt keine Hysteresis mehr.

In diesem Zustand, bei dem die Verluste im Kern im Idealfall Null werden, ist die qualitative Erklärung der Erscheinung einfach. Es sei nach Bild 7 ein Element der Probe den Feldern der

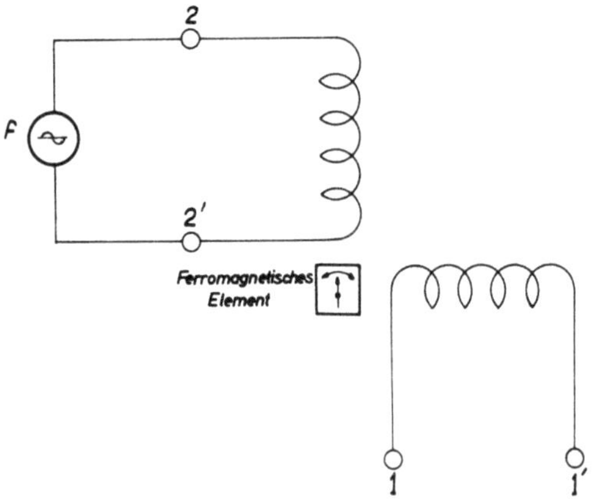

Bild 7

Wicklungen 1, 1' und 2, 2' ausgesetzt; dann oszillieren die Elementarmagnete zwischen zwei vertikalen Stellungen. Ihre Umklapprichtungen liegen für die einen in dem einen Sinne, für die anderen im anderen Sinne, und es ergibt sich statistisch eine gegenseitige Auslöschung der Flußänderungen in 1, 1'. Führen wir nun ein Feld H_L ein, so vollzieht sich der Umklapprozeß vorzugsweise in einer Richtung und es erscheint in 1, 1' eine Induktionsspannung. Die Änderungen dieser Induktion bleiben dieselben, wenn der Strom in 2, 2' das Vorzeichen wechselt. Daher ist die Frequenz der an 1, 1' erscheinenden induzierten Spannung das Doppelte der Frequenz des Stromes in 2, 2'. Diese in 1, 1' induzierte Spannung macht es verständlich, warum der Vierpol 11'22' von den Klemmen 1, 1' her gesehen sich nicht mehr wie eine reine Reaktanz verhält, wenn in 2, 2' ein Strom fließt und aus diesem Grunde in der Lage ist, Energie aus dem Stromkreis s, s' aufzunehmen und sie an den Kreis 2, 2' zurückzuliefern.

3. Heteroparametrische Systeme

3.1 Einfaches Beispiel

Das älteste und einfachste der elektrischen heteroparametrischen Systeme ist das Kondensatormikrophon. Eine Kapazität C (Bild 8) ändert sich

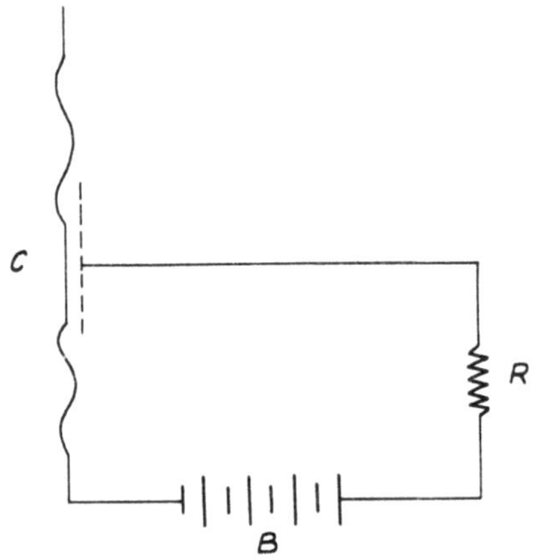

Bild 8

unter der Wirkung der Schallwellen. Wenn der mit C in Reihe geschaltete Widerstand R sehr groß ist, bleibt die Ladung Q des Kondensators fast konstant, wenn seine Kapazität sich ändert. In der Spannung $U = Q/C$ an den Klemmen von C erscheint also eine Wechselkomponente, die bis auf die Verzerrungen die Schallschwingungen wiedergibt, die C in Bewegung gesetzt haben. Ohne über den Wert von R eine Annahme zu machen, kann man feststellen, daß die Batterie B keine Energie liefert, da durch C kein Gleichstrom fließen kann. Die gesamte in R umgesetzte Energie wird der Quelle entnommen, die C steuert, und die Rolle von B besteht nur darin, dem System die für die Funktion notwendige Erregung zu liefern. Bei der üblichen Anwendung des elektrostatischen Mikrophons ist B eine Spannungsquelle und die Änderungen von C stellen die zu übertragende Nachricht dar.

Wir vertauschen nun die Rollen von C und B in der Weise, daß die Änderungen von C jetzt durch einen Generator großer Leistung mit der Frequenz f_p hervorgerufen werden und die Änderungen von B die zu übertragende Nachricht bilden (Bild 9). Das Frequenzspektrum von B muß sehr dicht bei $f = 0$ liegend angenommen werden.

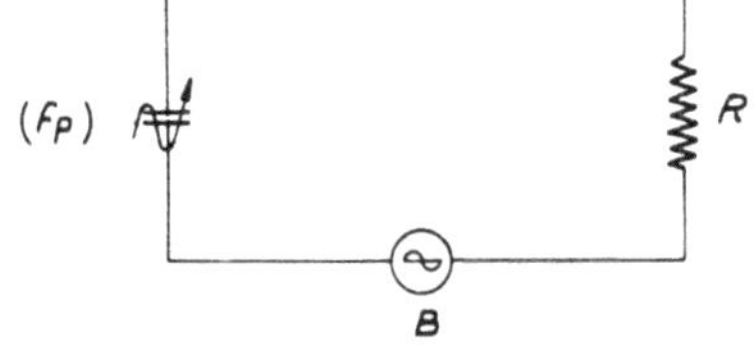

Bild 9

Unter diesen Bedingungen wird eine Welle der Frequenz f_p vom Widerstand R aufgenommen und ihre Amplitude ist in jedem Augenblick proportional zu B. Die gesamte in R umgesetzte Energie kommt aus dem Generator f_p, während B nur die Rolle der Steuerung übernimmt. Damit ist ein parametrischer Verstärker verwirklicht. Dieser Verstärker ist darüber hinaus ein Modulator oder Frequenzumsetzer, da das Signal auf eine Trägerwelle aufmoduliert erscheint. Das Spektrum wird also in eine andere Frequenzlage umgesetzt.

Die Tatsache, daß die von B gelieferte Energie Null ist, war nach Bild 8 die Folge davon, daß die Frequenz von B Null ist. Jetzt (Bild 9) sind die von B gelieferte Energie ebenso wie deren Frequenzband nicht streng Null, sondern nur sehr klein. Dies ist eine spezielle Folgerung aus den allgemeinen Beziehungen, die wir jetzt behandeln werden.

3.2 Erweiterung der Beziehungen von Manley und Rowe

Der in Bild 10 dargestellte Stromkreis enthalte:

1) Eine Reaktanz, die sich zeitlich sinusförmig mit der Frequenz f_p ändert, aber bezüglich des in ihr fließenden Stromes linear ist.
2) Einen Widerstand R.
3) Eine Stromquelle mit sinusförmiger Spannung der Frequenz f_1.

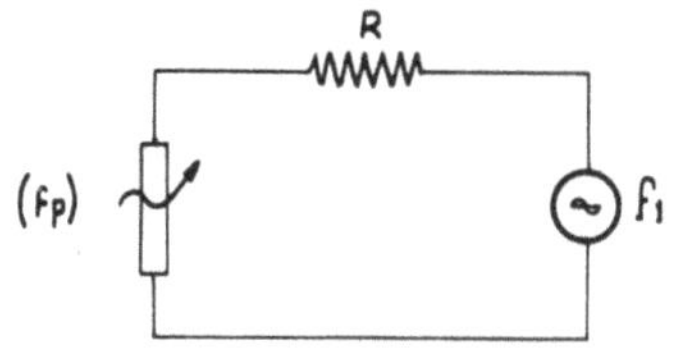

Bild 10

Je nachdem, ob es sich um eine Induktivität oder eine Kapazität handelt, hat man

$$i = C \cdot \frac{du}{dt} + u \cdot \frac{dC}{dt} \quad \text{oder} \quad u = L \frac{di}{dt} + i \frac{dL}{dt} .$$

Jedenfalls ist jeder Ausdruck das Produkt aus einer Schwingung der Frequenz f_p und einer Schwingung von irgendeiner Form, die aber die Frequenz f_1 enthält.

Folglich erscheinen die Frequenzen $\pm f_1 + f_p$.

Man kann die Überlegung mit $\pm f_1 + f_p$ anstelle von f_1 wiederholen, und es erscheint so schrittweise das Frequenzspektrum des Vorganges (Bild 11).

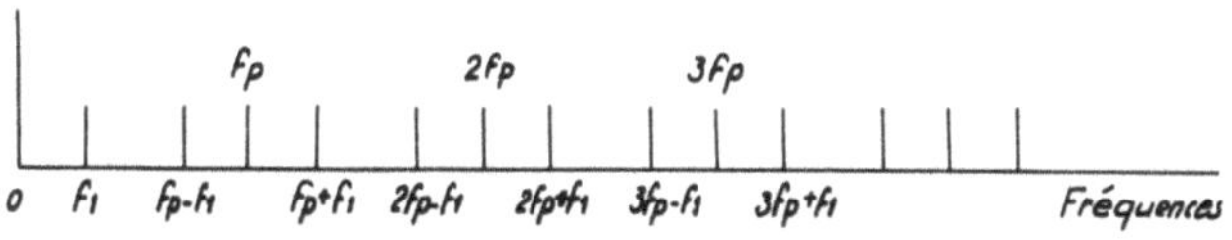

Bild 11

Die Frequenzen sind $\pm f_1 + nf_p$.

Bild 11 stellt den Fall dar, daß $f_p > f_1$, jedoch bedeutet dies für das folgende keinerlei Einschränkung.

Das entsprechende Spektrum für die autoparametrischen Systeme ist verwickelter. Es enthält die Frequenzen

$$mf_1 + nf_p = f_{mn} .$$

Wenn W_{mn} die Leistung darstellt, die das Reaktanzelement bei der Frequenz f_{mn} liefert, so erfüllen die W_{mn}, wie Manley und Rowe [2] gezeigt haben, die Beziehungen:

$$\sum_{m=0}^{\infty} \sum_{n=-\infty}^{+\infty} \frac{mW_{mn}}{f_{mn}} = 0 ; \quad \sum_{m=-\infty}^{+\infty} \sum_{n=0}^{\infty} \frac{nW_{mn}}{f_{mn}} = 0.$$

Die Ausdehnung dieser Beziehungen auf die heteroparametrischen Systeme ist a priori nicht selbstverständlich. Wir haben diese Erweiterung durchgeführt, indem wir Schritt für Schritt dem Gedankengang von Manley und Rowe gefolgt sind, der ziemlich lang ist und den Rahmen dieser Mitteilung überschreiten würde. Man findet, daß die Beziehungen für den Fall eines gesteuerten Systems ohne Hysterese und ohne andere Verluste gelten, und zwar unter der Bedingung, daß in die W_{mn} der Austausch von Energie zwischen der Pumpquelle und dem gesteuerten Element einbezogen und daß dem Index m die Werte -1, 0 und +1 gegeben werden.

Wenn es zusätzlich zur Pumpfrequenz zwei weitere Frequenzen f_{mn} gibt, genügen die beiden Beziehungen von Manley und Rowe, um das Problem zu definieren. Gibt es jedoch drei Frequenzen oder mehr, so gehen die besonderen Eigenschaften der verschiedenen Resonanzen ein.

Im folgenden beschränken wir uns auf die Fälle von zwei und insbesondere von drei gleichzeitigen Frequenzen, die wir zur Abkürzung folgendermaßen bezeichnen:

$$f_1 ; \qquad f_2 = f_p - f_1 ; \qquad f_3 = f_p + f_1 .$$

Untersuchen wir noch einmal, auf welche Weise die Wellen sich gegenseitig erzeugen, wobei wir uns speziell auf den Fall beziehen, daß der modulierte Blindwiderstand induktiv ist.

1) Die EMK der Frequenz f_1 erzeugt eine Stromkomponente der Frequenz f_1.
2) Diese ergibt gemäß $u = L \frac{di}{dt} + i \frac{dL}{dt}$ eine Spannung an den Klemmen von L, die die Frequenzen $f_p - f_1 = f_2$ und $f_p + f_1 = f_3$ enthält.
3) Diese Spannungskomponenten erzeugen Ströme mit den Frequenzen f_2 und f_3.
4) Unter diesen Strömen ergibt derjenige mit der Frequenz f_2 an den Klemmen von L eine Spannung, die folgende Frequenzen enthält:

$$f_p + f_2 = 2f_p - f_1 \qquad \text{und}$$

$$f_p - f_2 = f_1 .$$

Diese Spannung bewirkt, daß der Strom mit der Frequenz f_1, der anfangs betrachtet wurde, Arbeit leistet. Das bedeutet den Austausch von Energie. Ferner addiert sich die induzierte Spannung der Frequenz f_1 zu der anfangs betrachteten, und der Prozeß setzt sich fort. Dieselbe Überlegung läßt sich mit der Frequenz f_3 durchführen.

So erscheinen zwei Rückkopplungsschleifen $f_1 f_2 f_1$ und $f_1 f_3 f_1$. Die Berechnung der Phasen zeigt, daß die Schleife $f_1 f_2 f_1$ eine positive Rückführung und daß die Schleife $f_1 f_3 f_1$ eine negative Rückführung darstellt. Wir bezeichnen die Amplitudenverstärkung dieser Schleifen

Tafel 1

Resonanzfrequenzen	f_1 f_2	f_1 f_3	f_1 f_2 f_3
Direktverstärkung	$\frac{1}{(1 - p)^2}$	$\frac{1}{(1 + p')^2}$	$\frac{1}{(1 - p + p')^2}$
Mischverstärkung G_{12}	$4 \frac{f_2}{f_1} \frac{p}{(1 - p)^2}$		$4 \frac{f_2}{f_1} \frac{p}{(1 - p + p')^2}$
Mischverstärkung G_{13}		$4 \frac{f_3}{f_1} \frac{p'}{(1 + p')^2}$	$4 \frac{f_3}{f_1} \frac{p'}{(1 - p + p')^2}$
Eingangsimpedanz bei der Frequenz f_1	$r_1 (1 - p)$	$r_1 (1 + p')$	$r_1 (1 - p + p')$
Bandbreite bei 3 dB	$k (1 - p) B_o$	$k' (1 + p') B_o$	$k'' (1 - p + p') B_o$

B_o = Bandbreite bei Abwesenheit der Pumpquelle. Die Faktoren k sind stets kleiner als 1. $k \approx 1$, wenn die Bandbreite der Resonanz bei f_1 viel kleiner als die Bandbreiten der Resonanzen bei f_2 und f_3 ist.

mit p bzw. p'. Diese sind proportional dem Quadrat der Pumpamplitude [3].

Die Tafel 1 faßt die wichtigsten Daten für die Kreise mit zwei oder drei Resonanzfrequenzen zusammen.

Bevor wir die Schaltung mit drei Resonanzfrequenzen f_1, f_2, f_3 untersuchen, wollen wir kurz an die Eigenschaften der Kreise mit zwei Resonanzfrequenzen f_1, f_2 oder f_1, f_3 erinnern.

3.3 Schaltung mit zwei Frequenzen f_1, f_2 oder f_1, f_3 (vgl. Bild 13)

Der Aufbau entspricht Bild 13. Er enthält einen Kreis mit zwei Maschen, die in dem Zweig der gesteuerten Spule eine kleine Impedanz für die Frequenzen f_1 und f_2 oder f_1 und f_3 haben. Wenn das Eingangssignal die Frequenz f_1 hat, kann das Ausgangssignal bei der Frequenz f_1 oder bei der anderen Frequenz entnommen werden. Die Schaltung ergibt also entweder eine direkte Verstärkung oder eine Frequenzumsetzung.

Je nachdem, ob die Frequenz f_2 oder f_3 eingeht, besitzt das System eine positive oder negative Rückkopplung. Im Falle der Frequenz f_2 wirkt sich die Erhöhung der Pumpleistung als Erhöhung der Verstärkung und Verminderung der Bandbreite aus. Im Falle der Frequenz f_3 ist die Wirkung umgekehrt.

Die Verstärkungen, die Impedanzen und die Bandbreiten sind in den ersten beiden Spalten der Tafel I gegeben.

Die direkte Verstärkung im Falle der Frequenz f_3 ist immer kleiner als 1. Dies gilt jedoch nicht für die Mischverstärkung. Diese ist 0 für $p = 0$ und geht für $p \to \infty$ ebenfalls gegen 0. Sie wird ein Maximum für $p = 1$ und nimmt dort den Wert f_3/f_1 an. Diese Verstärkung kann also erheblich werden, wenn das Verhältnis f_3/f_1 der Ausgangs- zur Eingangsfrequenz groß ist. Andererseits stellt das System mit zwei Frequenzen f_1 und f_2, d.h. mit positiver Rückkopplung, einen Sonderfall dar, bei dem sich die Struktur des Resonanzkreises vereinfacht. Es ist dies der Fall $f_1 \approx \frac{1}{2} f_p$, wobei $f_1 \approx f_2$ wird.

Der Aufbau vereinfacht sich dann entsprechend dem Schema in Bild 12, denn die Frequenzen f_1 und f_2 passen beide in das Band eines einfachen Resonanzkreises. Im Verstärkerbetrieb beobachtet man Schwebungen zwischen f_1 und f_2; bei Selbsterregung stellt man fest, daß zwischen der selbsterregten Schwingung und der halben Erregerfrequenz eine Synchronisierung eintritt ($f_1 = f_2$).

3.4 Schaltung mit drei Frequenzen f_1, f_2, f_3 (vgl. Bild 14).

Die Vorgänge der Mitkopplung $f_1 f_2 f_1$ und der Gegenkopplung $f_1 f_3 f_1$ entstehen gleichzeitig und überlagern sich in ihren Wirkungen. Die Verstärkungen, Impedanzen und Bandbreiten sind in der letzten Spalte der Tafel 1 gegeben. Dabei gehen die Parameter p und p' gleichzeitig ein, jedoch muß man daran denken, daß diese Parameter nicht voneinander unabhängig, sondern durch die folgende Proportionalität verknüpft sind:

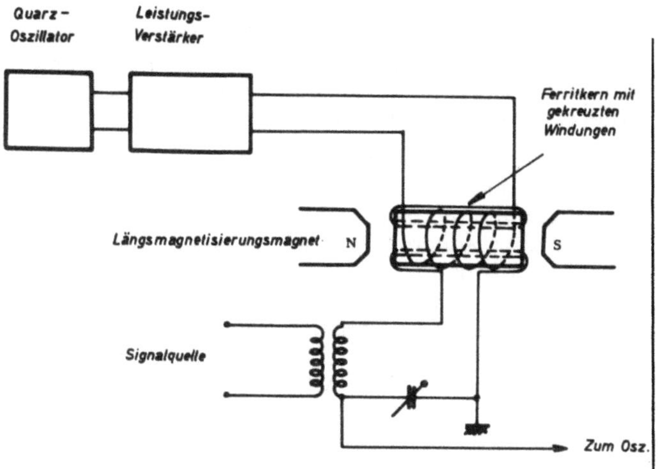

Bild 12: Schaltung mit 1 Resonanzfrequenz

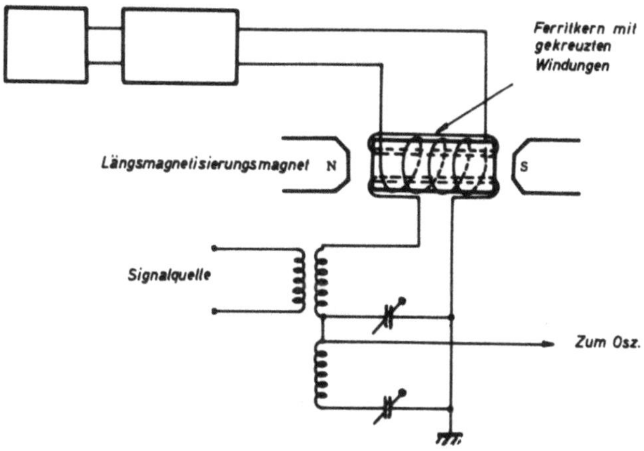

Bild 13: Schaltung mit 2 Resonanzfrequenzen

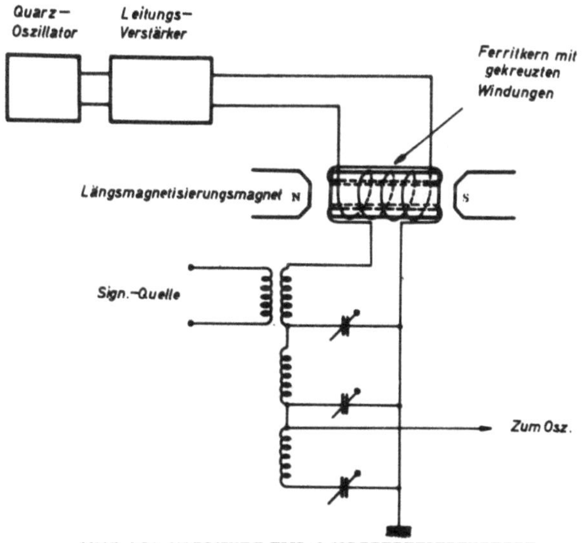

Bild 14: Schaltung mit 3 Resonanzfrequenzen

$$p \frac{r_2}{f_2} = p' \frac{r_3}{f_3} .$$

Hierbei sind r_2 und r_3 die reellen Impedanzen der Kreise 2 und 3 für die Frequenzen f_2 bzw. f_3.

3.5 Eingangssignal bei der Frequenz f_1

Je nachdem, ob p größer oder kleiner als p' ist, ergibt sich Mit- oder Gegenkopplung, wobei sich die Vorgänge qualitativ ebenso abspielen, wie sie bei den Schaltungen mit zwei Frequenzen (vgl. 3.3) beobachtet werden:

1) Wenn die Rückführung positiv ist, läßt sich die direkte Verstärkung beliebig groß machen. Dafür wird die Bandbreite entsprechend verkleinert und bei großen Verstärkungen tritt Instabilität ein, wenn man sich in der Nähe des Schwingungseinsatzes befindet.
2) Wenn die Rückführung negativ ist, bleibt die direkte Verstärkung immer kleiner als 1, jedoch besteht die Möglichkeit, die Mischverstärkung größer als 1 zu machen, wenn der Faktor f_2/f_1 genügend groß ist.

Zwischen diesen beiden Fällen gibt es den Grenzfall p=p', für den die Mitkopplung durch die Gegenkopplung genau kompensiert wird. Dann vereinfachen sich die Formeln:

Direkte Verstärkung $G_{11} = 1$

$$\text{Mischverstärkungen} \begin{cases} G_{12} = 4 \dfrac{f_2}{f_1} p \\ G_{13} = 4 \dfrac{f_3}{f_1} p . \end{cases}$$

Die Eingangsimpedanz ist gleich r_1.

Die Mischverstärkung ist also nicht begrenzt, es sei denn durch die erzielbare Pumpleistung. Die Eingangsimpedanz und die Bandbreite sind unabhängig von der Amplitude, mit der die Reaktanz moduliert wird. Außerdem herrscht immer Stabilität. Diese Wirkungsweise ist also für die praktischen Anwendungen sehr interessant. Dabei ist zu bemerken, daß die Bedingung p' = p, d.h.

$$\frac{f_2}{r_2} = \frac{f_3}{r_3}$$

nicht kritisch ist. Wenn eine schwache Mitkopplung vorhanden ist, braucht man nur bei sehr starker Modulation der Induktivität eine Instabilität zu befürchten. Wenn eine schwache Gegenkopplung vorhanden ist, wird die Verstärkung bei einem umso größeren Wert begrenzt, je näher p' - p bei Null liegt.

Ferner ist zu bemerken, daß eine zusätzliche Verstärkung erzielt wird, wenn man die Signale bei den beiden Frequenzen f_2 und f_3 ausnutzen kann. Diese Verstärkung liegt nahe bei 3 dB, wenn f_2 und f_3 groß gegen f_1 sind.

Bei alledem ist vorausgesetzt worden, daß das Eingangssignal die Frequenz f_1 hat. Nehmen wir jetzt an, daß es bei einer der Frequenzen f_2 oder f_3 liegt.

3.6 Eingangssignal bei der Frequenz f_2

Wir geben die Formeln, die wenig praktisches Interesse haben, nicht im einzelnen an. Die Mischverstärkungen G_{21} und G_{23} enthalten die Faktoren f_1/f_2 bzw. f_3/f_2.

Die Stabilitätsbedingungen sind offensichtlich dieselben wie in dem vorangehenden Fall, denn die willkürliche Wahl der einen oder anderen Frequenz für das Eingangssignal verändert offensichtlich nicht den physikalischen Zustand des Systems.

3.7 Eingangssignal bei der Frequenz f_3

Dieser Fall zeigt eine interessante Besonderheit, auf die von de Vries, Philips Laboratorien Eindhoven, hingewiesen worden ist.

Alles spielt sich so ab, als wenn die Modulation der Reaktanz, die durch die Parameter p und p' bestimmt ist, an den Klemmen der Spannungsquellen den Widerstand

$$\frac{p'}{1-p} \; r_3$$

erscheinen läßt. Bei Abstimmung sieht die Spannungsquelle e_3 also den Widerstand

$$r_3' = r_3 \left(1 + \frac{p'}{1-p}\right).$$

Die Unterschiede sind folgende:

Im Intervall

$$1 < p < 1 + p'$$

ist r_3 negativ und der Strom fließt in der Masche des Generators im entgegengesetzten Sinne, wie ihn die Spannungsquelle hervorrufen würde. Trotzdem beobachtet man keine Selbsterregung, wie de Vries bemerkt hat, denn man kann zeigen, daß die Reaktanz jS von e_3 her gesehen außerhalb der Resonanz so beschaffen ist, daß

$$\frac{dS}{d\omega} < 0.$$

Für p-Werte oberhalb von 1 + p' setzt Selbsterregung ein. Bezüglich der Schaltungen mit dreifacher Resonanz muß schließlich darauf hingewiesen werden, daß die Selbsterregung unter gewissen Umständen bei Frequenzen auftreten kann, die von den Resonanzfrequenzen abweichen. Wir begnügen uns mit einer anschaulichen Erklärung dieser Tatsache.

Angenommen, die Resonanzen bei den Frequenzen f_1 und f_2 hätten eine verhältnismäßig große Bandbreite und die Resonanz bei f_3 sei sehr scharf. Nehmen wir außerdem an, daß die Rückkopplung in der Schleife $f_1 f_2 f_1$ hinreichend sei, um selbsterregte Schwingungen entstehen zu lassen, wenn die Gegenkopplung $f_1 f_3 f_1$ nicht vorhanden wäre. Die Anwesenheit der dritten Resonanz verhindert derartige Schwingungen durch die Einwirkung der Frequenz f_3 selbst, aber wegen der Schärfe dieser Resonanz wird die Gegenkopplung für eine etwas abweichende Frequenz f_3' sehr schwach. Daher ist die Erregung von Schwingungen bei f_3' und den Frequenzen f_2' und f_1', die aus dieser entstehen, möglich, da sie im Innern der breiten Resonanzbänder 1 und 2 liegen.

4. Experimentelle Ergebnisse

Unsere Experimente befaßten sich mit Schaltungen, die von den in den Bildern 12, 13 und 14 dargestellten Schemata abgeleitet sind. Für diese Schaltungen wurden als variable Reaktanzen rohrförmige Ferritkerne benutzt, die ein Volumen von etwa 2 cm^3 hatten. Der Aufbau der Wicklungen entsprach den bereits gemachten Angaben und die Längsmagnetisierung wurde durch einen Permanentmagneten erzeugt, der den Kern in die Nähe der Sättigung brachte. Die verwendeten Pumpleistungen überschritten niemals einige Watt.

Das Ziel dieser Versuche, die bei verhältnismäßig tiefen Frequenzen gemacht wurden, war nicht die Schaffung von gebrauchsfähigen parametrischen Verstärkern sondern nur der Vergleich der Ergebnisse mit den theoretischen Voraussagen, und zwar sowohl hinsichtlich der verschiedenen Verfahren als auch der Bandbreiten und des Rauschens. So wurden alle theoretischen Voraussagen experimentell geprüft, mit Ausnahme des zuletzt erwähnten Vorganges, der die Erregung von Schwingungen bei Frequenzen zum Gegenstand hat, die von den Resonanzfrequenzen abweichen. Die Experimente haben ferner zur Verwirklichung eines Frequenzteilers geführt, dessen Arbeitsweise am Schluß dieses Aufsatzes erläutert wird.

4.1 Verstärkerschaltungen

Schaltung mit einer einzigen Resonanz:

Wie bereits erwähnt, handelt es sich um eine Schaltung mit zwei Frequenzen, für die $f_1 = f_2 = f_p/2$ gilt. Als Verstärker ist sie kaum von Interesse, jedoch wurden jenseits der kritischen Rückkopplung selbsterregte Schwingungen bei der halben Pumpfrequenz erhalten und zwar bis zu Frequenzen, die etwas über 20 MHz lagen. Was unsere Versuche nach der Richtung höherer Frequenzen begrenzt hat, war nicht das Versagen der Steuerung mittels der Längsmagnetisierung, als vielmehr die zur Verfügung stehenden Mittel für die Realisierung des Pumpkreises.

Schaltung mit zwei Resonanzen ($f_1 f_2$, positive Rückkopplung):

a) Direkte Verstärkung

f_1 = 550 kHz f_2 = 330 kHz f_p = 880 kHz

Bandbreite im passiven Zustand: B_o = 15 kHz

Einfügungsdämpfung (passiv): 4dB

Kritische Pumpleistung (p = 1) ungefähr 200 mW.

Macht man p = 0,9, so beobachtet man:

Verstärkung 16 dB = 20 dB - 4 dB, entsprechend der Theorie. Bandbreite 0,7 kHz = $B_o/20$; theoretisch 0,1 B_o, wenn die Bandbreite bei f_2 sehr groß ist. Rauschmaß 6 dB gegenüber etwa 3 dB als theoretischem Wert.

b) Aufwärtsmischung

f_1 = 200 kHz f_2 = 2 MHz f_p = 2,2 MHz

Bandbreite im quasi-passiven Zustand *)

B_o = 10 kHz (es geht nur die Resonanz bei 200 kHz ein).

Für eine Pumpleistung von ungefähr 2 W beobachtet man:

Mischverstärkung 15 dB (gemessen), Bandbreite 4 kHz.

Aus dem Verhältnis der Bandbreiten findet man

*) siehe nächste Seite

$p = 0,4$, woraus sich die theoretische Mischverstärkung $G_{12} = 21$ dB ergibt. Die Einfügungsdämpfung ist also 6 dB, was übrigens der Abschätzung, die sich machen läßt, entspricht.

Rauschmaß: theoretisch 0 dB
gemessen 3 dB.

Schaltung mit zwei Resonanzen (f_1 f_3, negative Rückkopplung):

$f_1 = 200$ kHz $f_3 = 2,4$ MHz $f_p = 2,2$ MHz

Bandbreite im quasi-passiven Zustand *) 2,5 kHz

Bandbreite im Betrieb 5 kHz

Mischverstärkung 6 dB

Die Größe der Bandbreite zeigt, daß $p' \approx 1$.

Hieraus ergibt sich die theoretische Verstärkung $G_{13} = 11$ dB. Die Einfügungsdämpfung ist in Übereinstimmung damit also 5 dB.

Schaltung mit drei Resonanzen (f_1 f_2 f_3):

Gleiche Frequenzen wie oben

Die Resonanzen f_2 und f_3 sind derart eingestellt, daß $p = p'$ (keine Rückkopplung).

Die Bandbreite im quasi-passiven Zustand *) ist 2,5 kHz und rührt praktisch nur von der Resonanz f_1 her.

Die Erfahrung bestätigt, daß die Bandbreite von der Pumpleistung unabhängig ist.

Gemessene Verstärkungen: von f_1 nach f_2 10 dB
von f_1 nach f_3 11 dB

Versuche mit f_3 als Eingang in der Schaltung mit drei Resonanzen

Die Theorie sagt voraus, daß bei

$$1 < p < 1 + p'$$

zwischen den Klemmen der Spannungsquelle mit der Frequenz f_3 ein negativer Widerstand erscheint, ohne daß Selbsterregung eintritt. Dieser Tatbestand ist in folgender Weise nachgewiesen worden. Einem Oszilloskop werden zugeführt:

horizontal ein Signal, das der Spannung e_3 proportional ist, die von dem äußeren, auf die veränderliche Induktivität arbeitenden Generator mit der Frequenz f_3 geliefert wird;

vertikal ein Signal, das dem Strom durch die veränderliche Induktivität proportional ist. Dieses Signal ist die Summe von drei Wellen mit den Frequenzen f_1, f_2, f_3.

Bild 16 zeigt die Oszillogramme, die bei schrittweise wachsender Pumpamplitude aufgenommen worden sind. Die linke Hälfte der Figur zeigt die Vorgänge in dem Fall, daß die Resonanzen der Kreise genau auf f_1, f_2, f_3 eingestellt sind:

*) Da man die Bandbreite im Mischbetrieb ohne Pumpspannung nicht messen kann, bestimmt man den Grenzwert der Bandbreite, wenn die Pumpamplitude gegen 0 geht.

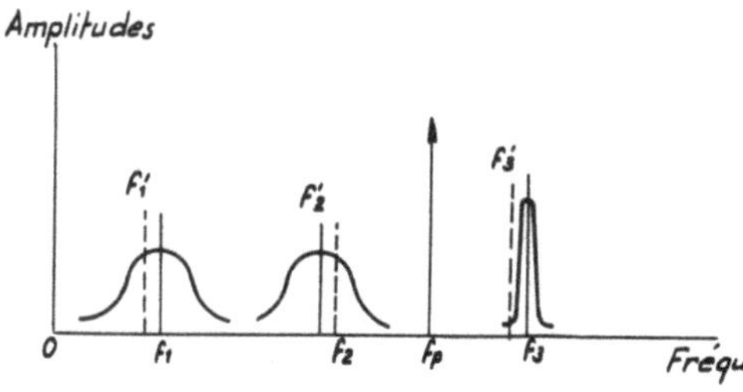

Bild 15

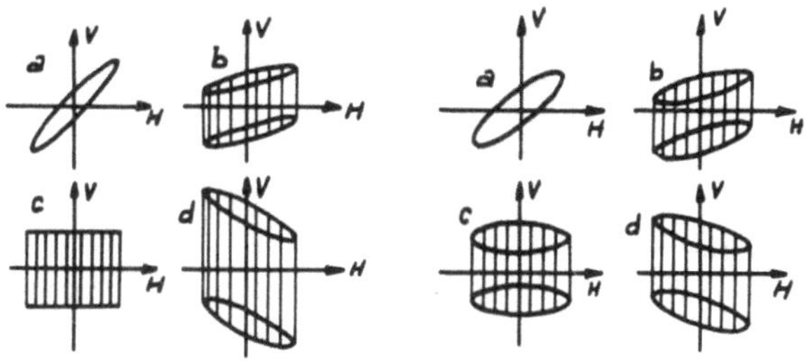

Bild 16

a) Keine Pumpleistung ($p = 0$)

Theoretisch müßte man in den ungeraden Quadranten eine geneigte Gerade beobachten. Tatsächlich beobachtet man jedoch eine flache Ellipse, da es unvermeidbare Phasenverschiebungen gibt, die durch die Verbindungsleitungen zwischen der Schaltung und dem Oszilloskop hereingebracht werden.

b) Schwache Pumpleistung ($p < 1$)

Das Oszillogramm wird infolge der Signale f_1 und f_2 verwaschen, die jetzt entstehen und die durch den Ankopplungskreis zum Oszilloskop nur unvollständig eliminiert werden. Die unter a) erwähnte Ellipse erscheint als Begrenzung der verwaschenen Zone. Diese Ellipse ist schwächer geneigt als vorher, wobei ihre Abszisse unverändert ist. Dies beweist, daß der Strom i_3 kleiner geworden ist. Die Phase bleibt konstant.

c) Pumpleistung auf $p = 1$ eingestellt

Die Ellipse hat sich weiter geneigt und ist zu einem horizontalen Geradenstück geworden; dies beweist, daß der Strom i_3 Null geworden ist.

d) Stärkere Pumpleistung ($1 < p < 1 + p'$)

Die Ellipse erscheint wieder, aber ihre große Achse liegt jetzt in den geraden Quadranten. Der Strom i_3 hat also seine Richtung gewechselt: Die Spannungsquelle e_3 sieht einen negativen Widerstand.

e) Pumpleistung sehr groß (in Bild 16 nicht dargestellt)

Das System kommt in Selbsterregung. Die rechte Hälfte des Bildes 16 stellt dieselben Vorgänge dar, wenn die Frequenzen f_1 f_2 f_3 gegenüber den Resonanzfrequenzen der Kreise ein wenig verschoben sind. i_3 ist nicht mehr mit e_3 in Phase und die Phasenverschiebung hängt von der Pumpleistung ab. In dem Fall c) (p = 1) beobachtet man nicht mehr ein Geradenstück, sondern eine Ellipse mit horizontaler Achse, da eine zu e_3 um 90° phasenverschobene Komponente von i_3 auftritt. Im Fall d) jedoch zeigt die Neigung der Ellipsenachse, daß die reelle Komponente der Impedanz e_3/i_3 noch negativ ist.

Zusammengefaßt ist das Ergebnis dieser Versuche, daß die beobachteten Erscheinungen vollständig mit den Voraussagen der Rechnung übereinstimmen und zwar sowohl bezüglich der Wirkungsweise als auch der Bandbreiten und des Rauschens der untersuchten heteroparametrischen Systeme.

Bezüglich des Rauschens erwähnen wir noch, daß die theoretische Berechnung, die wir hier nicht entwickeln konnten, nicht das Rauschen berücksichtigt, das von möglichen Störspannungen eingeführt wird, die in dem heteroparametrischen Prozeß selbst auftreten können. In unserem Sonderfall können derartige Störspannungen vom Barkhauseneffekt herkommen. Dies ist wahrscheinlich der Grund dafür, daß die gemessenen Rauschfaktoren durchweg um einige dB größer sind als die berechneten Rauschfaktoren.

Es konnte qualitativ nachgewiesen werden, daß die Erhöhung der Längsmagnetisierung H_L eines Kernes zur Folge hat, daß gleichzeitig die Stärke des Barkhauseneffektes und der Rauschfaktor des mit diesem Kern aufgebauten parametrischen Verstärkers abnehmen. Da jedoch die Messungen wenig genau waren, möchten wir keine Zahlen angeben.

Es bleiben nun die heteroparametrischen Schaltungen zu untersuchen, die in Selbsterregung arbeiten und die, wie gesagt, als Frequenzteiler dienen können.

4.2 Frequenzteiler

Gegeben sei ein parametrisches System von dem in Bild 8 wiedergegebenen Typ, d.h. mit doppelter Resonanz, dessen Kreise so eingestellt sind, daß die Abstimmfrequenzen f_1 und f_2 der Bedingung $f_1 + f_2 = f_p$ genügen. Hierbei ist f_p die Steuerfrequenz der veränderlichen Induktivität.

Wir haben gesehen, daß unter diesen Bedingungen eine Rückkopplung eintritt und daß das System, wenn die Modulationstiefe ausreichend ist, in Eigenschwingungen bei den Frequenzen f_1 und f_2 geraten kann (Bild 17). Die Beziehung

$$f_1 + f_2 = f_p$$

ist für die Frequenzen der Eigenschwingungen streng erfüllt.

Nehmen wir jetzt an, daß ein nichtlineares Element, das von einem Strom der Frequenz f_1 durchflossen wird, zur Entstehung einer Harmonischen der Frequenz nf_1 nahe bei f_2, also innerhalb der Bandbreite der Resonanz f_2, Anlaß gibt. Dann tritt ein Rückkopplungsprozeß zwischen nf_1 und $f_p - nf_1$, nahe bei f_1 ein und die Frequenz f_2

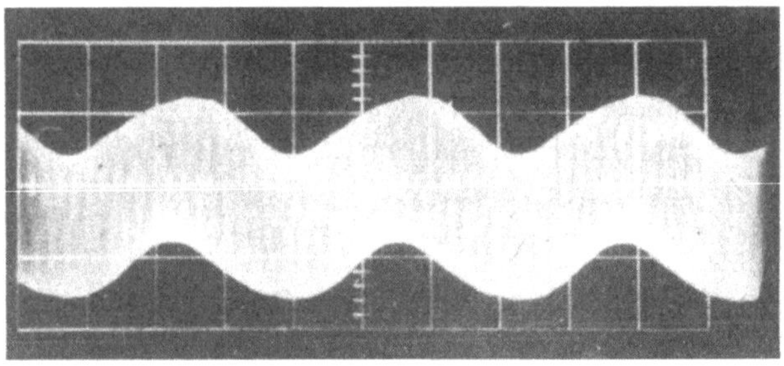

Bild 17: Heteroparametrische Schwingungen bei Frequenzen f_1 und $f_2 = f_p - f_1$ (nicht synchronisiert)

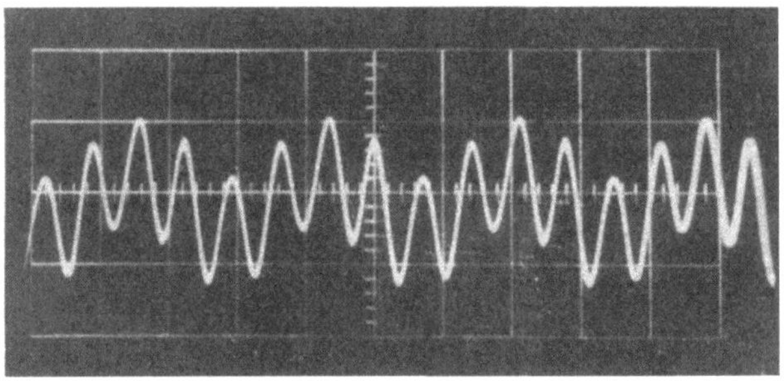

Bild 18: Heteroparametrische Schwingungen, $f_2 = 4 f_1$, d.h. $f_1 = f_p/5$ (synchronisiert)

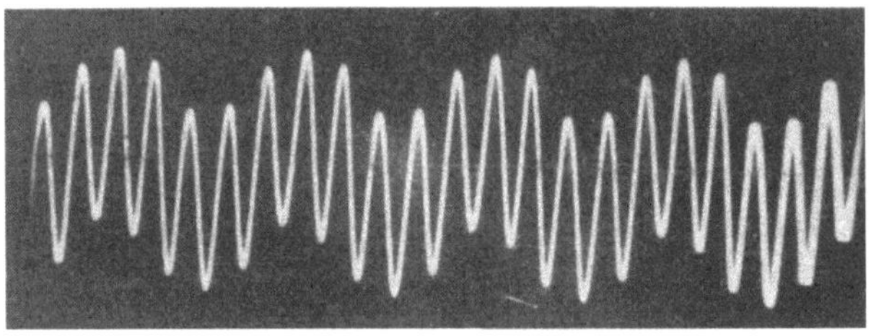

Bild 19: Heteroparametrische Schwingungen, $f_2 = 5 f_1$, d.h. $f_1 = f_p/6$ (synchronisiert)

sucht sich auf nf_1 zu synchronisieren. Wenn sich dieser Synchronismus eingestellt hat, gilt die Gleichung

$$f_p = (n+1) f_1 .$$

Man hat damit einen Frequenzteiler mit dem Verhältnis n + 1 (Bilder 18 und 19).

Die Phase der Eigenschwingung f_1 ist auf die der Modulation festgelegt, wie man auch durch die folgende Überlegung erkennt. Nimmt man als Phasen-Nullpunkt die Phase der Modulation f_p, so sind die Phasen φ_1 und φ_2 der Frequenzen f_1 und f_2 durch die Beziehung $\varphi_1 + \varphi_2 = \frac{\pi}{2} + 2k\pi$ miteinander verknüpft.

Entsprechend der Natur des nichtlinearen, als Oberwellengenerator wirkenden Elementes und mit Rücksicht auf die Abstimmung der Kreise *) findet man eine zweite Beziehung von der Form

*) Prägt man dem nichtlinearen Element einen Strom der Frequenz f_1 ein, so enthält die Spannung an den Klemmen Harmonische von f_1, deren Phasen von der Art der Nichtlinearität (z. B. Blindanteil oder Richtung des Abweichens der Kennlinie vom linearen Verlauf) abhängen. Diese Harmonischen der Spannung erzeugen Ströme, deren Komponenten der Frequenz f_2 eine von der Abstimmung der Kreise abhängige Phasenverschiebung haben.

$\varphi_2 = n\,\varphi_1$ + konst zwischen φ_1 und φ_2. Daraus folgt, daß φ_1 bis auf $2k\pi/(n+1)$ bestimmt ist. Die Variationsbreite von f_p, für die der Frequenzteiler richtig arbeitet, ist schmal, da sie durch die Breiten der Resonanzkurven bedingt ist. Diese Bandbreiten können durch Dämpfung der Kreise vergrößert werden, dafür muß aber die Pumpamplitude vergrößert werden. Wenn man versucht, durch eine große Zahl n + 1 (z. B. 10 oder mehr) zu teilen, kommt es vor, daß die Synchronisation unsicher wird, da die infolge der Nichtlinearität erzeugte Harmonische schwach ist. Es wurde experimentell festgestellt, daß es für den Fall, wo n keine Primzahl ist, d. h. wenn man schreiben kann

$$n = n' \, n'' \quad (n', n'' \text{ ganze Zahlen}),$$

zweckmäßig ist, in der Schaltung eine zusätzliche Resonanz bei der Frequenz

$$f' = n' \, f_1$$

einzuführen. Tatsächlich begünstigt man dadurch, daß die Amplitude der Harmonischen n' von f_1 hervorgehoben wird, das Auftreten der Harmonischen n'' dieser Harmonischen, d. h. die Harmonische n von f_1. Mit dieser Einrichtung konnten hinreichend stabile Frequenzteiler mit dem Faktor 13 für Frequenzen f_p von einigen MHz hergestellt werden. Die Erzeugung der Harmonischen kann dadurch erfolgen, daß man eine gesättigte Induktivität benutzt, um den einen der Schwingkreise zu bilden, oder daß man die parametrische Spule selbst benutzt. In diesem Fall und nur, wenn es sich darum handelt, eine gradzahlige Harmonische zu erzeugen, ist es angezeigt, den Arbeitspunkt in den gekrümmten Teil der Kennlinie B_T (H_T) zu legen. Zu diesem Zweck darf die Längsmagnetisierung H_L nicht zu stark sein (wir haben gesehen, daß die Kennlinie sich für große H_L linearisiert), und es kann zweckmäßig sein, dem Nutzstrom einen Gleichstrom zu überlagern. Der Zusammenhang zwischen Fluß und Strom ist dann keine ungerade Funktion mehr und dies ist für den erwünschten Erfolg günstig.

Ein heteroparametrischer Frequenzteiler mit dem Verhältnis N = n + 1 hat, wie oben gezeigt worden ist, die Möglichkeit, sich auf N verschiedene Phasen zu synchronisieren. Er kann daher als ein Zahlenspeicher angesehen werden, der nach dem Zahlensystem zur Basis N arbeitet. Das Einschreiben einer bestimmten Ziffer geht so vor sich, daß sich die Schwingungsphase im Augenblick des Anschwingens, d. h. in dem Augenblick bestimmt wird, wo der Strom der Frequenz f_p in dem gesteuerten Element eingeschaltet wird. Das Löschen des Speichers geschieht dadurch, daß man den Pumpstrom abschaltet, wodurch die Eigenschwingung der Subharmonischen verschwindet. Das Parametron stellt von diesem Standpunkt aus gesehen eine außerordentlich glückliche Verwirklichung des Sonderfalles N = 2 dar.

Wir bezeichnen dies als Sonderfall, denn der parametrische Oszillator mit der halben Frequenz ist ein Oszillator mit zwei Frequenzen f_1 und f_2, bei dem f_2 mit der Grundwelle f_1 anstatt mit einer ihrer Harmonischen, wie bei den soeben betrachteten Frequenzteilern, synchronisiert ist.

Schrifttum

[1] G.-A. Boutry et Y. Angel: Compte-Rendus de l'Académie des Sciences, Paris, 3, 1959 (Séance du 12 Janvier 1959)

[2] J. M. Manley, H. E. Rowe, Proc. I. R. E. 44 (1956), S. 904

[3] G. Marie et Y. Angel: Contribution a l'étude des amplificateurs paramétriques. Compte-Rendus de l'Académie des Sciences, Paris, t. 250, p. 311-313 (Séance du 11 Janvier 1960)

PARAMETRISCHE VERSTÄRKER UNTER VERWENDUNG VON ELEKTRONENSTRAHLEN

W. Veith, München

Mit 7 Bildern

Den besonderen Vorzug der parametrischen Verstärker sieht man häufig darin, daß die Verstärkerröhre ersetzt werden kann durch einfachere Festkörperbauteile. Dabei wird allerdings meist vergessen, daß man für die Pumpe selbst einen verhältnismäßig leistungsstarken Oszillator braucht, der bekanntlich auch noch möglichst kurzwellig sein soll, wenn man die Rauschzahl klein halten will. Man ist also vorläufig doch wieder auf eine Röhre angewiesen. Aber darüber hinaus soll hier von parametrischen Verstärkern die Rede sein, bei denen das verstärkende Organ selbst wieder eine Röhre ist. Im folgenden soll die Wirkungsweise solcher Röhren erläutert werden und dabei sollen auch ihre besonderen Vorteile und damit ihre Daseinsberechtigung klar werden.

Das Prinzip der parametrischen Verstärkung wird als bekannt vorausgesetzt: Die verstärkte Leistung wird nicht einer Gleichstromquelle wie bei den üblichen Röhrenverstärkern entnommen, sondern einer Wechselstromquelle mit einer Frequenz, die höher liegt als die Signalfrequenz. Im einfachsten Falle bei einem Verhältnis dieser Frequenz von 1 :2 bezeichnet man solche Verstärker als entartet. Bei anderem Frequenzverhältnis muß man neben dem Signalkreis noch einen sogenannten Idlerkreis vorsehen (vom englischen Wort idle - müßig), dessen Resonanzfrequenz gleich der Differenzfrequenz von Pump- und Signalfrequenz ist (nichtentarteter Fall). Es sei ausdrücklich erwähnt, daß hier nur solche Anordnungen besprochen werden, bei denen diese Kreise durch Verzögerungsleitungen ersetzt sind (Wanderfeldprinzip).

1. Eigenschaften der Raumladungswellen

Die zu besprechenden Röhren zerfallen in zwei Gruppen, eine erste, bei der der Elektronenstrahl als Signalkreis oder besser als Signalleitung verwendet wird, und eine zweite Gruppe, bei der der Elektronenstrahl die Pumpleistung transportiert. Besonders zum Verständnis des ersten Falles müssen wir uns zunächst mit den Eigenschaften eines Elektronenstrahls als Leitung beschäftigen und dabei sollen auch die Unterschiede zu den Laufzeitröhren diskutiert werden. Ein solcher Elektronenstrahl besteht aus örtlich statistisch verteilten Teilchen mit einer Vorzugsgeschwindigkeit, wobei jedes einzelne Elektron auch eine statistische thermische Zusatzbewegung macht. Meist dient ein longitudinales Magnetfeld dazu, eine Aufspreizung des Strahls zu verhindern. Bei einer Störung dieses Gleichgewichts durch Anhäufung von Elektronen an einer Stelle treibt die dadurch erhöhte Abstoßungskraft der Teilchen, die Coulomb-Kraft, dieses Paket auseinander, so daß Anhäufungen an anderen Stellen, z. B. konzentrisch um die ursprüngliche herum, auftreten. Der Elektronenstrahl führt Schwingungen aus, er besitzt eine Eigenfrequenz von der Größe

$$\Omega_q = \sqrt{\eta \cdot \frac{\varrho_o}{\varepsilon_o}} ,$$

der sogenannten Plasmafrequenz. Bei periodischer Anregung breiten sich im Strahl Raumladungswellen aus. Es können, besonders bei Vorhandensein eines Magnetfeldes, eine Vielzahl solcher Wellentypen existieren. Für die Anwendung in Laufzeitröhren, aber auch für das heutige Thema, interessieren rein longitudinale Schwingungen. Das liegt daran, daß man immer die Elektronen in Flugrichtung beschleunigen oder verzögern möchte, wozu natürlich z. B. bei einer Wanderfeldröhre nur die longitudinalen Komponenten der HF-Felder in den Verzögerungsleitungen dienen können. Man kann sich also zur Veranschaulichung eine akustische Welle vorstellen, allerdings mit so starkem Rückenwind, daß auch die gegen den Wind gerichtete Welle sich in Vorwärtsrichtung ausbreitet.

Am leichtesten versteht man die Verhältnisse mit Hilfe des Elektronenfahrplans, bei dem wir uns einen homogenen Strahl senkrecht zu seiner Achse in Scheiben geschnitten denken. Die Bahn jeder Scheibe wird dann durch eine gerade Linie - in unserem Fall mit 45° Neigung - im Wegzeitdiagramm dargestellt; der Abstand der Geraden ergibt die Ladungsdichte. Bei Vorhandensein einer longitudinalen Schwingung werden diese Scheiben periodisch beschleunigt und verzögert (was im Fahrplan größerer oder geringerer Neigung entspricht) und wir erhalten die Kurve des Bildes 1. Es ist bemerkenswert, daß diese Linien in beiden Bildern die gleichen sind, sie sind nur verschieden angeordnet: In 1a so, daß bei der größten Geschwindigkeit auch gleichzeitig die größte Verdichtung herrscht (die steilen Stellen werden einander genähert), in b bei der kleinsten Geschwindigkeit. Dadurch entstehen die Verdichtungen des Bildes, die sich als laufende Wellen mit verschiedener Phasengeschwindigkeit ausbreiten, wobei die Phasengeschwindigkeit durch die Neigung der verdichteten Stellen im Fahrplan dargestellt wird.

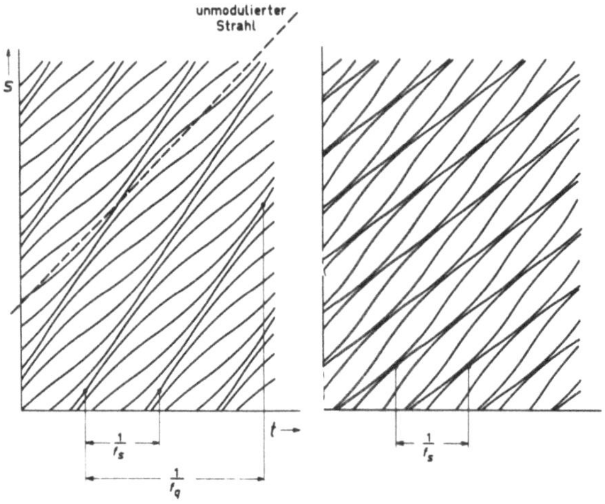

Bild 1: Elektronenfahrplan a) schnelle Raumladungswelle b) langsame Raumladungswelle

*) Mitteilung aus dem Wernerwerk für Bauelemente der Siemens u. Halske AG München

Wir erhalten also sogenannte schnelle und langsame Wellen gleicher Frequenz. Die beiden Wellen zeigen aber noch einen anderen, sehr wichtigen Unterschied. Bei der schnellen Welle sind im Mittel mehr Teilchen bei höherer Geschwindigkeit, der Strahl hat damit einen Überschuß an kinetischer Energie gegenüber dem unmodulierten Strahl, bei der langsamen Welle entsteht aus dem gleichen Grunde ein Fehlbetrag an kinetischer Energie.

Diese einfachen, und wie man sehen wird, sehr fruchtbaren Erkenntnisse sind noch recht neu [1]. Zwar sind die beiden Raumladungswellen schon sehr lange bekannt [2], sie treten aber nie in reiner Form auf. So sind z. B. bei der Geschwindigkeitsmodulation im Klystronspalt immer beide Wellen gleichzeitig vorhanden. Man erhält eine Vorstellung von diesem Vorgang, wenn man die Fahrpläne für die schnellen und langsamen Wellen gleichzeitig projiziert. In Bild 2 geschieht dies durch teilweise Überlappung der schnellen und langsamen Raumladungswellen. In Wirklichkeit dürften sich die einzelnen Linien nicht schneiden, was ja unendlich große Dichte bedeuten würde. In diesem Zusammenhang wesentlich ist nur das regelmäßige Auftreten der Stellen größter Schwärzung und damit das Auftreten des stehenden Wellenfeldes, wie es im Vergleich dazu in Bild 2b durch direkte Konstruktion erhalten wird. Beim Klystron wird bekanntlich dieses stehende Wellenfeld ausgenützt, indem man den Auskoppelkreis an einen Ort größter Verdichtung bringt; denn nur Dichteschwankungen können von einem Schwingkreis ausgekoppelt werden.

Dieses Auskoppeln geschieht ja stets über die Abbremsung von Elektronen und nun ergibt sich für die beiden Wellen eine weitere sehr wichtige Regel: Bei der schnellen Welle wird, wenn sie an den Dichteknoten abgebremst wird, die Geschwindigkeit der Elektronen dort durch die Abbremsung geringer, der Auskoppelvorgang gleicht die Geschwindigkeitsunterschiede aus, die Modulation des Strahls nimmt ab. Das ist aber, wie wir gesehen haben, gleichbedeutend mit der Aussage, daß der Überschuß an kinetischer Energie kleiner wird. Bei langsamen Wellen tritt das Gegenteil ein. Durch die Abbremsung an den Dichtemaxima wird dort die Geschwindigkeit noch kleiner, d. h. die Modulation der langsamen Welle nimmt noch zu oder der Fehlbetrag an kinetischer Energie wächst. Alle Laufzeitröhren benutzen die langsame Welle, am typischsten die Wanderfeldröhre,

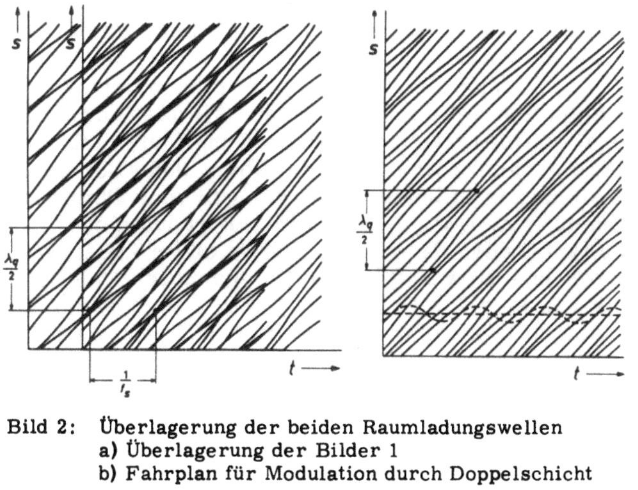

Bild 2: Überlagerung der beiden Raumladungswellen
a) Überlagerung der Bilder 1
b) Fahrplan für Modulation durch Doppelschicht

bei der die langsame Welle mit der Leitungswelle synchron läuft und damit in dauernde Wechselwirkung tritt. Nur die langsame Welle kann durch stetige Leistungsabgabe dauernd anwachsen, was den bekannten exponentiellen Anstieg der Verstärkung mit der Länge zur Folge hat. Man sieht leicht ein, daß dieses Anwachsen des Fehlbetrages der kinetischen Energie gleichbedeutend ist mit einer Verminderung der kinetischen Energie des Elektronenstrahls. Wir haben hier also eine direkte Umwandlung von Gleichstromleistung in Hochfrequenzleistung.

2. Prinzipieller Aufbau der Verstärker

Wir kommen nun zur Anwendung der seitherigen Betrachtungen über Raumladungswellen auf unser heutiges Thema und kehren zurück zu einem Elektronenstrahl mit statistischer Verteilung der Elektronen. Er ist äquivalent einem homogenen Strahl, der in einem breiten Frequenzband rauschmoduliert ist, also mit sehr vielen schnellen und langsamen Wellen verschiedener Frequenz und Phase. Wie steht es mit der Möglichkeit der Beseitigung dieser Rauschwellen? Die Überschußenergie der schnellen Wellen könnte mit entsprechenden Auskoppelelementen direkt ausgekoppelt werden. Die Fehlbeträge der langsamen Wellen müßten durch Zugabe entsprechender Energiebeträge kompensiert werden. Das ist aber deshalb unmöglich, weil definitionsgemäß für Rauschwellen keine feste Phasenbeziehung vorhanden ist. Wir schließen also: Die langsamen Rauschwellen sind nicht auskoppelbar und machen sich ja auch bei den bekannten Laufzeitröhren - die ja mit den langsamen Wellen arbeiten müssen - in der Tatsache einer nicht unterschreitbaren Rauschzahl bemerkbar [3].

Parametrische Verstärkung ist aber nicht an die langsame Welle gebunden. Sie läßt sich auch mit der schnellen Welle durchführen, und dadurch ergeben sich ganz neue Perspektiven in Bezug auf das Rauschen. Man strebt dann immer folgendes Schema an (Bild 3): Mit Hilfe eines Kopplers für schnelle Wellen wird das Signal eingekoppelt. Der gleiche Koppler ist dann auch imstande, schnelle Rauschwellen der Signalfrequenz auszukoppeln. Die langsamen Rauschwellen werden von diesem Vorgang nicht berührt. Im Verstärkerteil wird die Pumpenergie zugeführt, was eine Verstärkung der schnellen Signalwelle zur Folge hat. Die langsamen Rauschwellen werden nicht verstärkt, da sie nicht die passende Phasengeschwindigkeit besitzen, da nämlich, wie wir später sehen werden, die Phasengeschwindigkeit der Pumpwelle auf die Phasengeschwindigkeit der schnellen Signalwelle

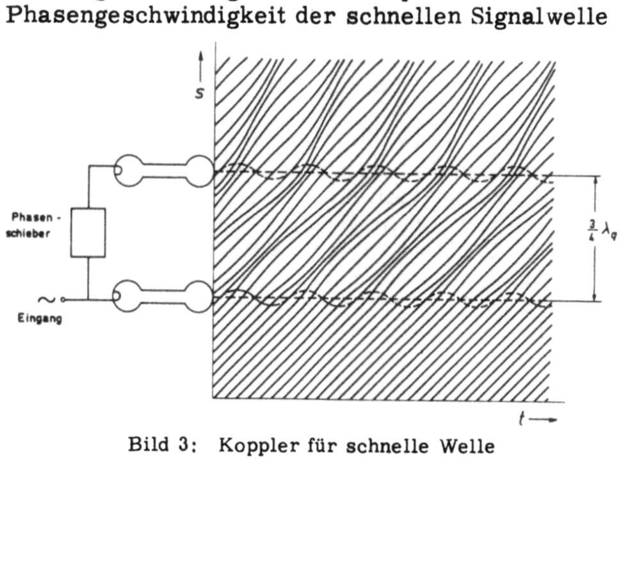

Bild 3: Koppler für schnelle Welle

eingestellt wird. Der Auskoppler für die schnelle Welle hat die gleiche Form wie der Einkoppler und nimmt die verstärkte Signalwelle heraus, nicht aber die langsame Rauschwelle.

Man sieht, eine der Teilaufgaben dieses Arbeitsgebietes ist das Auffinden von geeigneten Kopplern. Eine brauchbare Anordnung z. B. zur Erzeugung einer schnellen Welle ergibt sich zwanglos mit Hilfe der schon benutzten Fahrpläne (Bild 4). Man läßt nämlich nur einen schon dichtemodulierten Strahl gleichmäßiger Geschwindigkeit durch einen Klystronspalt laufen, dessen Spannung eine solche Phase hat, daß an den Stellen größter Verdichtung Beschleunigung auftritt. Den hierbei benutzten dichtemodulierten Strahl selbst erhält man, wie wir gesehen haben (vgl. Bild 2), beim Durchtritt von Gleichstrom durch einen davorliegenden Klystronspalt. Die gleiche Anordnung, die hier als Einkoppler beschrieben ist, muß dann auch als Auskoppler für die schnelle Raumladungswelle funktionieren (man betrachte einfach die Linien in umgekehrter Richtung!). Entsprechend erhält man einen Koppler für langsame Wellen, indem man die Phase des zweiten Spalts gegen die des ersten um 180° verschiebt, d. h. also, indem man die Elektronenpakete abbremst statt sie zu beschleunigen.

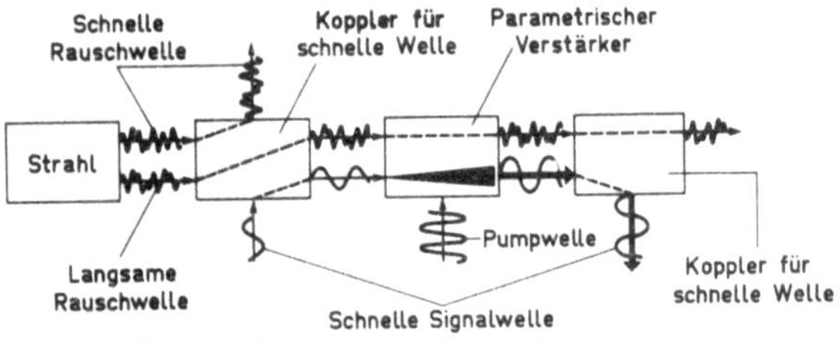

Bild 4: Prinzip der Rauschverminderung

3. Verstärker mit Elektronenstrahl als Leitung

a) Verstärker mit longitudinalen Raumladungswellen

Man sieht leicht ein, daß hier neben die Frequenzbedingung noch eine Laufzeitbedingung tritt [4]

$$\beta_s + \beta_i = \beta_p \qquad (2)$$

wobei $\beta = \frac{\omega}{v}$, s = Signal, i = Idler, p = Pumpe.

Ein solcher Verstärker mit Wanderfeldprinzip enthält also im allgemeinen drei Verzögerungsleitungen: für Signal, Idler und Pumpe. Jede von diesen Leitungen kann eine Phasengeschwindigkeit besitzen, deren relative Größe durch die Gleichung (2) gegeben ist. Für den vereinfachten Fall $v_i = v_s$ ergibt sich auch Gleichheit mit v_p.
Der erste Vorschlag für einen Verstärker mit Elektronenstrahl als Leitung stammt von Louisell und Quate [5]. Man verwendet dabei einen einfachen Strahl, auf dem die Signalwelle als schnelle Welle läuft. Ihre Überlegungen wurden von Ashkin [6] im Prinzip experimentell bestätigt (Bild 5). Hier wird allerdings statt eines Kopplers für schnelle Wellen ein Klystronkreis verwendet. Der Strahl enthält dann beide Wellen und eine Ausmessung ohne angeschaltete Pumpe, zeigt dann keine laufende Welle in dem verschiebbaren Kreis, sondern führt auf die vom Klystron her bekannten Maxima und Minima. Zur Einspeisung der Pumpleistung dient ein Vorkreis, der auf

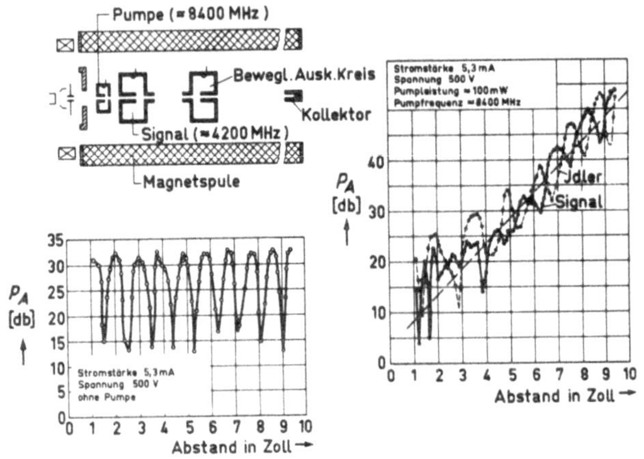

Bild 5: Parametrischer Elektronenstrahlverstärker (Ashkin)

Kurve links: Ausgekoppelte Leistung ohne Vormodulation des Strahls durch die Pumpe

Kurve rechts: Anstieg der Verstärkung mit dem Weg bei Vormodulation durch eine Pumpe etwa doppelter Signalfrequenz

die doppelte Frequenz abgestimmt ist. Dadurch wird die Strahldichte periodisch mit der doppelten Frequenz geändert. Das Ergebnis ist ein exponentieller Anstieg der Verstärkung mit der Länge. Bei geringer Abweichung der Signalfrequenz vom halben Wert der Pumpfrequenz entsteht im gleichen Elektronenstrahl gleichzeitig die Idlerwelle. Wie man sieht, konnten mit Hilfe eines schmalbandigen Zwischenfrequenzverstärkers beide Wellen nachgewiesen werden. *)

*) Anmerkung:

Das Zustandekommen der Verstärkung ist hierbei vielleicht nicht sehr leicht zu begreifen. Sie rührt letzten Endes her von der periodischen Variation der Leitungseigenschaften im Takte der Pumpfrequenz. Wir erhalten eine anschauliche Vorstellung, wenn wir uns mit den Wellen mitbewegt denken, also mit einer Geschwindigkeit, die gleich der Phasengeschwindigkeit der Pump- und Signalwelle ist, die hier beide zunächst als gleich gedacht seien. Bei dieser Betrachtungsweise stehen sowohl die Verdichtungen der Pumpwelle als auch die viel schwächeren der Signalwelle fest in unserem Bezugssystem. Die elektrostatischen Felder der Dichteknoten der Pumpwelle werden es bewirken, daß die Verdichtungen der Signalwelle umso höher werden, je länger sich diese in diesen Kraftfeldern befinden. Man versteht auf diese Weise das gesuchte Ansteigen der Modulation mit der Zeit (im ruhenden System mit dem Weg). Den gleichen Effekt erhält man auch, wenn man statt der dichtemodulierten Pumpwelle nach dem Vorschlag von Wade und Adler [7] das Pumpsignal auf einer Verzögerungsleitung laufen läßt. Eine genauere Analyse zeigt aber, daß allerdings gleichzeitig in beiden Anordnungen auch Oberwellen auftreten, die höheren Mischprodukte oder Seitenbänder. Kürzlich wurde in einer Arbeit von Roe und Boyd [8] darauf hingewiesen, wie ungünstig sich das Entstehen dieser Seitenbänder bei einer vollständig dispersionsfreien Leitung auswirkt, (also bei gleicher Phasengeschwindigkeit aller Oberwellen), was für Raumladungswellen glücklicherweise nicht streng zutrifft. Man erhält dann statt der Verstärkung eine Verteilung der Pumpenergie auf alle Seitenbänder.

b) Verstärker mit Quersteuerung

Es existiert heute aber auch schon eine brauchbare Verstärkerröhre, die verblüffend einfach gebaut ist und mit der bereits sehr kleine Rauschzahlen erreicht worden sind. Es ist die Anordnung von Adler, Hrbek und Wade [9], welche allerdings nicht die seither besprochenen longitudinalen Raumladungswellen verwendet, sondern eine Quersteuerung. Dabei treten gar keine Dichteschwankungen im Strahl auf, sondern einfache Strahlablenkungen. Dafür braucht man einen speziellen Einkoppler, den sogenannten Cuccia-Koppler (Bild 6). Er besteht aus einem einfachen Kondensatorplattenpaar, zwischen dem sich ein sehr feiner Elektronenstrahl befindet. Über die ganze Röhre erstreckt sich in z-Richtung ein homogenes magnetisches Längsfeld von 200 Gauß.

Eine HF-Spannung an den Platten würde bei Nichtvorhandensein des Magnetfeldes den Strahl ablenken, was je nach der Flugdauer des Strahls eine Gesamtablenkung nach oben oder unten ergeben würde. Durch das longitudinale Magnetfeld kommt zu dieser einfachen Auf- und Ab-Bewegung ein Herausschwenken aus der z-Achse hinzu. Wählt man die Magnetfeldstärke gerade so, daß die damit verbundene Zyklotronfrequenz genau gleich der Ablenkfrequenz ist, so wird der Strahl nach Durchlaufen einer Halbperiode des Ablenkfeldes neben der Auslenkung gerade auch einen Winkel von 180° um die Achse gemacht haben, so daß die entgegengesetzt gerichtete Ablenkung der zweiten Halbperiode wieder im Sinne einer weiteren Auslenkung und Drehung im gleichen Drehsinn wirkt.

Man sieht leicht ein, daß der ursprünglich in der Achse verlaufende Strahl sich auf einen Kegelmantel aufschraubt. Nach Verlassen der Einkoppelstrecke läuft jedes Elektron im homogenen Magnetfeld weiter auf einer Wendelbahn mit konstantem Radius. Betrachtet man die Gesamtheit der Elektronen zu einem beliebigen Zeitpunkt, so liegen diese alle hintereinander auf einer geraden Mantellinie eines Zylinders und bilden gewissermaßen einen festen Stift parallel zur z-Achse, der sich im Wendelsinn um diese herum bewegt.

Beim eigentlichen Verstärker schließt sich an den Einkoppelteil der parametrische Verstärkerteil an. Er besteht aus einem räumlich feststehenden pulsierenden Quadrupolfeld, welches mit der doppelten Zyklotronfrequenz pulsiert. Bei passender Phasenlage - man erkennt auch hier eine Verwandtschaft mit dem entarteten Verstärker - kann das elektrische Hochfrequenz-Pumpfeld die Elektronen beschleunigen, so daß sie die Wendelbahn nach außen verlassen. Ein Quadrupolfeld hat einen linearen Anstieg der Feldstärke mit dem Radius, so daß die Auslenkung exponentiell mit dem Laufweg wächst. Wir halten fest: Große Auslenkung und damit große Drehenergie entspricht starker Modulation.

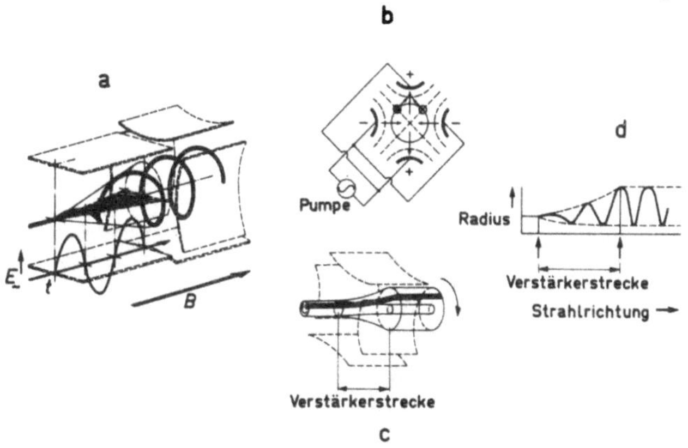

Bild 6: Wirkungsweise von Cuccia-Koppler und Quadrupol-Feld (Adler, Hrbek, Wade)

a) Elektronenbahn im Cuccia-Koppler
b) Querschnitt durch den Quadrupol
c) Momentaufnahme des Strahls
d) Auslenkung im Verstärkerteil bei Abweichung der Signalfrequenz von der Zyklotronfrequenz

Beim Eintreten des Strahls in den Auskoppelraum, der identisch dem Einkoppelraum gebaut ist, muß sich diese Drehbewegung in der üblichen Art durch Abbremsung im induzierten HF-Feld der Kopplerplatten wieder in HF-Energie am Plattenpaar verwandeln. Man sucht hier vergeblich nach der gefürchteten langsamen Raumladungswelle mit der negativen HF-Energie. Sie kommt hier nicht vor, wie man sich leicht klar machen kann, da hier der Strahl senkrecht zu seiner Fortbewegungsrichtung moduliert wird, so daß sich seine kinetische Gesamtenergie nicht erniedrigen kann. Dagegen wird auch hier wieder die Tatsache benutzt, daß der Signaleinkoppler gleichzeitig Auskoppler für die in diesem Fall zu beachtende transversale Rauschleistung ist. Auf eine genauere Beschreibung dieses recht komplizierten Vorganges soll hier verzichtet werden.

Die Anordnung hat die bemerkenswerte Eigenschaft, daß die Pumpfrequenz auch für Signalfrequenzen, die von der halben Pumpfrequenz abweichen, immer noch wirksam bleibt, da ja die Elektronen mit der durch das Magnetfeld eindeutig festgelegten Zyklotronfrequenz kreisen, welche ja immer gleich der halben Pumpfrequenz bleibt. Die Verfasser glauben daraus auch schließen zu können, daß die Breitbandigkeit der Röhre allein durch die Breitbandigkeit der Koppler bestimmt wäre. Tatsächlich ist es so, daß beim Abweichen von dem ausgezeichneten Wert $\omega_s = \omega_c$ statt des oben erwähnten Strahls in Form eines geraden Stiftes dieser Stift selbst wendelförmig verbogen wird, der sich dann allerdings wieder mit der Zyklotronfrequenz als Ganzes um die Achse herum bewegt. Aber dadurch ist es nicht mehr möglich, daß für alle Stellen des Strahls gleichzeitig die ideale Phasenbedingung für die Verstärkung herrscht. Dann wird das verstärkte Signal moduliert, was wir als eine Folge der Überlagerung von benachbarten Signal- und Idler-Wellen deuten können. Nun noch einige Daten der technisch recht einfachen Röhre:

Signalfrequenz 500 MHz
Magnetfeld 200 Gauß
Elektronengeschwindigkeit 6 V, was
4 Umdrehungen /cm Länge ergibt.
Länge des Quadrupols 1 cm
I = 35 μA
Verstärkung von 20 dB
erreichte Rauschzahl 1, 3 db, davon
0, 4 db durch Verlust im Koppler.

4. Verstärker mit Elektronenstrahl als Träger der Pumpleistung

Wir kommen noch kurz zu der eingangs erwähnten zweiten Art von Verstärkern, bei denen der Strahl

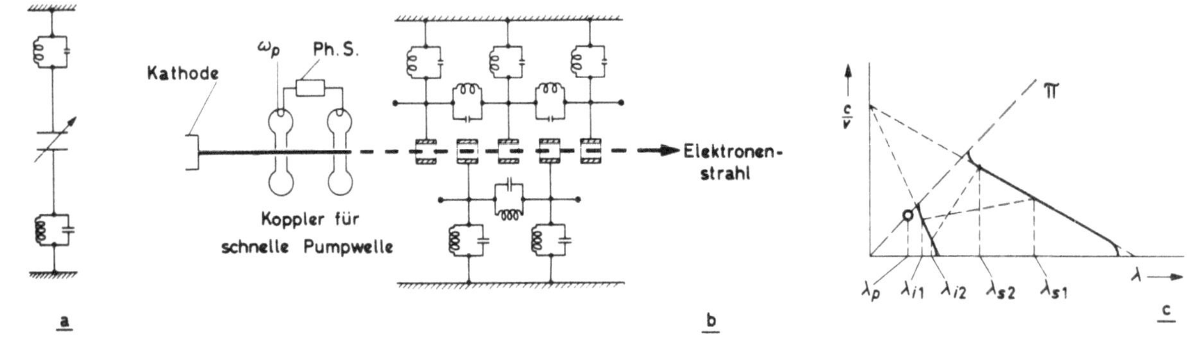

Bild 7: Wanderfeldprinzip mit Strahl als Pumpe

$\omega_s + \omega_i = \omega_p$

$\beta_s + \beta_i = \beta_p$

a) Schema des parametrischen Verstärkers mit Kreisen
b) Verstärker mit doppelter Verzögerungsleitung
c) Leitungscharakteristik

nicht als Leitung für die Signal- und Idlerwelle, sondern als Träger der Pumpwelle allein dient. Tatsächlich wurde der erste Vorschlag einer derartigen Verwendung eines Strahls von Bridges [10] gemacht. Wir gehen hier nicht näher darauf ein.

Solche Anordnungen gleichen den bekannten parametrischen Verstärkern mit Kreisen am meisten und können auch aus ihnen leicht entwickelt werden (Bild 7). An Stelle der koppelnden Kapazität im einfachen parametrischen Verstärker entstehen bei Verwendung zweier solcher Leitungen, die hier nur schematisch angedeutet sein sollen, allein durch die Annäherung der Leitungen aneinander eine Kette von Koppelkapazitäten. Zum Betrieb des Verstärkers kommt es hier wieder darauf an, diese Koppelkapazitäten im Takte einer geeigneten Pumpfrequenz zu variieren, wozu z. B. eine Reihe gleicher Festkörper-Dioden dienen könnte, die aber nacheinander in einer gewünschten Folge variiert werden müßten. Denselben Zweck erfüllt auch ein einziger mit Pumpfrequenz modulierter Elektronenstrahl, wobei darauf zu achten ist, daß die Phase dieser Modulation an den einzelnen Koppelkapazitäten der schon erwähnten Gleichung (2) genügt. Daraus ergibt sich eine Bedingung für die beiden Verzögerungsleitungen. Sie sind hier in der für Wanderfeldröhren üblichen Form als Kurven der reziproken Phasengeschwindigkeit über der Wellenlänge aufgetragen. Zu jeder Signalwellenlänge gehört eine bestimmte Idlerwellenlänge, beide haben auch verschiedene Geschwindigkeiten. Aber zu allen Paaren von Wellenlängen und Geschwindigkeiten gehört ein einziger Wert der Pumpwellenlänge und Phasengeschwindigkeit. Es ergibt sich als Bedingung für die Leitungen, daß der Schnittpunkt der beiden als Gerade angenommenen Charakteristiken auf der Ordinate liegt, was physikalisch Gleichheit der Gruppengeschwindigkeiten beider Leitungen bedeutet. Ein solcher Verstärker ist meines Wissens noch nicht gebaut worden. Die Wirkungsweise des Elektronenstrahls beruht hier auf dem gleichen Effekt wie bei dem Vorschlag von Bridges [10], nämlich auf der Variation einer Kapazität durch Anwesenheit von Ladungen, einen Effekt, den wir von den gittergesteuerten Röhren als Raumladungskapazität kennen. Auch die von Heffner und Wade [11] gemachten Einwände würden bei dieser Anordnung an Gewicht verlieren. Verstärker dieser Art hätten ganz bestimmte Vorzüge wie z. B. unbedingte Stabilität, Breitbandigkeit, die allein von der Wahl der Durchlaßbereiche der beiden Verzögerungsleitungen abhängt und einfache räumliche Trennung von Idler und Signal.

5. Schlußbemerkung

Das hier beschriebene Arbeitsgebiet ist so neu, daß man heute noch keine Entscheidung über seine Bedeutung fällen kann. Es wird auch nicht behauptet, daß gerade eine der hier beschriebenen Anordnungen von bleibendem Wert sein muß. Worauf es hier ankam war vielmehr zu zeigen, daß mit dem Bekanntwerden des Prinzips der parametrischen Verstärkung sich neue Formen von Elektronenröhren ergeben, die u. U. besonders bei höheren Frequenzen den rauscharmen Laufzeitverstärkerröhren und den heute vorhandenen parametrischen Diodenverstärkern sowohl in ihrer Leistungsfähigkeit als auch in ihrer Wirtschaftlichkeit überlegen sein können.

Schrifttum

[1] L. J. Chu: A kinetic power theorem. 1991 Inst. Radio Engrs. Conference on Electron Devices, Durham, N. H. Juni 1951

[2] W. C. Hahn: Small signal theory of velocity modulated electron beams. Gen. Elec. Rev. 42 (1939), S. 258

[2a] S. Ramo: The electronic-wave theory of velocity modulation tubes. Proc. Inst. Radio Engrs. 27 (1939), S. 757

[3] H. A. Haus, F. N. H. Robinson: The minimum noise figure of microwave beam amplifiers. Proc. Inst. Radio Engrs. 43 (1955), S. 981

[4] P. R. Tien, H. Suhl: A travelling wave ferromagnetic amplifier. Proc. Inst. Radio Engrs. 46 (1958), S. 700

[5] W. H. Louisell, C. F. Quate: Parametric amplification of space-charge waves. Proc. Inst. Radio Engrs. 46 (1957), S. 707

[6] A. Ashkin: Parametric amplification of space-charge waves. J. appl. Phys. 29 (1958), S. 1646
A. Ashkin, T. J. Bridges, W. H. Louisell und C. F. Quate: Parametric electron beam amplifiers. Inst. Radio Engrs. Wescon Convention Record, Part 3, August 1958, p. 19 - 22

[7] G. Wade, R. Adler: A method for pumping a fast space-charge waves. Proc. Inst. Radio Engrs. 47 (1959), S. 79

[8] G. M. Roe, M. R. Boyd: Parametric energy conversion in distributed systems. Proc. Inst. Radio Engrs. 47 (1959), S. 1213

[9] R. Adler, G. Hrbek und G. Wade: Low noise electron beam parametric amplifier. Proc. Inst. Radio Engrs. 46 (1958), S. 1756

[10] T. J. Bridges: A parametric electron beam amplifier. Proc. Inst. Radio Engrs. 46 (1958), S. 494

[11] G. Wade, H. Heffner: Gain, Bandwidth and noise in a cavity-type parametric amplifier using an electron beam. J. Electronics 5 (1958), S. 497

DAS MAGNETISCHE NETZWERK MIT JE ZWEI MÖGLICHEN ZUSTÄNDEN SEINER ZWEIGE

U. Hölken, München

Mit 6 Bildern

Elemente mit verzweigtem magnetischem Fluß können in digitalen Schaltungen als Schalt- und Speicherelemente benutzt werden. Für eine grundsätzliche Untersuchung dieser Elemente ist es zweckmäßig, gewisse Idealisierungen vorzunehmen, welche im folgenden näher bezeichnet werden. Diese idealisierten Elemente sollen Rechteckmagnetische Netze heißen.

1. Definition des rechteckmagnetischen Netzes

Es sei zunächst ein einfacher Transfluxor nach Bild 1 betrachtet: Er ist eine ebene Platte mit drei Löchern, durch welche die Stege s_1, s_2, s_3, s_4 ausgeschnitten werden. Die Querschnitte dieser Stege seien sämtlich gleich. Die mit P_1 und P_2 bezeichneten Knotenbereiche haben hinreichend großen Querschnitt, wobei noch gesagt wird, welcher Querschnitt als hinreichend anzusehen ist.

Das Material, aus welchem der Transfluxor besteht, habe eine rechteckige Hysteresisschleife gemäß Bild 2. Dabei ist H_0 die Koerzitivkraft und B_0 die Sättigungsinduktion.

Weiterhin wird verlangt, daß stets alle Stege bis zur Sättigung magnetisiert sind, also wegen der gleichen Querschnitte den gleichen magnetischen Fluß

$$\pm \Phi_0 = \pm B_0 F \qquad (1)$$

enthalten. F ist der Stegquerschnitt.

Die Querabmessungen der Stege sollen gegenüber ihren Längen vernachlässigbar klein sein. Die Knotenbereiche sollen keine Längsabmessung vergleichbar mit irgendeiner Steglänge haben, andererseits sollen sie aber so groß sein, daß innerhalb eines Knotenbereiches stets $B < B_0$ ist. Dadurch wird der erwähnte hinreichend große Querschnitt definiert.

Schließlich sei noch vorausgesetzt, daß aus dem Transfluxor kein Fluß austritt.

Wird einem Stege über eine Wicklung eine Erregung Θ mitgeteilt, so magnetisiert dieser Steg bei geeigneter Größe und Richtung dieser Erregung um, und die Funktion $\Phi_{(\Theta)}$ ist eine rechteckige Magnetisierungsschleife, entsprechend der $B_{(H)}$-Schleife aus Bild 2. Die Rechteckigkeit von $\Phi_{(\Theta)}$ folgt aus den verschwindend kleinen Querabmessungen der Stege.

Erfüllt nun der Transfluxor aus Bild 1 alle die angeführten Bedingungen, so soll er rechteckmagnetisches Netz heißen.

Allgemein soll ein Netz mit verzweigtem magnetischem Fluß dann rechteckmagnetisches Netz heißen, wenn es folgende Bedingungen erfüllt:

a) $\Phi_{(\Theta)}$ ist eine rechteckige Schleife,

b) alle Stege sind mit Φ_0 gesättigt, alle Knoten haben $B < B_0$,

c) es tritt kein Fluß aus dem Netz aus,

d) die Zahl der Stege ist endlich,

e) das Netz ist zusammenhängend, auch dann noch, wenn ein beliebiger Knotenbereich herausgeschnitten wird.

Die Bedingungen a), b), c) sind schon bekannt, Bedingung d) ist praktisch sinnvoll, und Bedingung e) wird ebenfalls aus praktischen Gründen gestellt: Zunächst ist es sinnlos, zwei getrennte Netze als eines zu beschreiben, da sie sich ohne Kopplung durch Wicklungen gegenseitig nicht beeinflussen können. Andererseits wirken aber auch zwei Teilnetze, die nur in einem Knotenbereich zusammenhängen, wie getrennte, da eine Magnetisierung in einem der Teilnetze niemals eine Wirkung auf das zweite haben kann.

Nach der Definition des rechteckmagnetischen Netzes kann jeder Steg in nur zwei möglichen Magnetisierungszuständen existieren, nämlich bis zur Sättigung magnetisiert in der einen oder entgegengesetzten Richtung. Dies läßt sich durch einen Richtungspfeil kennzeichnen, etwa wie in Bild 1. Weiterhin kann die Struktur des Netzes durch einen Streckenkomplex beschrieben werden, dessen Strecken und Knoten den Stegen und Knoten des Netzes entsprechen. Die Struktur des Transfluxors aus Bild 1 zeigt der Streckenkomplex in Bild 3. Durch die eingezeichneten Pfeile wird gleichzeitig auch der Magnetisierungszustand des Netzes beschrieben.

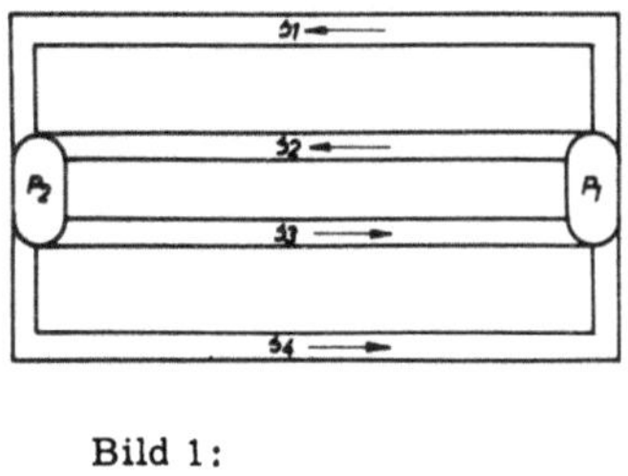

Bild 1: Einfacher Transfluxor

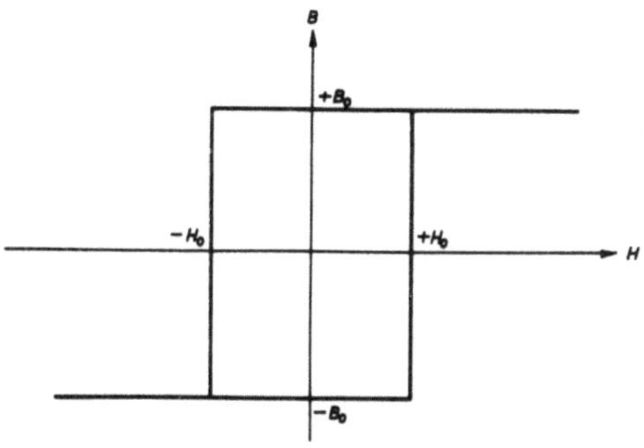

Bild 2: Rechteckige Hysteresisschleife

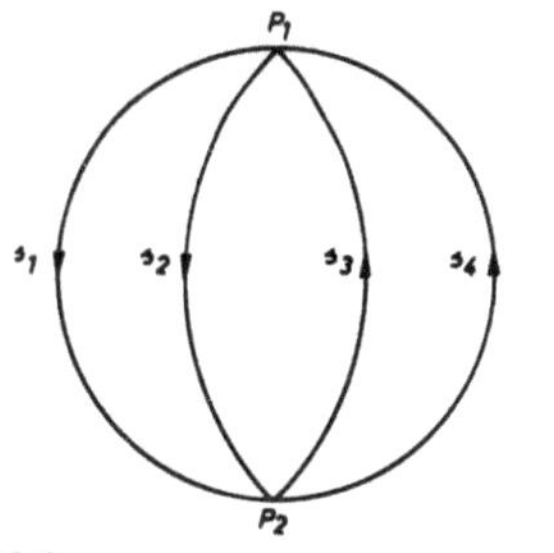

Bild 3: Topologische Darstellung des Transfluxors aus Bild 1

2. Topologische Eigenschaften rechteckmagnetischer Netze

Solche Streckenkomplexe, welche geeignet sind, rechteckmagnetische Netze in Struktur und Magnetisierungszustand zu beschreiben, sollen Komplexe der Klasse M genannt werden. Sie müssen den oben angegebenen Bedingungen a) bis e) genügen.

Die Bedingungen a) und b) ermöglichen erst die Beschreibung von Struktur und Magnetisierungszustand rechteckmagnetischer Netze durch gerichtete Streckenkomplexe, sind demnach als erfüllt vorauszusetzen. Die Bedingungen d) und e) sind in topologischer Form angeschrieben. Lediglich Bedingung c) muß in diese Form übertragen werden. Dies geschieht mit Hilfe des Axioms

$$\oint \mathfrak{B}\, d\mathfrak{f} = 0 \qquad (2)$$

wobei $\mathfrak{B}$ der Vektor der magnetischen Induktion und $d\mathfrak{f}$ der Vektor eines Flächenelementes der Hüllfläche ist. Integriert wird über irgendeine geschlossene Hülle.

Legt man nun diese Hülle um genau einen Knoten, so liefern wegen der Bedingung c) nur die in diesem Knoten zusammenstoßenden Stege einen Beitrag zum Integral, und zwar $+\Phi_0$ oder $-\Phi_0$, je nach der Magnetisierungsrichtung des betrachteten Steges. Da das Integral null ist, heißt das:

Knotenregel: Zu jedem Knoten weisen ebensoviele Pfeile hin wie von ihm weg.

Die Bedingungen, denen die Streckenkomplexe der Klasse M genügen müssen, sind demnach:

a) Knotenregel,

b) endliche Zahl der Strecken,

c) sie sind zusammenhängend, auch noch nach Ausschneiden eines beliebigen Knotens.

Durch diese Bedingungen wird die Klasse M definiert.

Wegen der Bedingungen a) und b) gehört die Klasse M zu den Eulerschen Streckenkomplexen. Letztere sind bekanntlich dadurch definiert, daß sie endlich sind und nur Knoten von geradem Grade besitzen, d. h. : in jedem Knoten stößt eine gerade Anzahl von Strecken zusammen.

Die Klasse M bildet aber eine echte Unterklasse der gerichteten Eulerschen Komplexe, und zwar wegen der schärferen Bedingung c) des Zusammenhanges. So ist z. B. der Komplex Bild 4 ein gerichteter Eulerscher, gehört aber nicht zur Klasse M, da er nach Ausschneiden des einzigen Punktes P nicht mehr zusammenhängend ist.

Aus der Theorie der Eulerschen Streckenkomplexe ist bekannt, daß jede Strecke wenigstens einen orientierten Kreis besitzt, der diese enthält. Ein orientierter Kreis ist ein geschlossener Streckenzug, der in Pfeilrichtung durchwandert werden kann, wobei außer dem Anfangspunkt kein Punkt zweimal angetroffen wird.

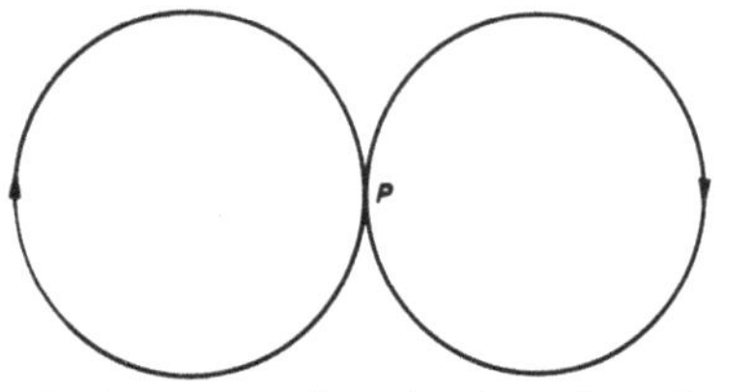

Bild 4: Ein Eulerscher Streckenkomplex, der nicht zur Klasse M gehört

Weiterhin ist bekannt, daß es zwischen zwei beliebigen Punkten P_i und P_k wenigstens einen orientierten Streckenzug von P_i nach P_k gibt. Für Streckenkomplexe der Klasse M gilt nun, daß jede Strecke wenigstens zwei nicht identische orientierte Kreise besitzt. Zum Beweis kann man von der Punktaufspaltung Gebrauch machen:

Dabei wird ein Punkt derart in zwei Punkte gespalten, daß für jeden der beiden Punkte noch die Knotenregel gilt. Damit dies stets möglich ist, müssen in Streckenkomplexen der Klasse M Knoten zweiten Grades ausgeschlossen werden. Dies stellt praktisch keine Einschränkung dar, weil die zwei Strecken, die an solch einem Knoten zusammenstoßen, auch als eine aufgefaßt werden können, wodurch der Knoten verschwindet. Dann sind in Streckenkomplexen der Klasse M also alle Knoten wenigstens vom vierten Grade, und die Punktaufspaltung ist stets möglich. Die durch die Aufspaltung neu entstandenen Punkte dürfen allerdings auch vom zweiten Grade sein.

Spaltet man nun in einem Streckenkomplex der Klasse M einen Punkt wie beschrieben auf, so ist der dadurch entstehende Streckenkomplex wegen Bedingung c) und der Art der Aufspaltung noch immer ein Eulerscher, und es gibt insbesondere noch wenigstens einen orientierten Streckenzug zwischen zwei beliebigen Punkten. Mit dieser Kenntnis läßt sich der Beweis nun leicht führen:

Sei ein Streckenkomplex der Klasse M gegeben und in ihm eine Strecke P_1P_2 (Bild 5a). Diese besitzt nach Voraussetzung einen orientierten Kreis, welcher sich über einen Punkt P_3 und irgendeinen weiteren Streckenzug w schließen soll. Sei nun P_2 so in P_2' und P_2'' aufgespalten, daß alle in P_2 zusammenstoßenden Strecken, die nicht zu dem gezeichneten Kreise gehören, in P_2' zusammenge-

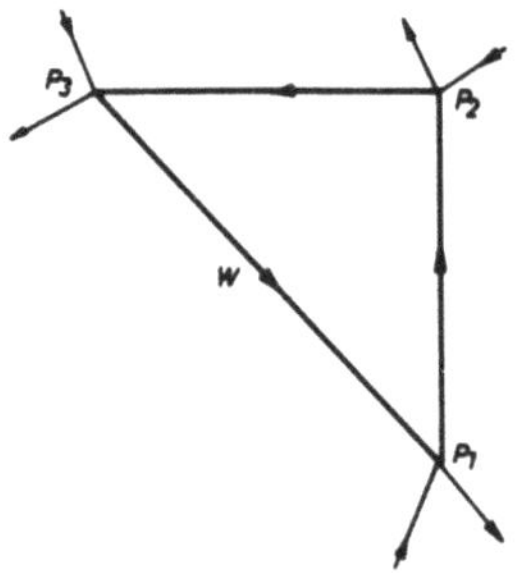

Bild 5a: Ausschnitt aus einem Streckenkomplex der Klasse M

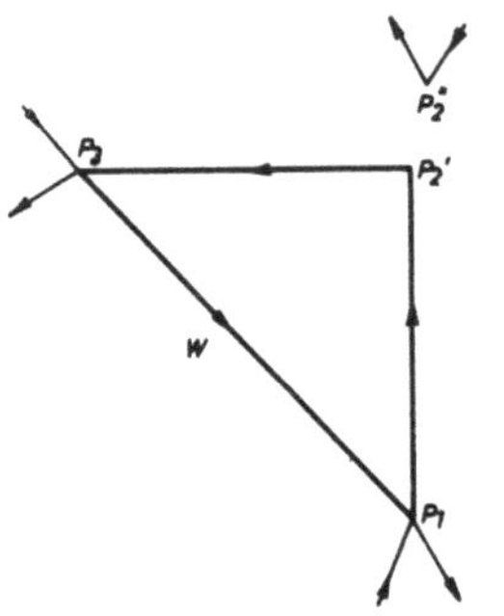

Bild 5b: Der Ausschnitt aus Bild 5a nach Aufspaltung von P_2

faßt werden (Bild 5b), so muß es nach dem oben Gesagten doch noch einen orientierten Streckenzug von P_2'' nach P_1 geben. Dieser kann aber wegen der Art der Aufspaltung nicht die Strecke $P_2'P_3$ enthalten. Fügt man nun wieder P_2' und P_2'' zu P_2 zusammen, so schließt sich dieser orientierte Streckenzug über die Strecke P_1P_2 zu einem orientierten Kreise, der aber nicht die Strecke P_2P_3 enthält. Es gibt also tatsächlich wenigstens zwei nicht identische orientierte Kreise, die die Strecke P_1P_2 enthalten.

In rechteckmagnetischen Netzen sollen die orientierten Kreise ummagnetisierbare Ringe heißen, und die Tatsache, daß zu jedem Steg stets wenigstens zwei solche Ringe gehören, nennt man Prinzip der Ringauswahl.

3. Geometrische Eigenschaften rechteckmagnetischer Netze

Bisher wurde festgestellt, daß rechteckmagnetische Netze topologisch durch Streckenkomplexe der Klasse M beschrieben werden können. Es erhebt sich nun die Frage, wie Zustandsänderungen in einem rechteckmagnetischen Netz bewirkt werden können. Zustandsänderungen sind Ummagnetisierungen, und diese können wegen der Knotenregel nur in ummagnetisierbaren Ringen erfolgen.

Zur Ummagnetisierung eines Ringes benötigt man die Feldstärke H_o in allen Stegen dieses Ringes. Die dazu notwendige Erregung ist

$$\Theta = H_o L \qquad (3)$$

mit L als Länge des Ringes.

Die Erregung wird als Iw von einem Strom I durch eine Spule mit der Windungszahl w geliefert, und die Spule ist um einen Steg des Ringes gelegt. Eigentlich wird die Erregung primär nur diesem Stege mitgeteilt, und da dieser wenigstens zwei magnetisierbare Ringe besitzt, ist noch nicht von vornherein bestimmt, welcher dieser Ringe ummagnetisiert. Habe etwa ein Ring die Länge L_1 und der andere die Länge $L_2 > L_1$, so kann bei einer Erregung $\Theta_1 = H_o L_1$ nur der kürzere Ring der Länge L_1 ummagnetisieren, da die Erregung nicht ausreicht, in allen Stegen des längeren Ringes die Feldstärke H_o zu bewirken, wie sie zur Ummagnetisierung nötig ist.

Wenn nun die Quelle, welche die Spule mit Strom versorgt, eine endliche Urspannung hat, was vorausgesetzt werden soll, kann sie während des Ummagnetisierens des kürzeren Ringes auch nur die Erregung Θ_1 liefern, da bei höherem Strom wegen der rechteckigen Magnetisierungskurve die durch die Ummagnetisierung in der Spule induzierte Spannung unendlich werden müßte.

Nachdem der kürzere Ring ummagnetisiert ist, behindert er eine Zunahme des Stromes nicht mehr, aber der längere Ring ist nun mit dem betrachteten Stege nicht mehr ummagnetisierbar. Überhaupt ist durch den Strom nun keine weitere Magnetisierung mehr möglich, da der Steg, wel-

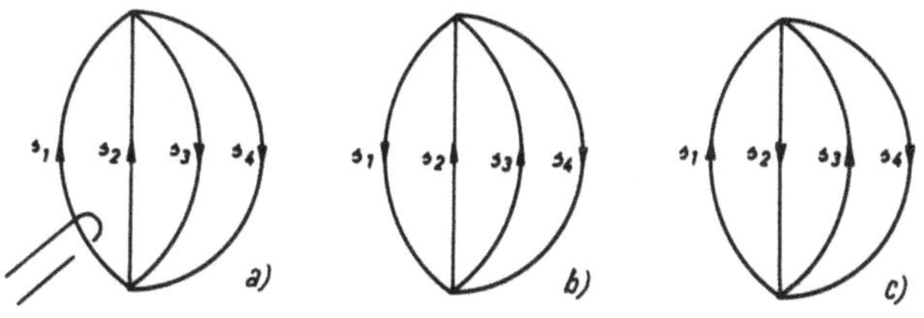

Bild 6: Rückwirkungsfreies Einschreiben einer Information in ein rechteckmagnetisches Netz
a) Ausgangszustand
b) nach Ummagnetisieren von s_1 und s_3
c) nach Rückmagnetisieren von s_1 mit s_2

cher die Spule trägt, schon in der gewünschten Richtung gesättigt ist und nicht weiter magnetisieren kann. Daraus folgt aber, daß in jedem Falle nur der kürzere Ring ummagnetisiert. Dies ist das Prinzip der Ringunterscheidbarkeit. Die Wirksamkeit dieses Prinzips zeigt das folgende einfache Beispiel:

Es sei ein rechteckmagnetisches Netz in dem Magnetisierungszustande des Bildes 6a gegeben. Um Steg s_1 ist eine Wicklung gelegt, und ein Strom durch diese Wicklung magnetisiert s_1 um. Die Ummagnetisierung kann über die Stege s_3 oder s_4 erfolgen, jedoch ist s_3 kürzer und magnetisiert daher mit s_1 um. Es entsteht der Magnetisierungszustand des Bildes 6b. Darauf wird der Wicklung ein Strom umgekehrter Richtung mitgeteilt, so daß s_1 wieder zurückmagnetisiert. Zunächst könne dadurch die erste Magnetisierung über s_3 rückgängig gemacht werden, so daß wieder der Ausgangszustand des Bildes 6a entsteht. Da aber s_2 kürzer ist als s_3, so magnetisiert nun s_2 mit s_1 um, so daß der Zustand des Bildes 6c entsteht. Das Ergebnis der zweimaligen Ummagnetisierung ist, daß gegenüber dem Ausgangszustande nur der Ring der Stege s_2 und s_3 ummagnetisiert worden ist, obwohl keiner dieser Stege eine Wicklung trägt. Diese Methode kann zum rückwirkungsfreien Einschreiben einer Information benutzt werden.

Bisher wurde vorausgesetzt, daß die Erregung, welche einem Ringe mitgeteilt wurde, nur von einer Spule herrührte. Man kann aber auch auf mehreren Stegen eines Ringes Spulen anbringen. In diesem Falle addieren sich die Erregungen der einzelnen Spulen.

Die notwendige Erregung zur Ummagnetisierung eines Ringes wird, abgesehen von der Materialkonstanten H_o, ausschließlich von der Länge des Ringes bestimmt. Wird aber neben einer Haupterregung einem Stege des gleichen Ringes noch eine Hilfserregung mitgeteilt, so wird die zur Ummagnetisierung notwendige Haupterregung von der Hilfserregung mitbestimmt. Für die Haupterregung erscheint es also so, als ob der Ring in seiner Länge durch die Hilfserregung verändert worden wäre, und zwar verkürzt oder verlängert, je nach Richtung der Hilfserregung. Man spricht daher von einer scheinbaren Längenänderung durch die Hilfserregung.

Jeder Steg besitzt bekanntlich wenigstens zwei ummagnetisierbare Ringe. Es ist daher zweckmäßig, nicht nur die Längenänderung eines Ringes anzugeben, sondern auch die scheinbare Längenänderung des Steges, um den die Hilfswicklung gelegt ist. Ein Steg der Länge ℓ benötigt zu seiner Ummagnetisierung die Erregung

$$\Theta_0 = H_0 \ell . \qquad (4)$$

Wird diesem Stege aber durch eine Wicklung eine Hilfserregung Θ_H mitgeteilt, so benötigt er zum Ummagnetisieren neben dieser Erregung nur noch

$$\Theta = \Theta_0 - \Theta_H = H_0 \left(\ell - \frac{\Theta_H}{H_0}\right). \qquad (5)$$

Die Hilfserregung soll positiv gerechnet werden, wenn sie gleiche Richtung hat wie die Haupterregung, also den Steg umzumagnetisieren versucht, sonst soll sie negativ sein. Für

$$\ell - \frac{\Theta_H}{H_0} \qquad (6)$$

kann man auch ℓ' schreiben, wobei dann ℓ' die scheinbare Länge des Steges ist. Die scheinbare Länge eines Ringes erhält man durch Addition der scheinbaren Steglängen in diesem Ringe.

Ob ein Steg durch eine Hilfserregung verlängert oder verkürzt wird, hängt einerseits von der Richtung der Hilfserregung, andererseits aber auch von dem augenblicklichen Magnetisierungszustande des Steges ab. Ein Steg, der in einer Richtung durch eine Hilfserregung verlängert wird, wird zwangsläufig in entgegengesetzter Magnetisierungsrichtung durch die gleiche Hilfserregung um den gleichen Betrag verkürzt.

Im allgemeinen wird man verlangen, daß durch eine Hilfserregung allein keine Ummagnetisierung erfolgen soll. Dies ist aber der Fall, wenn ein Steg so stark verkürzt wird, daß nicht nur seine Länge, sondern auch die gesamte Länge des kürzesten mit diesem Stege ummagnetisierbaren Ringes negativ wird. Die scheinbare Verkürzung ist durch diese Bedingung begrenzt.

Bei Verwendung rechteckmagnetischer Netze in logischen Schaltungen werden die Stege meist die Information aufzunehmen haben, so daß ihr Magnetisierungszustand ohne Kenntnis dieser Information im voraus nicht bekannt ist. Soll nun ein solcher Steg bei bestimmter Magnetisierungsrichtung durch eine Hilfserregung verlängert werden, so muß man in Kauf nehmen, daß er bei anderer Magnetisierungsrichtung durch die gleiche Hilfserregung um denselben Betrag verkürzt wird. Da aber die erlaubte Verkürzung begrenzt ist, muß es zwangsläufig auch die erlaubte Verlängerung sein. Man muß also damit rechnen, daß in den meisten Fällen die Möglichkeiten der scheinbaren Längenänderung begrenzt sind.

Immerhin ist es durch Verwendung der scheinbaren Längenänderung von Stegen möglich, die Auswahl eines Ringes, der zusammen mit einem Stege ummagnetisieren soll, zu steuern, indem man durch Hilfserregungen diesen ausgewählten Ring zum scheinbar kürzesten macht, obwohl er geometrisch nicht notwendig der kürzeste sein muß. Entsprechend kann man die nicht ausgewählten Ringe scheinbar verlängern. Dies ist die Möglichkeit der gesteuerten Ringauswahl, welche sich in logischen Schaltungen mit Vorteil verwenden läßt.

Schrifttum

[1] W. L. Morgan: Bibliography of Digital Magnetic Circuits and Materials. IRE Trans., Vol. EC-8, Nr. 2, June 1959, S. 148

DIGITALE SCHALTUNGEN MIT TRANSFLUXOREN

H. Reiner, Stuttgart

Mit 14 Bildern

1. Einleitung

In den letzten 10 Jahren haben nichtlineare ferromagnetische Materialien eine immer wachsende Bedeutung in der Digitaltechnik zum Zwecke der Speicherung und der Realisierung logischer Verknüpfungen erlangt [1... 5]. Die Erwartungen, die man an diese magnetischen Elemente knüpft, sind insbesondere:

Hohe Zuverlässigkeit

Hohe Funktionsgeschwindigkeit

Große zulässige Schwankungen der Betriebsdaten, insbesondere der Temperatur

Niedrige Kosten

Flexibilität

Niedriger Energieverbrauch

Geringer Raumbedarf.

Bei diesen Anwendungen fordert man von den magnetischen Elementen meist eine gute Rechteckform der Kern-Hystereseschleife. In einigen Fällen begnügt man sich auch mit einem scharfen Kennlinienknick.

Beides erreicht man am besten bei Ringkernen mit möglichst homogenem Innenfeld, also konstantem Querschnitt und einem Verhältnis Innen- zu Außendurchmesser nahe 1. Für die Aufgabe der Speicherung ist nun bei Ringkernspeichern die Funktionsgeschwindigkeit beschränkt. Die Zeit für Schreiben und Lesen ist bei dem im allgemeinen verwendeten Prinzip des Koinzidenzaufrufs begrenzt durch die Materialeigenschaften. Für die Aufgabe der Realisierung logischer Verknüpfungen ist deren Grad bei Schaltungen mit einem Ringkern beschränkt. Bei komplizierteren logischen Verknüpfungen ist es notwendig, mehrere Kerne zusammenzufassen. Hierzu benötigt man Dioden.

Diese Dioden bringen zwei Nachteile mit sich:

1. Beschränkte Zuverlässigkeit.
2. Schwellenspannung von einigen zehntel Volt. Diese erfordert eine hohe Windungszahl für die innere Verdrahtung einer Magnetlogik. Dadurch ergeben sich hohe Wickelkosten und Einschränkung der Flexibilität.
3. Einschränkung des zulässigen Temperaturbereichs.

Im Jahre 1955 erschienen die ersten Veröffentlichungen über Transfluxoren, d.h. Elemente mit mehreren magnetischen Kreisen, die gemeinsame Teile besitzen und sich so gegenseitig beeinflussen [6, 7]. Mit Hilfe des Transfluxorprinzips ist man in der Lage, in gewissem Umfange die oben genannten Nachteile zu umgehen. Die Vielzahl der Möglichkeiten bei der Wahl der geometrischen Form, des magnetischen Materials und der Betriebsweise ist so groß, daß ein vollständiger Überblick über die Möglichkeiten, die der Transfluxor in der digitalen Technik bietet, hier nicht gegeben werden kann.

Die Transfluxoren in der Digitaltechnik besitzen u.a. eine Anzahl von Stegen konstanten Querschnitts aus homogenem magnetischem Material, die an Knotenpunkten, deren Abmessungen klein sind gegenüber der Steglänge, miteinander verbunden sind. Der in die Luft austretende magnetische Fluß soll vernachlässigbar sein.

Ein Transfluxor besitzt mindestens eine Steuerwicklung, eine Eingangswicklung und eine Ausgangswicklung. Normalerweise befinden sich die Stege im Zustand positiven oder negativen Maximalflusses; ihre Hystereseschleife besitzt Rechteck- oder Knickcharakter.

2. Antivalenzschaltung mit Transfluxoren

Bekanntlich erfordert die Antivalenzschaltung beim Aufbau mit Halbleiterelementen einen verhältnismäßig hohen Aufwand. Mit Hilfe von Transfluxoren läßt sie sich jedoch auf einfache Weise realisieren. Bild 1 zeigt als Beispiel eine Schaltung unter Verwendung eines Transfluxors mit 4 Stegen gleichen Querschnittes. Die Stege 1 und 2 tragen je eine Eingangswicklung, Steg 3 eine Steuerwicklung, Steg 4 eine Ausgangswicklung. Die Steuerwicklung ist von einem sinus- oder rechteckförmigem Strom durchflossen, dessen Amplitude so bemessen ist, daß ein Ummagnetisieren über die Stege 3 und 4, nicht aber über 3 und 1 oder 3 und 2 möglich ist.

Sind die beiden Steuerstege 1 und 2 im negativen Remanenzzustand ($-\Phi_r$), so ist der Mittelteil des Transfluxors, der Steuer- und Lesewicklung enthält, durch den Fluß $+ 2\Phi_r$ blockiert. Ein Ummagnetisieren durch den Steuerstrom könnte jetzt nur

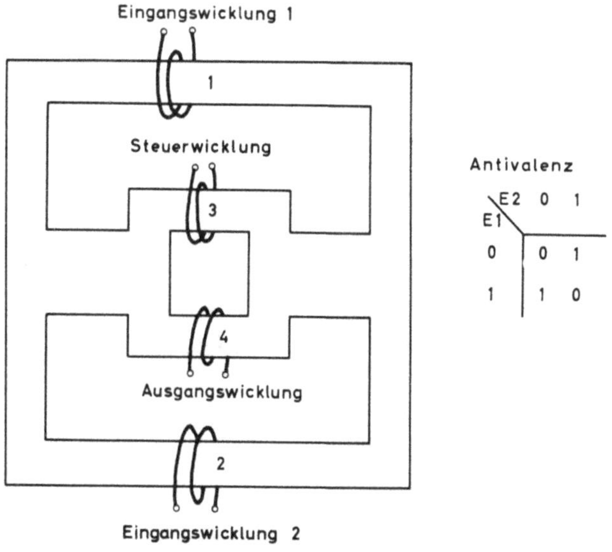

Bild 1: Antivalenzschaltung mit Transfluxor

*) Mitteilung der Standard Elektrik Lorenz AG., Informatikwerk Stuttgart

über die Stege 1 oder 2 stattfinden. Dazu reicht aber dessen Amplitude nicht aus. Es erscheint daher kein Ausgangssignal an der Lesewicklung. Befindet sich einer der beiden Stege 1 und 2 im positiven, der andere im negativen Remanenzzustand, so ist der resultierende Gesamtfluß über die Stege 3 und 4 gleich Null. Der Steuerstrom verursacht ein Ummagnetisieren der Schenkel 3 und 4; man erhält ein Signal an der Ausgangswicklung. Befinden sich beide Steuerstege 1 und 2 im positiven Remanenzzustand, so fließt durch die Stege 3 und 4 der Fluß - 2 Φ_r und verursacht wiederum Blockierung.

Stellt man den Transfluxor aus einem Material mit rechteckiger Hystereseschleife her, so kann man das Setzen der Steuerstege von 0- in den 1-Zustand und umgekehrt durch kurze Stromimpulse genügend hoher Amplitude und entsprechenden Vorzeichens auf den Steuerwicklungen bewerkstelligen. Die Information kann dann beliebig oft und lange abgelesen werden. Es erfolgt hier also eine Speicherung der Eingangsfunktionen. Man kann für die Herstellung des Transfluxors aber auch ein Material mit niedriger Koerzitivkraft und Remanenz, aber scharfem Kennlinienknick und niedriger Permeabilität im Sättigungsbereich verwenden. Die Information kann in diesem Fall solange ausgelesen werden, als die Eingangsgrößen an den Steuerstegen anliegen (Durchgangsfunktion). Auch im blockierten Zustand ist über die differentielle Permeabilität des Materials im Remanenzzustand eine Kopplung zwischen Steuer- und Ausgangswicklung vorhanden. Diese ist um so geringer, je niedriger die Permeabilität bei maximaler Aussteuerung ist. In den Stegen treten im normalen Betrieb nur Magnetisierungsänderungen um 180° auf. An den Knotenstellen gibt es jedoch Gebiete, in denen im Idealfall Drehungen der Magnetisierungsrichtung um 90° auftreten können (Bild 2). Bei nicht idealer Rechteck- oder Knickkennlinie sind sogar beliebige Zwischenwerte möglich.

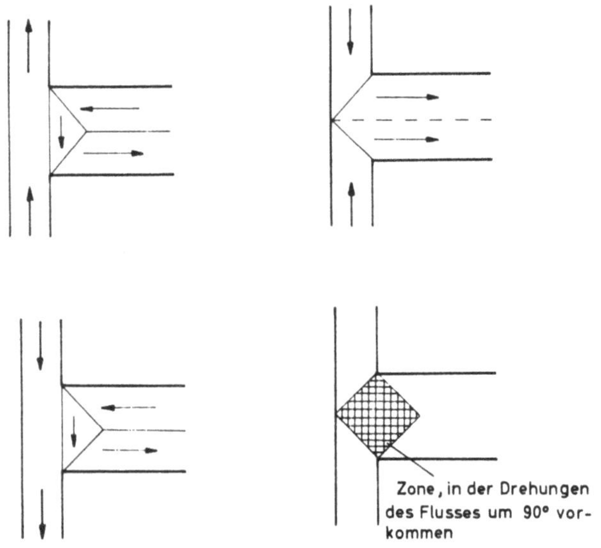

Bild 2: Schematischer Verlauf des magnetischen Flusses an einem Knoten

3. Einfluß der magnetischen Eigenschaften des Materials und der Geometrie auf die Eigenschaften des Transfluxors

Die Herstellung des Transfluxors aus Materialien, die nur in einer Richtung Rechteckeigenschaften aufweisen (z. B. Blechen mit Textur), verbietet sich einmal wegen der technologischen Schwierigkeiten, die Luftspalte an den Stoßfugen und die mit ihnen verbundene entmagnetisierende Wirkung klein zu halten, zum anderen wegen der Tatsache, daß es notwendigerweise beim Transfluxor Bezirke gibt, in denen sich die Magnetisierungsrichtung um 90° drehen kann. Man verwendet daher im allgemeinen Ferrite mit rechteckiger Hystereseschleife zur Herstellung von Transfluxoren. Zwar sind neuerdings auch ferromagnetische Materialien, die in zwei aufeinander senkrechten Richtungen in der Blechebene Rechteckverhalten aufweisen, mit Erfolg zur Herstellung von Transfluxoren verwendet worden. Ferrite haben jedoch die Vorteile niedrigen Preises, der leichten Formgebung und der makroskopischen Anisotropie der magnetischen Eigenschaften; man erhält in jeder beliebigen Richtung eine rechteckförmige Material-Hystereseschleife. Den Ferriten haften jedoch zwei wesentliche Nachteile an:

1. Die statisch gemessene Hystereseschleife ist keineswegs ideal. Man erhält Rechteckverhalten bei Ferriten im allgemeinen nur längs einer inneren Schleife. Das bedeutet, daß der Ferrit beim Durchlaufen dieser Schleife noch nicht echt die Sättigung erreicht. Koerzitivkraft, Remanenz und damit Maximalfluß werden abhängig von der Aussteuerung (Bild 3). Die Permeabilität im Gebiet der Pseudo-Sättigung ist noch beachtlich hoch.

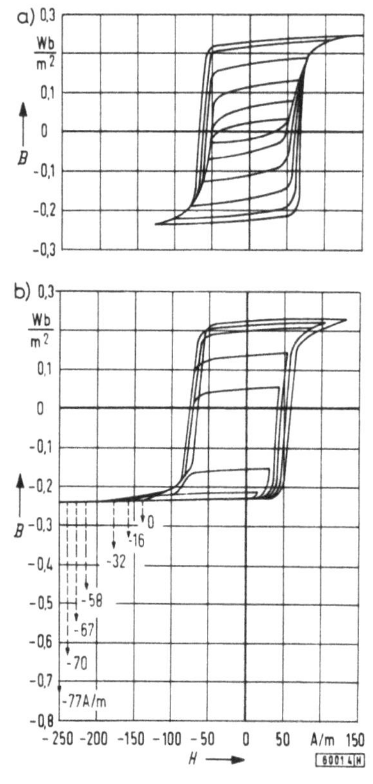

Bild 3: Hystereseschleife eines Rechteckferrites bei variabler Aussteuerung

2. Die reversiblen und irreversiblen Ummagnetisierungsverhältnisse unterscheiden sich in ihrem dynamischen Verhalten stark voneinander. Während im reversiblen Gebiet die Induktion der Feldstärkeänderung unmittelbar ohne wesentliche zeitliche Verzögerung folgt, ist die Dauer des Ummagnetisierungsprozesses im irreversiblen Gebiet gegeben durch die Gleichung

$$t_s = \frac{s}{H - H_c} \quad \text{mit } s \approx 50 \quad \mu s\ A/m$$

Je größer also der Überschuß der magnetischen Feldstärke über die Koerzitivkraft, desto schneller der Ummagnetisierungsvorgang, desto höher die Ausgangsspannung, desto größer aber auch die zuzuführende Leistung.

Ferner ist das Material aus Weiß'schen Bezirken von Kantenlängen der Größenordnung einiger μ zusammengesetzt. Bei Dimensionen weit unter 1 mm werden daher Kontinuumsbetrachtungen gefährlich.

Diese magnetischen Eigenschaften ergeben zusammen mit der oft komplizierten Form des Transfluxors bereits für die statische Feldlinienverteilung sehr unübersichtliche Verhältnisse. Als Beispiel diene das Problem der Flußlinienverteilung an einem Knotenpunkt (Bild 4). Aus Symmetriegründen läßt sich die Aufgabe zurückführen auf den Fall eines Steges konstanten Querschnittes mit 90°-Knick.

Bei idealer Rechteckform der Hystereseschleife und Sättigung des Steges in einer Richtung ergibt sich an der Ecke eine unter 45° verlaufende Wand, an der die Flußlinien rechtwinklig abbiegen. Beim Ummagnetisieren in die entsprechende Richtung findet erst dann eine Flußänderung statt, wenn

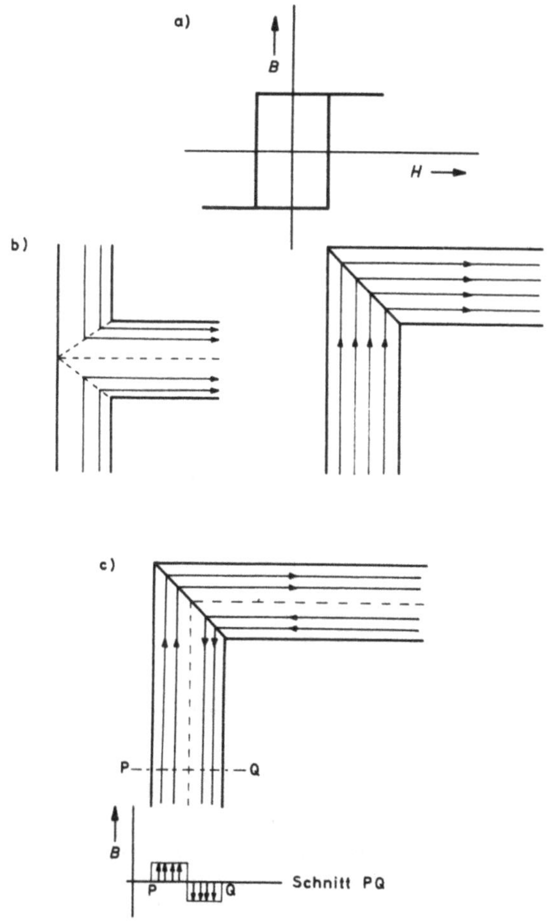

Bild 4: Verlauf der Flußlinien an einem Knotenpunkt

a) ideale Rechteckschleife

b) Problem läßt sich zurückführen auf Verlauf an einem 90°-Knick des Steges

c) Flußverlauf bei teilweiser Ummagnetisierung

längs einer geschlossenen Flußlinie die Koerzitivkraft H_0 erreicht wird. Es wird daher erst eine Zone auf der Innenseite des Steges ummagnetisiert werden. Die entstehende Trennlinie zwischen positiver und negativer Sättigung wandert dann mit wachsender Feldstärke nach außen.

Besitzt dagegen die Hystereseschleife im irreversiblen Gebiet eine endliche Permeabilität

$$\mu_2 = \left(\frac{dB}{dH}\right)_{irr},$$

so wird beim Ummagnetisieren keine scharfe Trennlinie, sondern eine Trennzone entstehen, deren Breite vom Betrag von μ_2 abhängt (Bild 5).

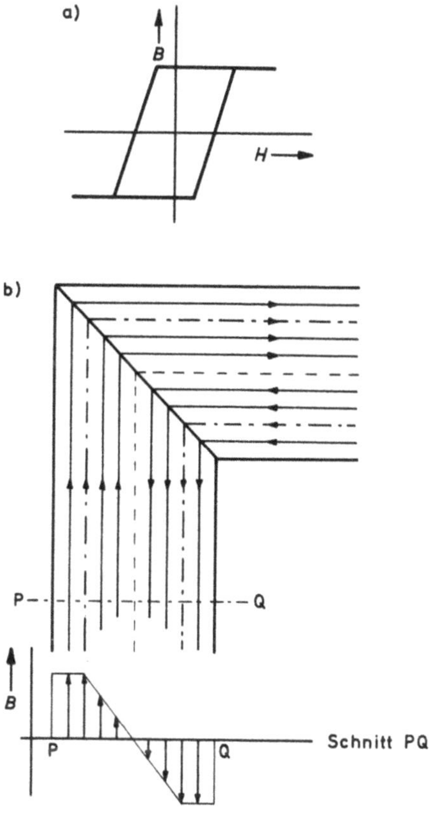

Bild 5: Flußlinien bei endlicher Permeabilität im irreversiblen Bereich

a) Hystereseschleife

b) Flußverlauf bei teilweiser Ummagnetisierung

Anders verhält es sich im Falle des linearen Zusammenhanges zwischen B und H, wenn also $\mu_1 = \frac{dB}{dH}$ im ganzen interessierenden Feldstärkebereich konstant ist. In diesem Falle läßt sich mit Hilfe konformer Abbildungen der Feldlinienverlauf bestimmen (Bild 6). An der Ecke treten hohe Feldstärken auf, und zwar nimmt bei Annäherung an die Ecke die Feldstärke proportional $\frac{1}{\sqrt{\varrho}}$ zu, wenn man mit ϱ den Abstand von der Ecke bezeichnet.

Ersetzt man eine reale Hysteresenschleife durch eine solche, die aus der Addition der Schleifen Bild 5a und Bild 6a hervorgeht, ist also im reversiblen Bereich

$$\mu_1 = \left(\frac{dB}{dH}\right)_{rev}$$

konstant und ebenso im irreversiblen Bereich

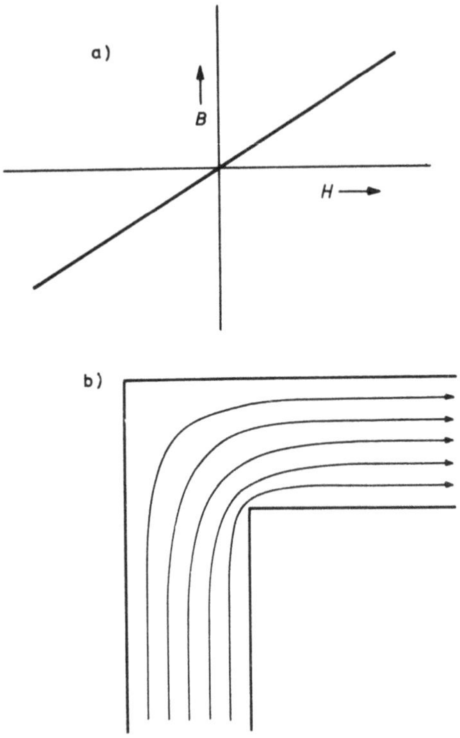

Bild 6: Flußlinien bei linearem Zusammenhang zwischen B und H

a) Hystereseschleife

b) Feld- und Flußlinienverlauf

$$\mu_2 = \left(\frac{dB}{dH}\right)_{irr}$$

konstant, so werden die Verhältnisse wesentlich komplizierter. Beim Ummagnetisieren entstehen schon bei geringem eingeprägtem Feld hohe Feldstärken an der Innenseite der Ecke. Dort werden daher schon bei niedriger magnetischer Erregung Umklappvorgänge einsetzen. Es entsteht eine Zone hoher Permeabilität μ_2, die nach innen von einem bereits in umgekehrter Richtung gesättigten Gebiet niedriger Permeabilität gefolgt wird. Eine rechnerische Behandlung der Vorgänge an der Ecke ist schon unter Zugrundelegung dieser idealisierten Schleife sehr schwierig [9]. Für die tatsächlich vorkommenden Hystereseschleifen wird die Sache noch wesentlich komplizierter. Zusätzliche Schwierigkeiten treten auf, wenn durch Abrunden und ähnliche Formgebung die mathematische Behandlung des Problems noch umständlicher gemacht wird.

Die Amplitude des Lesesignals ist im blockierten Zustand proportional der Änderungsgeschwindigkeit des Steuerstromes, also proportional der Amplitude und umgekehrt proportional der Anstiegszeit des Steuersignals (Bild 7). Im eingestellten Zustand hängt jedoch die Amplitude in erster Linie ab von der Steuerstromamplitude (Bild 8), während die Abhängigkeit von der Anstiegszeit des Steuersignals sehr gering ist, so lange die Anstiegszeit niedriger als die Ummagnetisierungszeit ist (Bild 9). Zur Erzielung eines hohen Amplitudenverhältnisses zwischen "1"- und "0"-Signal in der Ausgangsrichtung ist es daher zweckmäßig, Leseimpulse mit nicht zu steilen Flanken zu verwenden. Eine Berechnung dieser dynamischen Magnetisierungsvorgänge zur Bestimmung des zeitlichen Verlaufes des "1"-Signals bei den meist komplizierten Transfluxorstrukturen ist

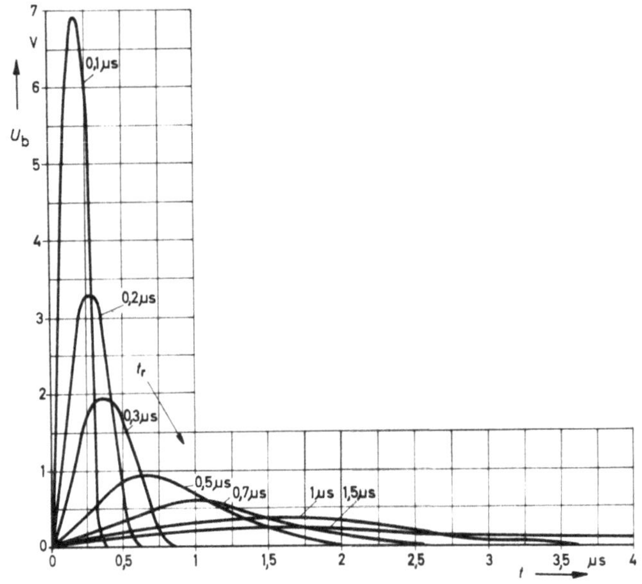

Bild 7: Lesesignal bei blockiertem Transfluxor als Funktion der Anstiegszeit des Steuerstromimpulses

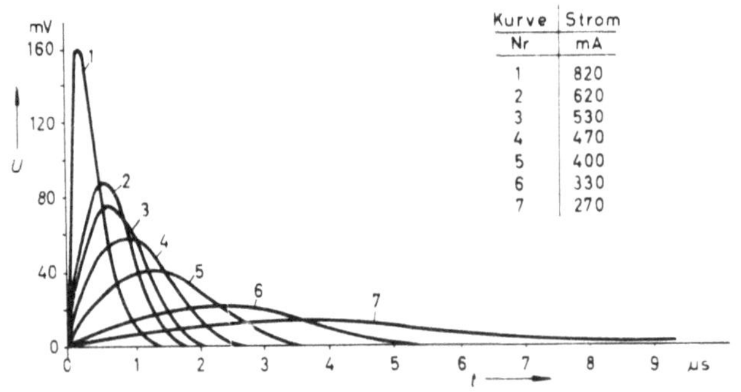

Bild 8: Lesesignal bei eingestelltem Transfluxor als Funktion der Amplitude des Steuerstromimpulses

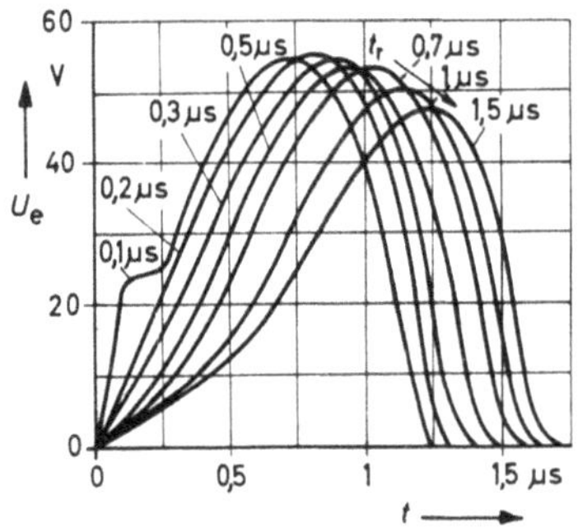

Bild 9: Lesesignal bei eingestelltem Transfluxor als Funktion der Anstiegszeit des Steuerstromimpulses

nicht mehr sinnvoll. Das Experiment gibt auf diese Fragen viel schneller Antwort.

4. Die Verwendung des Transfluxors in Matrixspeichern

Verwendet man den Transfluxor für die Antivalenzschaltung mit Speicherung der Eingangsfunktionen in der Weise, daß man dem einen Eingang einen einmaligen negativen Impuls (oder eine dauernde negative Vorspannung) gibt, so kann man mit Hilfe des zweiten Einganges eine Information speichern und diese beliebig oft zerstörungsfrei abfragen. Im allgemeinen wird man Einschreiben, Löschen und Lesen nach dem Koinzidenzprinzip durchführen und benötigt dann dazu ungefähr die gleiche Zeit wie beim normalen Ringkernspeicher. Man erkauft den Vorteil der zerstörungsfreien

Ablesung mit dem Nachteil doppelten Aufwandes an Elektronik zum Aufruf (für Einstellen und Lesen) und mit einer wesentlich komplizierteren Verdrahtung der Matrix. In diesem Fall ist noch vorgeschlagen worden, anstelle eines Transfluxors mit 4 Stegen einen solchen mit 3 Stegen zu verwenden [10]. Hier hat der Steuersteg dieselbe Funktion wie die beiden Steuerstege beim Transfluxor mit vier Stegen. Bei Verwendung von nur drei Stegen sind jedoch die Toleranzen für Schreib- und Leseströme wesentlich kritischer.

Die Flußbegrenzung beim Transfluxor erlaubt es auch, Koinzidenzspeicher mit hoher Übersteuerung, also hoher Funktionsgeschwindigkeit zu bauen [11]. Bild 10 zeigt einen Transfluxor mit vier Stegen gleichen Querschnitts, dessen Steuerstege 1 und 2 je eine Wicklung mit je einer Windung tragen, die von den Zeilen- bzw. Spaltenaufrufströmen durchflossen sind. Steg 4 trägt die Lesewicklung. Fließt über beide Aufrufwicklungen gleichzeitig ein negativer Strom genügender Amplitude, so werden die Stege 1 und 2 negativ, die Stege 3 und 4 positiv gesättigt. Fließt nun z. B. über die Wicklung 1 ein positiver Strom (Schreib-Halbimpuls), so wird dieser Steg in die positive Sättigung gebracht. Der resultierende Fluß über die Stege 1 und 2 wird null, ebenso der resultierende Fluß über die Stege 3 und 4. Aus Energiegründen wird der Steg 3 seine Flußrichtung ändern. Der Steg 4 ändert seine Flußrichtung nur dann, wenn über Wicklung 1 und 2 gleichzeitig ein positiver Strom angelegt wird. Dabei ist nur notwendig, daß die Amplituden der Ströme in der Steuerwicklung einen bestimmten Grenzwert überschreiten. Erhöht man diese Ströme weit über diesen Grenzwert hinaus, so nimmt der Fluß

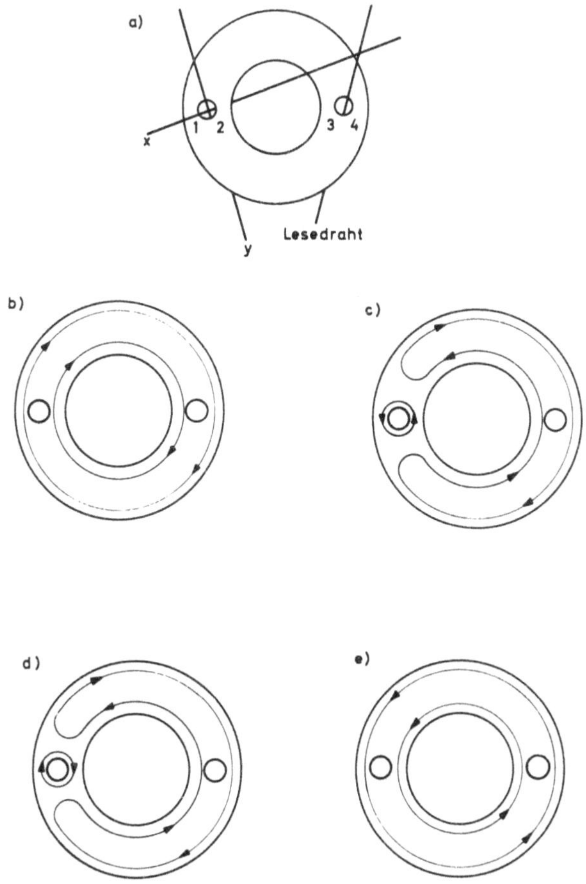

Bild 10: Viersteg-Transfluxor mit Flußbegrenzung als Element für Schnellspeicher

kaum noch zu. Die Geschwindigkeit der Ummagnetisierung ist aber proportional diesem Überschußstrom.

Von Nachteil ist, daß diese Steuerströme auch bei Speicherelementen, bei denen keine Information eingeschrieben oder ausgelesen wird, Ummagnetisierungsvorgänge über die Stege 1 und 2 hervorrufen. Es ergibt sich dadurch bei großen Speichermatrizen ein hoher Leistungsbedarf für Zeilen- und Spaltendrähte. Dieser Nachteil wird vermieden beim sogenannten Fensterkern [12]. Dieser besteht aus einem Transfluxor geeigneter Form mit 4 Stegen, von denen zwei eine Vormagnetisierung besitzen (Bild 11). Diese Vormagne-

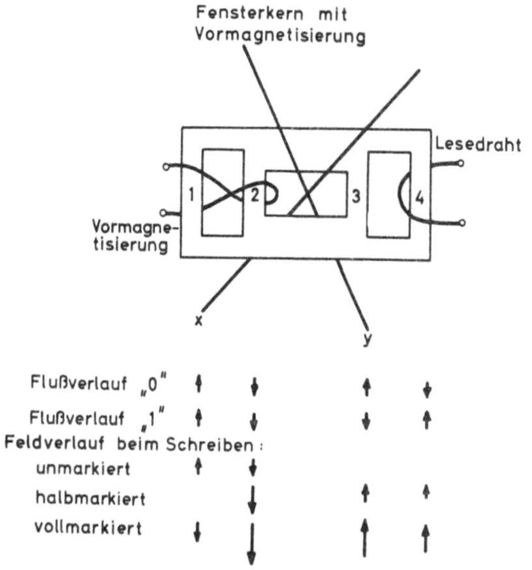

Bild 11: Fensterkern mit Vormagnetisierung als Element für Schnellspeicher

tisierung ist bestrebt, den Gesamtfluß über die Stege 1 und 2 gleich null zu machen, indem Steg 1 positive, Steg 2 negative Vormagnetisierung erhält. Fließt nur über einen Aufrufdraht ein Schreibstrom, so reicht dieser gerade aus, die Vormagnetisierung im Steg 1 aufzuheben. Erst die Koinzidenz von Schreibströmen auf beiden Aufrufdrähten veranlaßt den Steg 1, in die negative Sättigung überzugehen. Dadurch werden die Stege 3 und 4 in den Zustand positiver Sättigung gebracht. Nach Verschwinden der Schreibströme geht Steg 1 wieder in den positiven Remanenzzustand zurück. Dadurch muß die Summe der Flüsse in Steg 3 und 4 ebenfalls wieder zu null werden. Aus energetischen Gründen wird Steg 3 in den negativen Remanenzzustand übergehen. Die in Steg 4 eingespeicherte Information bleibt erhalten. Fließt nur über einen der beiden Aufrufdrähte ein Leseimpuls, so finden keine Magnetisierungsänderungen in den Stegen statt. Nur bei Koinzidenz zweier Leseströme wird Steg 4 wieder in den negativen Remanenzzustand gebracht. Die Geschwindigkeit der Magnetisierung ist gegeben durch die Höhe der Vormagnetisierung. Sie kann in weiten Grenzen variiert werden. Der Leistungsbedarf für die Aufrufströme ist mäßig, da nur bei dem aufgerufenen Kern irreversible Flußänderungen entstehen. Dafür sind die zulässigen Toleranzen für die Aufrufströme enger als bei dem Transfluxor mit Flußbegrenzung.

5. Der Zähltransfluxor

Man kann das Prinzip der Flußbegrenzung zum Aufbau eines einfachen Zählers benutzen (Bild 12).

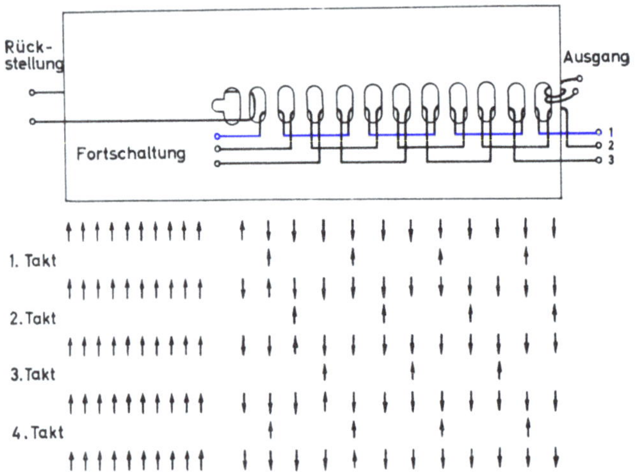

Bild 12: Zähltransfluxor

Von sämtlichen Zählstegen besitzt nur einer positive, alle anderen Stege negative Magnetisierung. Den Stegen 1, 4, 7,..., 2, 5, 8,..., 3, 6, 9... wird jeweils gemeinsam ein Fortschalteimpuls zugeführt. Die Ströme auf den Fortschaltewicklungen sind so bemessen, daß sie zwar ausreichen, um zwei benachbarte Stege umzuklappen. Sie reichen jedoch nicht aus zu einem Umklappvorgang, wenn sich die Flußlinien über einen weiter entfernten Steg schließen müßten.

Angenommen, Steg 5 sei positiv magnetisiert. Erhält nun die Steggruppe 3, 6, 9... einen Fortschalteimpuls, so ist allein der Steg 6 imstande, seine Flußrichtung umzukehren. Dabei wird Steg 5 wieder in den negativen Remanenzzustand gebracht.

Erhält anschließend die Gruppe 1, 4, 7... einen Fortschalteimpuls, so kann nur der Steg 7 seine Flußrichtung umkehren. Steg 6 gelangt dabei wieder in den negativen Remanenzzustand usw. Zum Betrieb des Zählers ist also eine ternäre Untersetzerstufe notwendig. Der Zähler ist imstande, vorwärts und rückwärts zu zählen. Von Nachteil ist jedoch, daß bei jedem Flußübertrag ein Teil des magnetischen Flusses auf unerwünschten Wegen, z. B. über die reversible Permeabilität anderer Stege, läuft und so für den Nutzvorgang verloren geht. Begünstigt wird dies, wenn der Maximalfluß bei verschiedenen Stegen verschieden groß ist (nicht konstanter Querschnitt). Dadurch ergibt sich eine Verringerung der Flußänderung beim Fortschreiten der "1", eine Erhöhung der Flußänderung mit Fortschreiten der "0". Bei Ringkern-Schieberegistern kann man durch Einführung einer Schwelle im Koppelkreis und geeignete Wahl des Windungszahlverhältnisses diese Effekte vermeiden. Beim Transfluxor-Schieberegister ist dies nicht möglich; man erhält daher eine Beschränkung für die Zahl der Stege.

6. Realisierung logischer Funktionen mit Transfluxoren

Zur Realisierung einfacher Funktionen der Booleschen Algebra genügen Ringkerne [5]. Die Verwendung von Transfluxoren ist daher nur bei komplizierteren Funktionen sinnvoll, wenn dadurch wesentliche Ersparnisse an Bewicklung von Kernen gemacht und Dioden eliminiert werden können. Man kann sich nun für eine solche spezielle Aufgabe einen Transfluxor ausdenken, der diese unter den vorgegebenen Bedingungen optimal löst. Die Verwendungsmöglichkeiten eines solchen speziellen Transfluxors sind gering; die benutzten Stückzahlen dürften klein sein. Die Kosten für Entwicklung und Herstellung weniger spezieller Exemplare sind dagegen sehr hoch. Wenn man daher den Transfluxor allgemein in der Digitaltechnik zur Realisierung von Aufgaben der Schaltlogik verwenden will, ist eine Beschränkung auf möglichst wenige Grundtypen notwendig, mit denen man die praktisch vorhandenen Aufgaben lösen kann.

Zwei solcher Universaltransfluxoren sind bis jetzt aus der Literatur bekannt geworden.

a) Leiternetzwerk mit Flußkoinzidenz [13]

Eine gerade Zahl von Stegen ist in Form einer Leiter angeordnet (Bild 13). Die eine Hälfte trägt Steuerwicklungen, die andere Ausgangswicklungen. Ein Rückstellimpuls bringt alle Steuerstege in den "1"-Zustand, alle Ausgangsstege in den "0"-Zustand. Wird nun einer der Steuerstege durch ein Steuersignal in den "0"-Zustand gebracht, so wird der erste der Ausgangsstege in den "1"-Zustand versetzt. Eine auf diesem befindliche Wicklung erhält also ein Signal, wenn A oder B oder C markiert ist. Man kann jedem der Ausgangsstege eine Vormagnetisierung und mehrere getrennte Eingangswicklungen geben, so daß er nur dann markiert wird, wenn von den Eingangswicklungen mindestens n markiert sind. Damit ergibt sich für den ersten Ausgangssteg eine logische Verknüpfung von dem Typus

$$P = A \vee B \vee C \quad \text{mit} \quad \begin{aligned} A &= \mathrm{Min}\,(n/X_1,\ X_2,\ X_3 \ldots\ldots) \\ B &= \mathrm{Min}\,(n'/Y_1,\ Y_2,\ Y_3 \ldots\ldots) \\ C &= \mathrm{Min}\,(n''/Z_1,\ Z_2,\ Z_3 \ldots\ldots) \end{aligned}$$

Der nächste Steg wird nur dann ummagnetisiert, wenn mindestens 2 der Eingänge markiert sind.

$$q = (A \& B) \vee (A \& C) \vee (B \& C)$$

Entsprechend wird $R = A \,\&\, B \,\&\, C$.

Man kann nun diese Ausgänge einzeln abnehmen. Man kann sie aber auch untereinander verknüpfen, indem man z. B. A mit -B in Reihe schaltet und nur positive Ausgangssignale wertet. Man erhält in diesem Falle also nur dann ein Ausgangssignal, wenn A, nicht aber auch B markiert ist (Antivalenzschaltung mit 3 Eingängen).

Grenzen dieser Schaltung: Die Zahl der Stege ist

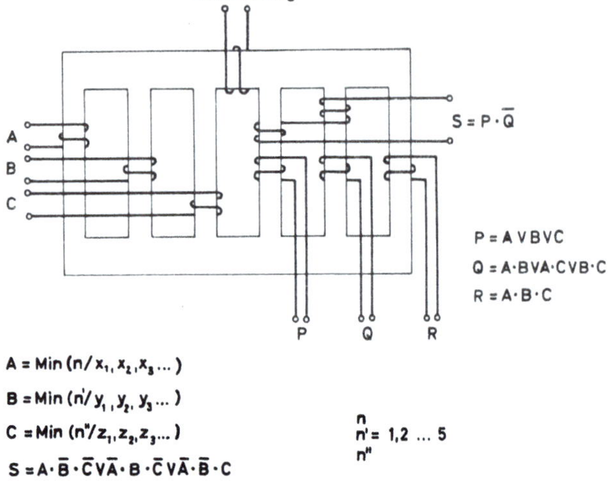

Bild 13: Leiternetzwerk mit Flußkoinzidenz

beschränkt. Ihre Maximalzahl hängt ab von den Eigenschaften des Ferritmaterials und den mechanischen Toleranzen der Stege. Die Eingangssignale müssen gleichzeitig angelegt werden, wenn man die Differenz der Ausgangssignale bilden will. Sie müssen auf alle Fälle gleichzeitig anliegen. Die Eingangssignale müssen Stege ummagnetisieren. Der Leistungsbedarf ist also hoch. Ein Dauerausgangssignal erhält man durch Anlegen der Eingangssignale, dann periodisches Anlegen von Rückstellimpulsen hoher Amplitude.

b) Leiternetzwerk mit Nebenschluß des magnetischen Flusses [14]

Durch den Rückstellimpuls werden die geradzahligen Stege in den Zustand "0", die ungeradzahligen in den Zustand "1" gebracht. Die markierten Eingänge (A B C) erhalten eine Vormagnetisierung, die die betreffenden Stege zwingt, im Nullzustand zu bleiben (Bild 14). Wird an die Treiberwicklung ein Impuls angelegt, so wird der erste Steg zur Hälfte ummagnetisiert. Die Flußänderung verläuft über den nächsten unmarkierten geradzahligen Steg. Nur dann, wenn alle Steuerstege vormagnetisiert sind, erhält man ein Ausgangssignal. Da die Vormagnetisierung der markierten Eingänge beliebig hoch sein darf, kann man mehrere Wicklungen anbringen, von denen eine zur Markierung ausreicht. Bedingung für das Ausgangssignal ist also

$$S = (X_1 V X_2 V X_3 V \ldots.) \& (Y_1 V Y_2 V Y_3 V \ldots) \& (Z_1 V Z_2 V Z_3 V \ldots).$$

Die Eingangssignale müssen während des Treiberimpulses anliegen. Da die markierten Stege nicht ummagnetisiert werden, ist die aufzunehmende Leistung niedrig. Praktisch kann man bis zu ca. 20 Stegen gehen, also 9 Und-Verknüpfungen durchführen.

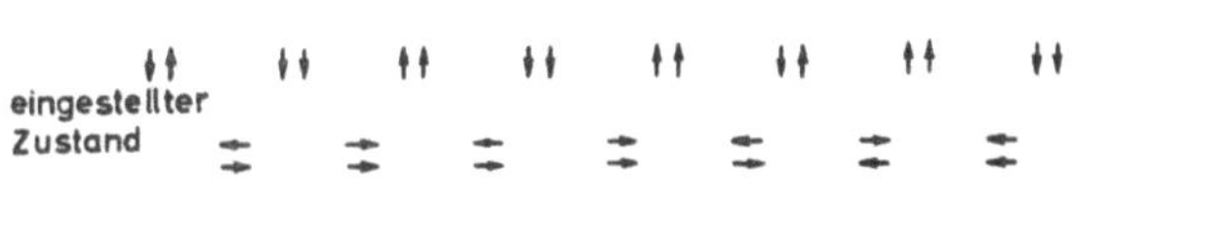

Mit $A = X_1 V X_2 V X_3 V \ldots$

$B = Y_1 V Y_2 V Y_3 V \ldots$

$C = Z_1 V Z_2 V Z_3 V \ldots$

wird $S = A \cdot B \cdot C = (X_1 V X_2 V X_3 V \ldots)(Y_1 V Y_2 V Y_3 V \ldots)(Z_1 V Z_2 V Z_3 V \ldots)$

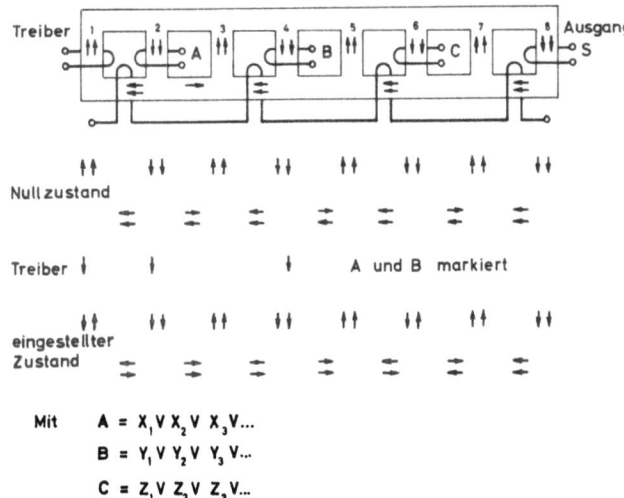

Bild 14: Leiternetzwerk mit Fluß-Nebenschluß

7. Zusammenfassung

Obwohl die rechnerische Bestimmung des Feldverlaufes bei den normal verwendeten Transfluxoren große Schwierigkeiten bereitet und insbesondere das dynamische Verhalten einer mathematischen Behandlung kaum zugänglich ist, stellt der Transfluxor ein brauchbares Element dar für die Speicherung und logische Verknüpfung digitaler Informationen. Er erlaubt, Schnellspeicher mit zerstörungsfreier Ablesung zu bauen bzw. trotz Beibehaltung des Koinzidenzprinzips beim Aufruf die Funktionsgeschwindigkeit gegenüber Ringkernspeichern wesentlich zu erhöhen. Er gestattet ferner, die logische Verknüpfung digitaler Informationen auf einfache Weise durchzuführen. Beim Aufbau der Transfluxoren aus Ferritmaterial ist die Arbeitsgeschwindigkeit allerdings niedriger als die mit Halbleiterschaltungen erreichbare. Es besteht jedoch begründete Hoffnung, durch Verwendung dünner ferromagnetischer Schichten die Funktionsgeschwindigkeit wesentlich zu erhöhen. Ob sich der Transfluxor in Zukunft in der Digitaltechnik durchsetzen wird, ist weitgehend eine Frage der Kosten für Herstellung und Verdrahtung.

Schrifttum

[1] Aiken, Wang, Woo: Static magnetic recording. Progress Rep., Harvard Computer Laboratory. 10. Aug. 1948

[2] W.N. Papian: A coincident - current magnetic memory cell for the storage of digital information. Proc. IRE 40 (1952), S. 475

[3] J.A. Rajchman: Static magnetic matrix memory and switching circuits. RCA-Rev. 13 (1952), S. 183

[4] R.Ch. Minnick: The use of magnetic cores as switching devices. Thesis, Harvard University, Cambridge/Mass., April 1953

[5] K. Ganzhorn: Magnetische Logische Grundschaltungen in Rechenanlagen. Elektron. Rdsch. 11 (1957), S. 229

[6] J.A. Rajchman, A.W. Lo: The transfluxor - a magnetic gate with stored variable setting. RCA-Rev. 16 (1955), S. 303

[7] R.L. Snyder: Magnistor circuits. Electronic Design 3 (Aug. 1955), S. 24

[8] C. Heck: Zur Phänomonologie der Ummagnetisierung von Speicherferriten. ETZ-A 80 (1955), S. 161

[9] S.A. Abbas, D.L. Critchlow: Calculation of flux patterns in ferrite multipath structures. IRE Nat. Conv. Rec., Pt. IV (1958), S. 263

[10] A. Darre: Abfragen magnetischer Speicher ohne Informationsverlust. Frequenz 7 (1957), S. 19

[11] L.P. Hunter, E.W. Bauer: High speed coincident flux storage principles. J. Appl. Phys. 27 (1956), S. 1257

[12] W.W. Lawrence: Recent developments in very-high-speed magnetic storage techniques. Proc. Eastern Joint Computer Conference, (Dec. 1956), S. 101

[13] N.F. Lockhart: Logic by ordered flux changes in multipath ferrite cores. IRE Nat. Conv. Rec., Pt. 4 (1958), S. 268

[14] U.F. Gianola, F.H. Crowley: The laddic, a magnetic device for performing logic. Bell Syst. Techn. J. 38 (1959), S. 45

DER TRANSFLUXOR ALS VERSTÄRKER

F. Schreiber, München

Mit 18 Bildern

1. Einleitung

Seit den ersten Veröffentlichungen von Rajchman und Lo über den Transfluxor im Jahre 1955 [1, 2] hat dieses neuartige magnetische Gebilde - soweit man aus weiteren Veröffentlichungen schließen darf - vorwiegend in der digitalen Technik Beachtung gefunden: als Speicher mit Abfrage ohne Informationsverlust und als interessantes logisches Element. Rajchman und Lo hatten jedoch nicht nur den Ja-Nein-Betrieb, sondern weniger speziell eine kontinuierliche Aussteuerung des Transfluxors in Betracht gezogen und in diesem Zusammenhang von einer Art magnetischer Verstärker gesprochen. In der Zusammenfassung zu [1] heißt es u. a.:

"Der Transfluxor hat die einzigartige Eigenschaft, daß er die Übertragung von elektrischer Leistung entsprechend einer gespeicherten Einstellung kontrollieren kann, die durch einen Steuerimpuls festgelegt wurde. - - - - Im Gegensatz zum magnetischen Verstärker, in dem der Eingangsbefehl nicht gespeichert wird und daher ständig vorhanden sein muß, benötigt der Transfluxor nur eine einmalige Einstellung. Im Gegensatz zum gewöhnlichen Speicherringkern kann der Transfluxor nicht nur einen gegebenen Betrag von Einstellfluß speichern, sondern kann auch auf Anforderung unbegrenzt lang ein entsprechendes Ausgangssignal abgeben, wobei die Einstellung nicht im geringsten verändert wird. In einem gewissen Sinn vereinigt der Transfluxor die Funktionen eines magnetischen Verstärkers mit denen eines Speicherkerns."

Im folgenden kann ohne Schwierigkeit gezeigt werden, daß der Transfluxor mit den hier beschriebenen Merkmalen einen Integrierverstärker darstellt, der ein Ausgangssignal abgibt, das dem zeitlichen Integral über eine Eingangsgröße proportional ist. Einige darüber hinausgehende Untersuchungen gelten der Frage, wieweit der Transfluxor auch als echter Verstärker für schwache Signale geeignet ist.

2. Grundlagen

In diesem Abschnitt wird der Ummagnetisierungsvorgang in einem Kern mit Rechteckhystereseschleife kurz beschrieben.

2.1

Allen Berechnungen wird unter bewußter Vereinfachung der wirklichen Verhältnisse eine idealrechteckige Schleife des magnetischen Materials zu Grunde gelegt, die durch Angabe der Koerzitivkraft H_c und der Sättigungsinduktion B_s, die hier mit der remanenten Induktion übereinstimmt, vollständig gekennzeichnet ist (Bild 1a). Fügt man diesen Materialeigenschaften die geometrischen Abmessungen des Kerns nach Bild 1c hinzu, dann erhält man eine Hystereseschleife in Φ und Θ, die für die meisten Zwecke durch Angabe des Sättigungsflusses und der Koerzitivdurchflutung

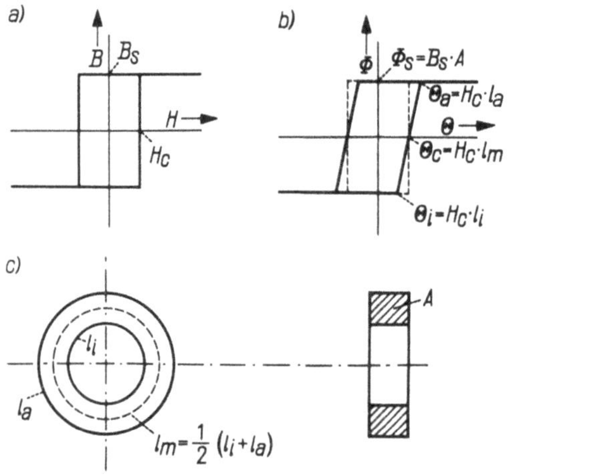

Bild 1: Hystereseschleifen in B/H- und Φ/Θ-Darstellung

$$\Phi_s = B_s \cdot A$$
$$\Theta_c = H_c \cdot l_m \qquad (1)$$

ausreichend gekennzeichnet ist (Bild 1b). In manchen Fällen wird man außerdem den endlichen Anstieg des vertikalen Astes von $\Theta_i = H_c \cdot l_i$ bis $\Theta_a = H_c \cdot l_a$ berücksichtigen, der durch die Zunahme des Feldlinienweges während der Ummagnetisierung des Kerns bedingt ist.

2.2

Eine Ummagnetisierung vom unteren zum oberen Remanenzpunkt wird durch den Zeitverlauf Φ (t) und die Schaltzeit τ (= Ummagnetisierungszeit) beschrieben. Auf die oft benutzte Annahme eines eingeprägten Stromes muß verzichtet werden. Vielmehr wird nach Bild 2b eine endliche Spannung U_1 über den Widerstand R_1 an die Eingangswicklung mit N_1 Windungen gelegt. Vernachlässigt man den Unterschied zwischen Θ_i und Θ_a in Bild 1b, dann muß, sobald der Kontakt geschlossen wird, für die Dauer τ der relativ kleine Koerzitivstrom

$$I_c = \frac{\Theta_c}{N_1} = \frac{H_c \cdot l_m}{N_1} \qquad (2)$$

fließen. An der Eingangswicklung liegt daher während der Ummagnetisierung die konstante Spannungsdifferenz $U_1 - I_c \cdot R_1$. Nach dem Induktionsgesetz findet man

$$\Phi(t) = \frac{1}{N_1} \int (U_1 - I_c \cdot R_1) dt = \frac{U_1}{N_1} \left(1 - \frac{\Theta_c}{\Theta_1}\right) t - \Phi_s \qquad (3)$$

Aus der Bedingung $\Phi(\tau) = +\Phi_s$ ergibt sich die Schaltzeit:

$$\tau = \frac{2\Phi_s \cdot N_1}{U_1 (1 - \frac{\Theta_c}{\Theta_1})} \qquad (4)$$

wobei

$$\Theta_1 = N_1 \cdot \frac{U_1}{R_1} > \Theta_c$$

die dem Kern angebotene Durchflutung bedeutet. Der Θ_1 entsprechende angebotene Strom $I_1 = \frac{U_1}{R_1}$ fließt nach Abschluß der Ummagnetisierung ($t > \tau$, Bild 2c); er kann, wenn erforderlich, wesentlich größer als I_c gehalten werden. Für $\Theta_1 = \Theta_c$ wird $\tau = \infty$, es findet also keine Ummagnetisierung statt. Für $\Theta_1 > 10\ \Theta_c$ ist τ praktisch von I_1 unabhängig.

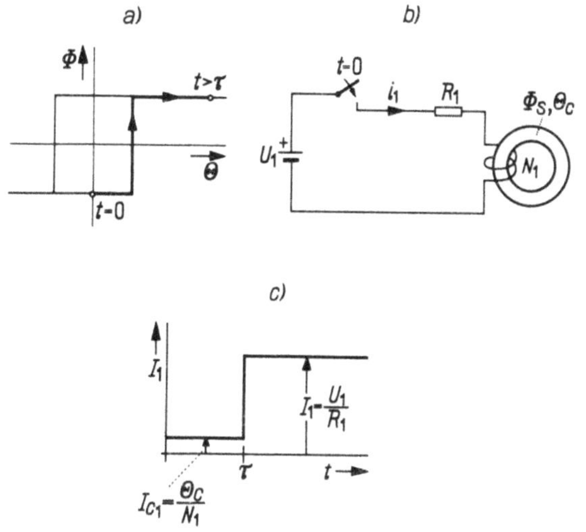

Bild 2: Ummagnetisierung eines unbelasteten Ringkerns

Die bei dem Vorgang im Kern umgesetzte Hysteresewärme ist gleich der halben Fläche der Schleife Bild 1b:

$$E_h = 2\ \Phi_s \cdot \Theta_c . \qquad (5)$$

2.3

Die unter 2.2 beschriebene Erscheinung, daß in einem Stromkreis mit Magnetkern und Widerstand der Strom zeitweise klein und zeitweise groß sein kann, wird in magnetischen Verstärkern und Transfluxorverstärkern 1. Art benutzt. In den Verstärkern 2. Art benutzt man die Tatsache, daß die Energieübertragung von der Primär- zur Sekundärwicklung eines Magnetkerns nur solange stattfinden kann, als noch Fluß zur Ummagnetisierung zur Verfügung steht.

Aus der Schaltung Bild 3a mit Sekundärwicklung N_2 und Belastungswiderstand R_2 und aus dem zugehörigen Ersatzschaltbild Bild 3b berechnet man jetzt eine gegenüber 2.2 größere Schaltzeit

$$\tau = \frac{2\Phi_s \cdot N_1}{U_1 (1 - \frac{\Theta_c}{\Theta_1})} \cdot (1 + \frac{R_1}{R_2'}) . \qquad (6)$$

Für die Amplitude der Sekundärspannung gilt:

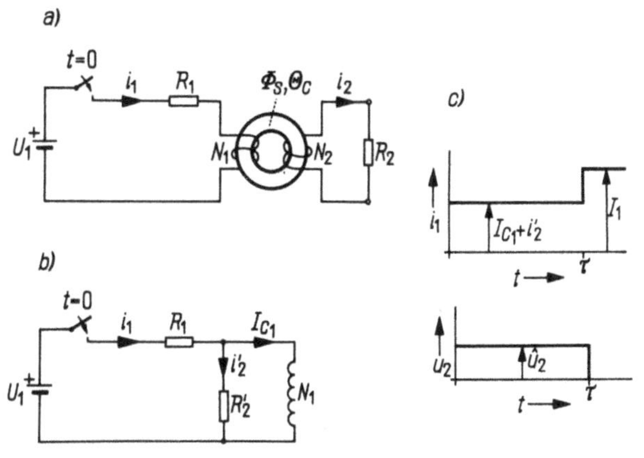

Bild 3: Ummagnetisierung eines Ringkerns mit Sekundärbelastung

$$\hat{u}_2 = \frac{2\Phi_s \cdot N_2}{\tau} . \qquad (7)$$

Hierin ist $R_2' = R_2 (\frac{N_1}{N_2})^2$ der auf die Primärseite übersetzte Belastungswiderstand. Betrachtet man in Bild 2b R_1, in Bild 3a R_2 als den Nutzwiderstand, dann muß die letztgenannte Schaltung bei einem Wirkungsgradvergleich schlechter abschneiden, weil außer der Hysteresewärme nach Gl. (5) auch in R_1 Energieverluste auftreten.

3. Der Ausgangskreis des Transfluxors

3.1

Der in Bild 4 und 7 dargestellte Magnetkern mit zwei Löchern entspricht der Grundform des Transfluxors; ein geschlossenes magnetisches Joch 1 unterteilt sich an einer Stelle in die beiden Joche 2 und 3 mit je halbem Querschnitt. Hierdurch sind zwei magnetische Kreise entstanden: der steuernde Eingangskreis um das große Loch und der gesteuerte Ausgangskreis um das kleine Loch.

Die Blockierrichtung des Flusses in Joch 1 ist im Uhrzeigersinn festgelegt. Wie in Abschnitt 4 gezeigt wird, kann man durch Impulse auf die Eingangswicklung den Einstellfluß Φ_E (= Anteil des Gesamtflusses in entgegengesetztem Uhrzeigersinn) verändern. *) Aufgabe des Ausgangskreises

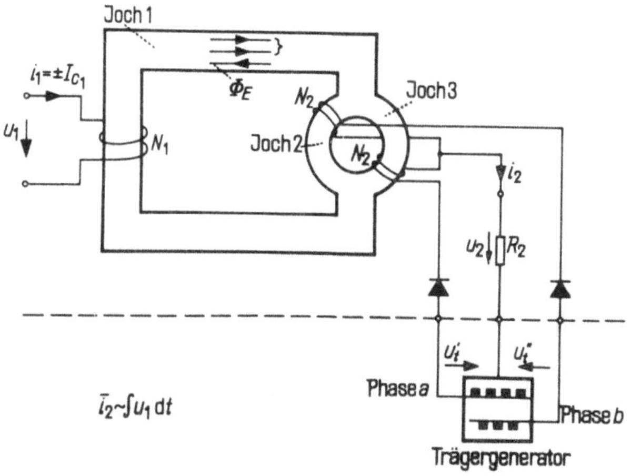

Bild 4: Transfluxor als Integrierverstärker mit hoher Ausgangsleistung

*) Näheres über die allgemeine Wirkungsweise des Transfluxors s. [3]

ist es, ein der Größe Φ_E entsprechendes Ausgangssignal abzugeben. Im folgenden soll ausgeführt werden, daß die Wicklungsanordnungen in den Ausgangskreisen Bild 4 und 7 besonders günstig zur Entnahme einer hohen maximalen Ausgangsleistung sind.

3.2

Zur periodischen Magnetisierung um das kleine Loch bietet in Bild 4 ein zweiphasiger Trägergenerator mit den beiden Rechteckspannungen u_t', u_t'' die Durchflutung

$$\Theta_2 = \frac{\hat{u}_t}{R_2} \cdot N_2 \qquad (8)$$

ständig an.

Der Durchflutungssinn der beiden Wicklungen auf Joch 2 und 3 liegt in bezug auf den großen magnetischen Kreis im Uhrzeigersinn, d.h. in Blockierrichtung. Im blockierten Zustand des Transfluxors (Bild 5a) kann daher die Durchflutung Θ_2 - ganz gleich wie groß sie ist - niemals eine Einstellung herbeiführen.

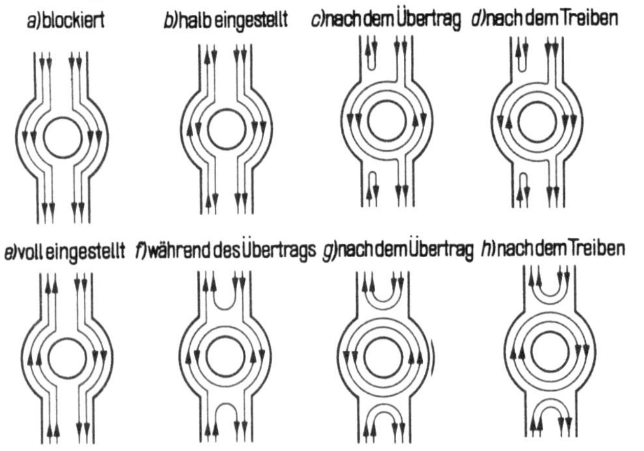

Bild 5: Feldlinienbilder des Transfluxors

Auch in einem beliebigen Einstellzustand (z. B. Bild 5b bis 5d) kann Θ_2 diesen Zustand nicht verändern. Denn auf Grund der Sättigungseigenschaften des Materials kann nur genau die Menge des eingestellten Flusses Φ_E ummagnetisiert werden, nicht mehr. Diese Ummagnetisierung findet immer auf dem kürzesten Wege, hier also ausschließlich um das kleine Loch herum, statt.

Damit ist gezeigt, daß bei der Wicklungsanordnung am kleinen Loch nach Bild 4 prinzipiell keine Rückwirkung vom Ausgangs- auf den Eingangskreis möglich ist.

3.3

Für das kleine Loch in Bild 4 ist die Schaltzeit entsprechend Gl. (4) eine linear von Φ_E abhängige Größe. Für volle Einstellung (Bild 5e bis 5h) mit $\Phi_E = \Phi_s$ ergibt sich die max. Schaltzeit

$$\tau_{2m} = \frac{2\Phi_s N_2}{\hat{u}_t\left(1 - \frac{\Theta_{c_2}}{\Theta_2}\right)} \qquad (9)$$

und für beliebigen Einstellfluß $0 \leqq \Phi_E \leqq \Phi_s$ die Schaltzeit

$$\tau_2 = \tau_{2m} \frac{\Phi_E}{\Phi_s}. \qquad (10)$$

Hierin ist Θ_{c_2} die Koerzitivdurchflutung für den magnetischen Kreis um das kleine Loch und Φ_s der maximale Sättigungsfluß in Joch 2 oder 3, also der halbe Sättigungsfluß in Joch 1.

Es ist zweckmäßig, die Frequenz des Trägergenerators auf den Wert

$$f_t = \frac{1}{2\tau_{2m}} \qquad (11)$$

abzustimmen. Dann wird nämlich im Fall $\Phi_E = \Phi_s$ das Gebiet um das kleine Loch ohne Unterbrechung ummagnetisiert, und es fließt durch R_2 der relativ kleine Gleichstrom

$$i_2 = I_{c_2} = \frac{\Theta_{c_2}}{N_2}. \qquad (12)$$

Im anderen Extremfall $\Phi_E = 0$ (Blockierzustand Bild 5a) findet gar keine Magnetisierung statt, und es fließt durch R_2 der relativ große Gleichstrom

$$i_2 = I_2 = \frac{\hat{u}_t}{R_2}. \qquad (13)$$

In einem beliebigen Stadium zwischen diesen Extremen erfährt der Strom durch R_2 eine von Φ_E gesteuerte Pulsdauermodulation (PDM), die in Bild 6 zusammen mit einem Ersatzschaltbild für

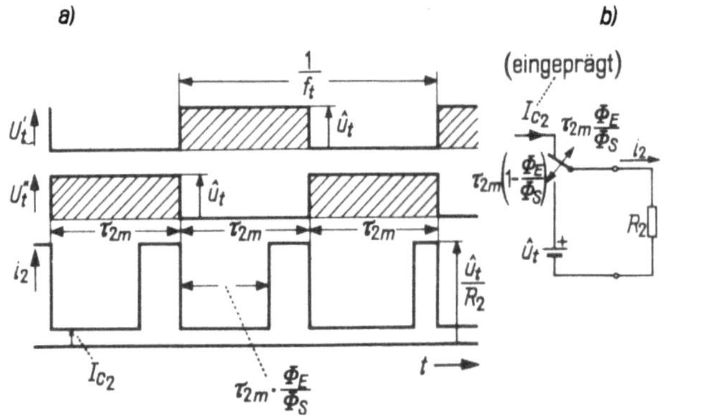

Bild 6: Zeitverlauf und Ersatzschaltbild für Ausgangsseite Bild 4

die Ausgangsseite von Bild 4 dargestellt ist. Für den Mittelwert des Ausgangsstromes findet man

$$\bar{i}_2 = \frac{1}{\tau_{2m}} \int_0^{\tau_{2m}} i_2 dt = I_2\left(1 - \frac{\Phi_E}{\Phi_s}\right) + I_{c_2}\frac{\Phi_E}{\Phi_s}, \qquad (14)$$

wobei die Einhaltung der Gl. (11) angenommen ist. *) Die an R_2 abgegebene Leistung ist

*) In dem allgemeineren Fall $f_t \leqq \frac{1}{2\tau_m}$ gilt statt Gl. (14): $\bar{i}_2 = \frac{1}{R_2}(\hat{u}_t - 4\Phi_E N_2 \cdot f_t)$

$$\frac{R_2}{\tau_{2m}} \int_0^{\tau_{2m}} i_2^2 \, dt.$$

Zieht man hiervon den Leistungsgrundpegel $I_{c_2}^2 \cdot R_2$ ab, dann erhält man die durch Φ_E steuerbare Ausgangsleistung

$$P_2 = (I_2{}^2 - I_{c_2}{}^2)\, R_2 \,(1 - \frac{\Phi_E}{\Phi_s}). \qquad (15)$$

Mittelwert des Ausgangsstromes und Ausgangsleistung sind also linear von Φ_E abhängig.

Im allgemeinen kann man die Dimensionierung so treffen, daß $I_2 \gg I_{c_2}$ ist. In diesem Fall wird τ_{2m} und damit f_t nach Gl. (11) von I_2 unabhängig

$$f_t \approx \frac{\hat{u}_t}{4\Phi_s N_2} . \qquad (11a)$$

Man kann daher theoretisch in der Ausgangsschaltung Bild 4 durch Verkleinerung von R_2 den Strom I_2 und damit die maximale Ausgangsleistung

$$P_{2m} = (I_2{}^2 - I_{c_2}^2)\, R_2 \approx I_2^2\, R_2 = \hat{u}_t{}^2/R_2 \qquad (15a)$$

beliebig steigern, ohne daß die erforderliche Trägerfrequenz f_t ansteigt und ohne daß eine Rückwirkung auf den steuernden Eingangskreis möglich ist (vgl. 3. 2). Praktisch sind natürlich die Möglichkeiten zur Verkleinerung von R_2 durch den Wicklungswiderstand und den Innenwiderstand des Trägergenerators begrenzt. Die Trägerfrequenz f_t nach Gl. (11a) ist im allgemeinen begrenzt durch die noch zulässige Hystereseerwärmung des Transfluxors am kleinen Loch:

$$P_{h_2} = 4\Phi_s \cdot \Theta_{c_2} \cdot f_t . \qquad (16)$$

3.4

Der Ausgangskreis nach Bild 7, der sich an das Prinzip Bild 3 anschließt, hat ebenfalls die in 3. 2 ausgeführte Eigenschaft, daß eine Rückwirkung auf den Eingangskreis nicht möglich ist. Für die maximale Schaltzeit gilt jetzt *):

$$\tau_{2m} \approx \frac{2\Phi_s \cdot N_3}{\hat{u}_t} \left[1 + \frac{R_3}{R_2} (\frac{N_2}{N_3})^2\right] \qquad (17)$$

Gl. (10) und (11) bleiben unverändert.

In der Ersatzschaltung dieses Ausgangskreises Bild 8a erscheint ein Kontakt, der den Außenwiderstand R_2 für die Dauer $\tau_{2m}\,(1 - \frac{\Phi_E}{\Phi_s})$ kurzschließt. Der Ausgangsstrom i_2 (t) wird also in

*) In den Gln. (17) und (20) ist bereits die Annahme $\frac{\hat{u}_t}{R_3} \approx \frac{\Theta_{c2}}{N_3}$ berücksichtigt.

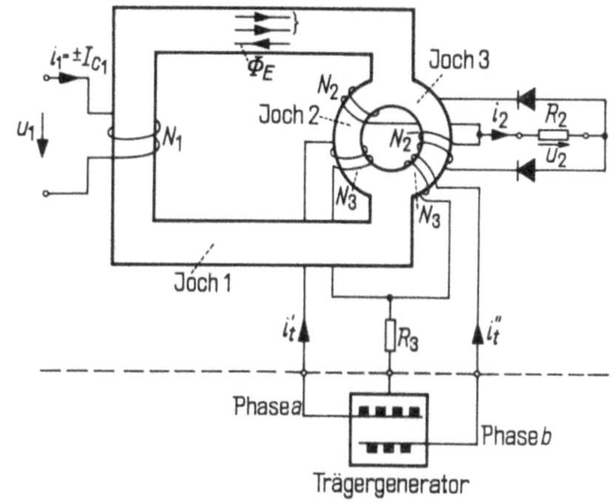

Bild 7: Transfluxor als Integrierverstärker mit potentialfreiem Ausgangskreis

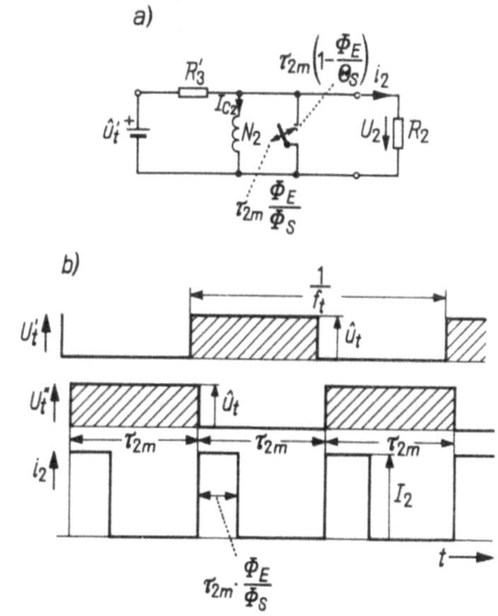

Bild 8: Zeitverlauf und Ersatzschaltbild für Ausgangsseite Bild 7

anderer Weise als in Bild 4 abhängig von Φ_E dauermoduliert (Bild 8b). Für den Mittelwert $\bar{i}_2$ und die Ausgangsleistung P_2 erhält man:

$$\bar{i}_2 = I_2 \cdot \frac{\Phi_E}{\Phi_s} \qquad (18)$$

und

$$P_2 = I_2^2\, R_2 \cdot \frac{\Phi_E}{\Phi_s} \qquad (19)$$

mit der Abkürzung

$$I_2 \approx \frac{\hat{u}_t \frac{N_2}{N_3}}{R_2 + R_3 (\frac{N_2}{N_3})^2} . \qquad (20)$$

Eine Steigerung von P_2 durch Verkleinerung von R_2 ist ähnlich wie in Abschnitt 3. 3 möglich, wenn man gleichzeitig für eine Verkleinerung von R_3 sorgt, um das Verhältnis R_3/R_2 und damit τ_{2m} nach Gl. (17) bzw. f_t nach Gl. (11) konstant zu halten.

Den weiteren Betrachtungen soll vorwiegend der Ausgangskreis nach Bild 4 zugrunde gelegt werden, weil er im Vergleich zu Bild 7 einfacher ist und einen besseren Wirkungsgrad ermöglicht. Den Ausgangskreis nach Bild 7 wird man nur dann vorziehen, wenn ein potentialfreier Ausgang erforderlich ist.

3.5

Die in Abschnitt 3.2 erläuterte wichtige Eigenschaft der Ausgangskreise (Bild 4 und 7), daß eine Rückwirkung vom Ausgang auf den Eingang grundsätzlich nicht stattfinden kann, ist bei anderen in der Literatur angegebenen Wicklungsanordnungen im Ausgangskreis nicht gegeben. Wenn z. B. beide Phasen des Trägergenerators auf den gleichen Schenkel am Ausgangsloch wirken, dann muß die angebotene Durchflutung der einen Phase begrenzt werden, um eine unerwünschte Einstellung, also eine Rückwirkung auf den Eingangskreis, zu vermeiden, vgl. [1]. In [4] wird zur Behebung dieser Schwierigkeit versucht, die zweilöchrige Transfluxorform durch eine vierlöchrige zu ersetzen.

4. Der Transfluxor als Integrierverstärker

4.1

Im Anschluß an die Behandlung der Ausgangskreise kann jetzt gezeigt werden, daß die Transfluxorschaltungen Bild 4 und 7 die Funktion eines Integrierverstärkers ausüben.

Ein an die Eingangswicklung mit N_1 Windungen angelegter Spannungsimpuls u_1 (t) wird den Anteil des Flusses im Hauptschenkel in Einstellrichtung Φ_E vermehren oder vermindern, je nachdem ob sein Inhalt $\int u_1 dt \gtrless 0$ ist. Der exakte Zusammenhang zwischen u_1 und Φ_E ist nach dem Induktionsgesetz

$$\Phi_E = \frac{1}{2 N_1} \int u_1 dt + \Phi_{E_0} \,. \tag{21}$$

Im Fall $\Phi_{E_0} = 0$ (Blockierzustand) gelten für das angebotene Spannungszeitintegral die Grenzen

$$0 < \int u_1 dt \lesseqgtr 2\,\Phi_s \cdot N_1 \tag{22}$$

wobei unter Φ_s wieder der halbe Sättigungsfluß im Hauptschenkel verstanden wird (vgl. 3.2).

Der Eingangsstrom i_1 des Transfluxors, mit dem die u_1 liefernde Spannungsquelle belastet wird, ist nach Gl. (2) dem Betrag nach konstant:

$i_1 = I_{c_1} = \frac{\Theta_{c1}}{N_1}$ (Θ_{c_1} = Koerzitivdurchflutung für den großen magnetischen Kreis). Das Vorzeichen von i_1 stimmt mit dem Vorzeichen von u_1 überein.

Die Einführung von Gl. (21) in Gl. (14) und (15) bzw. in Gl. (18) und (19) ergibt sofort den Beweis, daß in Bild 4 und 7 der Mittelwert des Ausgangsstromes und die Ausgangsleistung linear von $\int u_1 dt$ abhängen, daß also Integrierverstärker vorliegen. Als Maß für den Integriereffekt kann man das Verhältnis einer Änderung von $\bar{i}_2$ zu der zugehörigen Änderung von $\int u_1 dt$ benutzen. Für Bild 4 ergibt sich z. B. die Konstante:

$$\frac{1}{L_i} = \frac{\Delta \bar{i}_2}{u_1 \cdot \Delta t} = - \frac{I_2 - I_{c2}}{2 N_1 \cdot \Phi_s} \,. \tag{23}$$

4.2

Es ist selbstverständlich, daß andere bekannte Transfluxorschaltungen, die sich nur in der Ausführung des Ausgangskreises von Bild 4 und 7 unterscheiden (vgl. 3.5) grundsätzlich ebenfalls als Integrierverstärker aufzufassen sind. Das gilt insbesondere auch für Bild 1 in der Erstveröffentlichung über den Transfluxor von Rajchman und Lo [1].

Eine Besonderheit aller dieser Transfluxor-Integrierverstärker gegenüber den gebräuchlichen Integrierverstärkern mit kapazitivem Speicher liegt darin, daß jeder Integrationszustand beliebig lange gespeichert bleibt. Die zur Integration angebotenen Spannungsimpulse u_1 (t) dürfen daher in sehr großen zeitlichen Abständen aufeinander folgen, ohne daß ein Fehler auftreten kann. Anders ausgedrückt: die bei jedem Integrierverstärker besonders wichtige untere Grenzfrequenz ist beim Transfluxor gleich Null.

5. Transfluxor-Kippverstärker

5.1

In Abschnitt 4 wurde herausgestellt, daß der Transfluxor sich grundsätzlich wie ein Integrierverstärker verhält. Durch welche Maßnahmen kann man seine Speicherfähigkeit eliminieren und damit einen echten Verstärker gewinnen?

Als einfachste Maßnahme bietet sich die Anwendung einer Blockier-Vormagnetisierung auf dem Hauptschenkel des Transfluxors an. Bild 9 zeigt eine entsprechende Erweiterung der Schaltung Bild 4. Die erforderliche Blockierdurchflutung Θ_B muß größer als die Koerzitivdurchflutung des Hauptschenkels Θ_{c_1} gewählt werden, um sicherzustellen, daß bei Stromlosigkeit am Eingang jeder gespeicherte Einstellfluß gelöscht wird:

$$\Theta_B > \Theta_{c_1} \,. \tag{24}$$

Eine positive Durchflutung der Eingangswicklung Θ_1 wirkt Θ_B entgegen und kann daher bei geeigne-

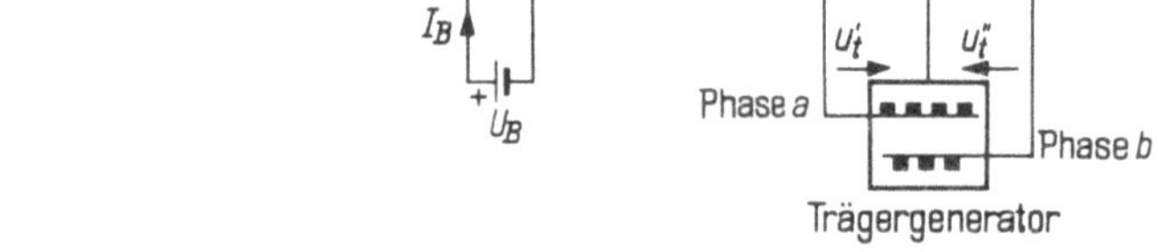

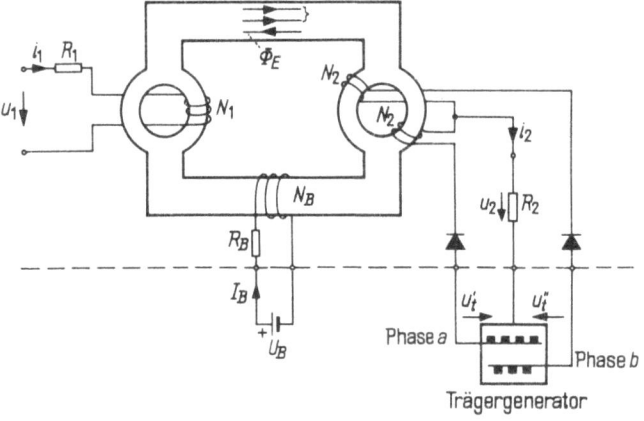

Bild 9: Transfluxor als Kippverstärker. Flußaufteilung am linken, kleinen Loch verhindert Übereinstellen

ter Stärke einen Einstellfluß erzeugen und damit entsprechend Abschnitt 3. 3 den Ausgangskreis steuern. Im Unterschied zu Bild 4 erfaßt die Eingangswicklung an einem zusätzlichen kleinen Loch nur die Hälfte des Flusses im Hauptschenkel. Hierdurch wird jedes Übereinstellen vermieden [2]. An den Eingangsklemmen ist eine Hystereseschleife in Φ_E, Θ_1 feststellbar, die um den Betrag der Vormagnetisierung Θ_B verschoben ist (Bild 10). Da nach Gl. (14) die Ausgangsleistung $\bar{I}_2 \sim \Phi_E$ ist, ergibt sich auch für die Verstärkungskurve $\bar{I}_2 = f(\Theta_1)$ eine verschobene Hystereseschleife. Bild 11 zeigt als Beispiel eine statisch gemessene Schleife.

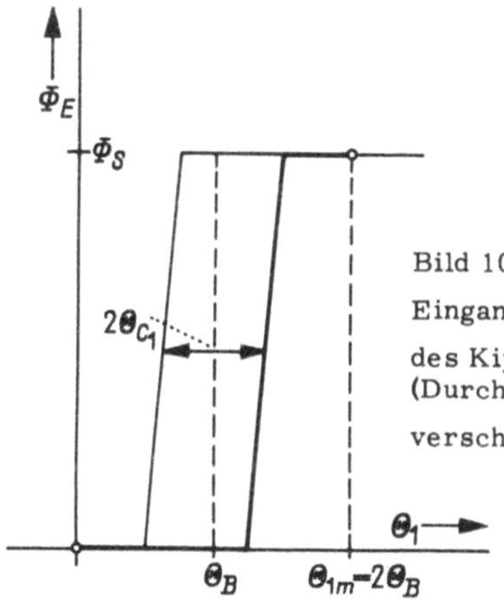

Bild 10: Eingangskennlinie $\Phi_E = f(\Theta_1)$ des Kippverstärkers Bild 9. (Durch Vormagnetisierung Θ_B verschobene Hystereseschleife)

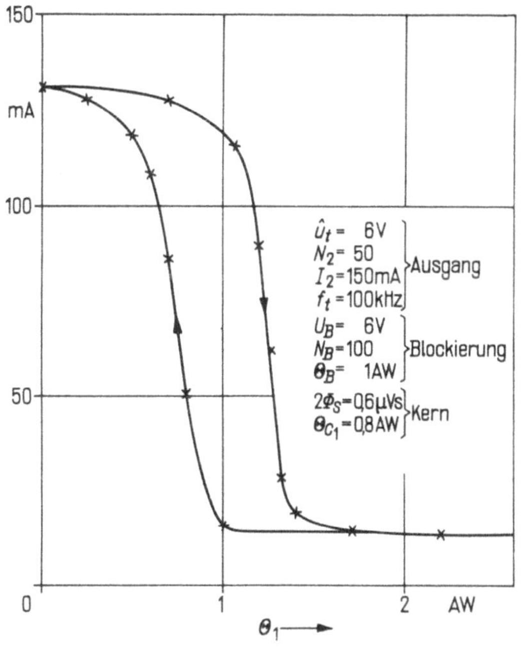

Bild 11: Verstärkungskennlinie des Kippverstärkers Bild 9

Verstärker mit einer Kippkennlinie dieser Art, die im Prinzip für bestimmte Methoden der Regelungstechnik geeignet sind [5], betreibt man vorzugsweise nur in den beiden Arbeitspunkten

$$\Theta_1 = 0$$

und

$$\Theta_1 = \Theta_{1m} \geqq \Theta_B + \Theta_{c_1}, \tag{25}$$

in denen eine eindeutige Zuordnung zwischen Eingangs- und Ausgangsstrom des Verstärkers besteht.

5.2

Wir betrachten jetzt einen Schaltversuch, bei dem durch An- und Abschaltung der Eingangsdurchflutung Θ_{1m} am Ausgang der maximale Leistungshub P_{2m} gesteuert wird. Wenn man Gl. (11a) mit I_2 erweitert, kann man für P_{2m} schreiben:

$$P_{2m} = 4\,\Phi_s \cdot \Theta_2 \cdot f_t\,. \tag{26}$$

Je nach Dimensionierung des Eingangskreises kann die Durchflutung Θ_{1m} durch eine mehr oder weniger große Eingangsleistung P_{1m} aufgebracht werden. Die nachstehende, im Anhang 8. 2 abgeleitete Gleichung zeigt, daß P_{1m} von der bei dem Schaltversuch auftretenden Ansprechzeit bzw. von der in 8. 1 definierten oberen Grenzfrequenz f_g des Verstärkers abhängt. Um das Wesentliche hervortreten zu lassen, werden einige Vereinfachungen getroffen, insbesondere werden Θ_B und Θ_{1m} so gewählt, daß eine symmetrische Aussteuerung der Schleife Bild 10 stattfindet.

Es gilt dann:

$$P_{1m} = 32\,\Phi_s \cdot \Theta_{c_1} \cdot f_g\,. \tag{27}$$

Die zur Steuerung von P_{2m} erforderliche Eingangsleistung P_{1m} ist also völlig unabhängig von P_{2m} selber, d. h. unabhängig von dem, was im Ausgangskreis geschieht. Diese wichtige Eigenschaft folgt aus der in Abschnitt 3. 2 ausgesprochenen Rückwirkungsfreiheit zwischen Ausgangs- und Eingangskreis. Aus Gl. (26) und (27) ergibt sich eine Beziehung für die Leistungsverstärkung als Funktion der Grenzfrequenz des Verstärkers:

$$V = \frac{P_{2m}}{P_{1m}} = \frac{\Theta_2}{8\Theta_{c_1}} \cdot \frac{f_t}{f_g} \tag{28}$$

$$f_g < f_t\,.$$

In dieser Gleichung ist Θ_{c_1} eine Kernkonstante.

Die Trägerfrequenz f_t ist durch die zulässige Hystereseerwärmung begrenzt. Die höchstzulässige Durchflutung Θ_2 hängt von der in der Ausgangswicklung N_2 auftretenden Widerstandserwärmung ab. In dem theoretischen Fall, daß der Wicklungswiderstand von N_2 gleich Null ist, kann man das Produkt $V \cdot f_g$ durch Vergrößerung von I_2 (und damit auch von Θ_2) beliebig groß machen. (Vgl. 3. 3 am Schluß). Diese Aussage gilt allgemein für alle Transfluxor-Verstärker, die die Ausgangsschaltung nach Bild 4 (bzw. nach Bild 7 mit entsprechend schlechterem Wirkungsgrad des Verstärkers) benützen.

6. Transfluxor-Verstärker mit linearem Amplitudengang

6.1

Der Zusammenhang zwischen Einstellfluß Φ_E und

einer steuernden Eingangsgröße war in 4.1 durch die Beziehung $\Phi_E \sim \int u_1 dt$ und in 5. durch eine stark nichtlineare Beziehung $\Phi_E = f(i_1)$ gekennzeichnet. Es soll jetzt eine Arbeitsweise am Eingang des Transfluxors betrachtet werden, die eine lineare Beziehung $\Phi_E \sim i_1$ liefert und damit den Aufbau eines linearen Transfluxorverstärkers ermöglicht.

Die Schaltung Bild 12 enthält zwei Wicklungen N_B und N_E zum Blockieren bzw. Einstellen und eine Eingangswicklung N_1, die für positive Ströme i_1 in Blockierrichtung magnetisiert. Die Dauer τ_E des Einstellimpulses Θ_E wird gerade so bemessen, daß im Fall $\Theta_1 = 0$ (Eingangsklemmen kurzgeschlossen) anschließend an den Blockierzustand gerade voll eingestellt wird. Es gilt also nach Gl. (6)

$$\tau_E = \frac{2\Phi_s \cdot N_E}{U_E(1-\Theta_{c_1}/\Theta_E)} \left(1 + \frac{R_E}{R_1'}\right) \qquad (29)$$

mit

$$R_1' = R_1 \left(\frac{N_E}{N_1}\right)^2 .$$

Wird jetzt eine Eingangsdurchflutung $\Theta_1 > 0$ angeboten, dann wird anschließend an eine Blockierung in der Zeit τ_E ein Fluß

$$\Phi_E = \frac{\tau_E}{2N_E} \, 2\,(\Theta_E - \Theta_1 - \Theta_{c_1})\, R_E \| R_1' < \Phi_s$$

eingestellt.

Zusammen mit Gl. (29) kann man auch schreiben

$$\Phi_E = \Theta_s \left(1 - \frac{\Theta_1}{\Theta_E - \Theta_{c_1}}\right). \qquad (30)$$

Die angestrebte lineare Beziehung zwischen Φ_E und Θ_1 ist also erreicht. Wenn Θ_1 die Koerzitivdurchflutung für das linke Loch in Bild 15 überschreitet, findet anschließend an den Impuls Θ_E eine Ummagnetisierung um dieses Loch solange statt, bis das Joch, auf dem N_1 angebracht ist, in Blockierrichtung gesättigt ist. Eine Veränderung des zuvor eingestellten Flusses Φ_E kann hierdurch prinzipiell nicht stattfinden.

Der Gl. (30) zu Grunde liegende Vorgang kann als Abtastung des Eingangsstromes i_1 durch den Abtastimpuls Θ_E bezeichnet werden. Das Abtastergebnis steht als Fluß Φ_E in gespeicherter Form zur Verfügung.

6.2

Bild 13 zeigt einen linearen Verstärker mit drei Transfluxoren, der das Abtastprinzip nach Bild 12 anwendet. Ein 3-phasiger Takt steuert an jedem Kern ein Arbeitsspiel in 3 Abschnitten. Bei Kern 1 z. B. blockiert Tastphase b und löscht damit eine vorhergehende Einstellung. Anschließend wird mit Phase c erneut eingestellt, wobei der sich ergebende Einstellfluß Φ_E dem Augenblickswert i_1 (t) proportional ist (Abschnitt 6.1). Anschließend erfolgt die Ausgabe: mit Phase a wird um das rechte kleine Loch ein Übertrag ausgeführt und damit in bekannter Weise ein dauermodulierter Stromimpuls an R_2 ausgegeben, dessen Mittelwert proportional Φ_E und damit i_1 ist. Die Ausgangsleistung P_2 ist ebenfalls Φ_E und i_1 proportional (Abschnitt 3.3).

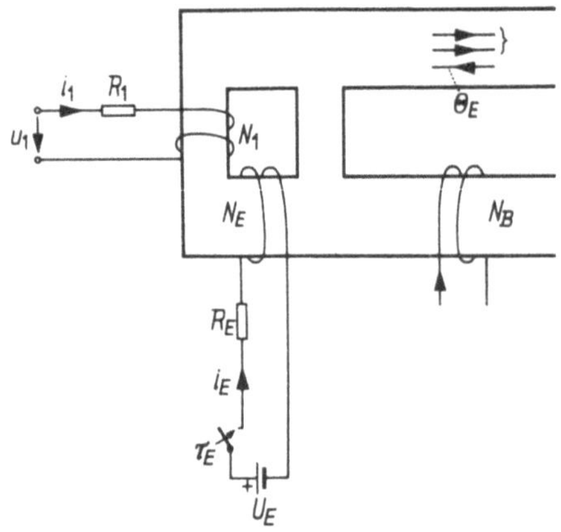

Bild 12: Eingangsschaltung zur Verwirklichung einer linearen Beziehung $\Phi_E = f(\Theta_1)$

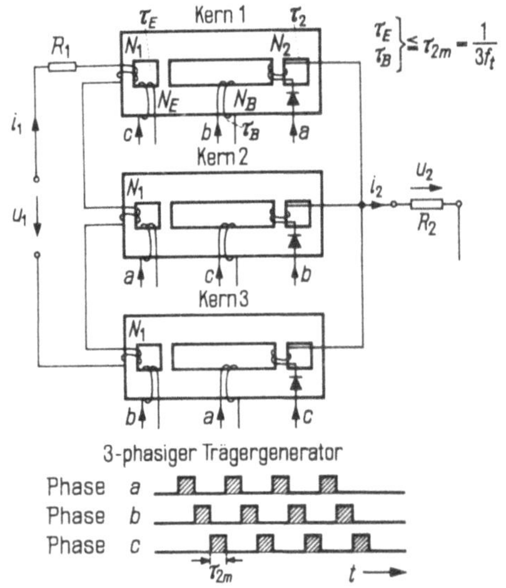

Bild 13: Linearer Verstärker mit 3 Transfluxoren und 3-phasigem Trägertakt

Das gleiche Spiel von Löschen, Neueingeben mit Abtastung von i_1 und Ausgeben wiederholt sich mit entsprechender Phasenverschiebung bei den anderen beiden Kernen; eine Ausgabe geschieht also in jeder Taktphase. *)

Die richtige Dimensionierung der Wicklungen und äußeren Betriebsbedingungen nach Gl. (4) bzw. Gl. (9) und die richtige Abstimmung der Trägerfrequenz geschehen so, daß für $i_1 = 0$ während der

*) Die zu Beginn von Abschnitt 5 geforderte Eliminierung der Speicherfähigkeit des Transfluxors gilt bei diesem Verstärker nur in bezug auf längere Zeitabschnitte. Während einer kurzen Zeitspanne, nämlich für eine Taktzeit anschließend an jede Eingabe, wird die Speicherfähigkeit mit Vorteil ausgenutzt.

Dauer eines Taktpulses mindestens vollständig blockiert, mindestens vollständig eingestellt und gerade vollständig übertragen wird. Für die Blokkier-, Einstell- bzw. Übertragszeit muß also gelten

$$\begin{matrix}\tau_B \\ \tau_E\end{matrix} \leqq \tau_{2m} = \frac{1}{3f_t} . \qquad (31)$$

Für τ_{2m} gilt unverändert Gl. (9).

Zu beachten ist, daß im Zustand $i_1 = 0$ ähnlich wie bei den Magnetverstärkern (Abschnitt 7) eine exakte Kompensation der in den Eingangswicklungen N_1 induzierten Spannungen erfolgt. Denn der gleiche Fluß $\Phi_E = \Phi_s$, der z. B. in Kern 1 während Phase c in Einstellrichtung ummagnetisiert wird, wird gleichzeitig in Kern 2 beim Blockieren in umgekehrter Richtung bewegt. Für Eingangsströme $i_1 > 0$ erfolgt diese Kompensation nur noch teilweise und bewirkt zudem, daß die lineare Beziehung zwischen Φ_E und i_1 nach Gl. (30) nicht mehr streng gültig ist. Aus diesem Grund sind die aus Gl. (14) bzw. (15) und Gl. (30) mit $\Theta_E = 2\Theta_{c_1}$ sich ergebenden Funktionen $\bar{i}_2\ (\Theta_1)$ bzw. $P_2\ (\Theta_1)$ nur näherungsweise linear:

$$\bar{i}_2 \approx I_2 \frac{\Theta_1}{\Theta_{c_1}} + I_{c_2} \left(1 - \frac{\Theta_1}{\Theta_{c_1}}\right) \qquad (32)$$

$$P_2 \approx I_2^{\,2} \cdot R_2 \cdot \frac{\Theta_1}{\Theta_{c_1}} .$$

Bild 14 zeigt eine statisch gemessene Verstärkungskennlinie $i_2(\Theta_1)$.

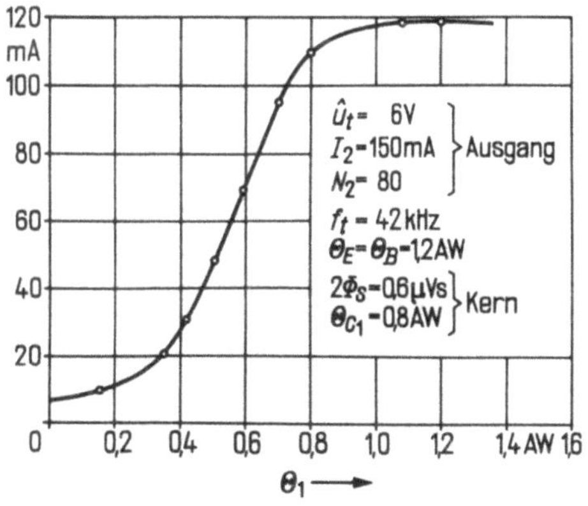

Bild 14: Verstärkungskennlinie des linearen Transfluxorverstärkers Bild 13

6.3

Der zur Charakterisierung des linearen Transfluxorverstärkers benötigte Zusammenhang zwischen Leistungsverstärkung und Grenzfrequenz wird wieder aus einem Schaltversuch gewonnen (vgl. 8.1). Hierbei muß der obengenannte Kompensationseffekt berücksichtigt werden. Nach Anhang 8.3 ergibt sich für eine gegenüber Bild 13 etwas abgeänderte Wicklungsanordnung die Gl. (28) entsprechende Verstärkungsformel

$$\left.\begin{aligned} V &= \frac{\Theta_2}{p \cdot \Theta_{c_1}} \cdot \frac{f_t}{f_g} \\ f_t &> f_g . \end{aligned}\right\} \qquad (33)$$

Hierin ist p eine von dem Verhältnis f_t/f_g abhängige Größe mit dem Wert ≈ 11 für $f_t/f_g = 2$ und dem Grenzwert $\approx 3,7$ für $f_t/f_g > 10$ (s. Bild 18). Die Bemerkungen zu Gl. (28) gelten auch für Gl. (33).

7. Linearer Ringkernverstärker

7.1

Hat der Transfluxor in der zuletzt geschilderten Betriebsweise als echter Verstärker gegenüber dem konventionellen, magnetischen Verstärker mit Ringkernen irgendwelche Vorteile? Zur Beantwortung dieser Frage wird unter den zahlreichen Ringkernverstärkertypen eine einfache Grundschaltung mit günstigen Eigenschaften ausgewählt, die sich für einen Vergleich mit Bild 13 besonders gut eignet. Die Beschreibungsmethode weicht von der in der Literatur üblichen insofern ab, als nicht sinus-, sondern rechteckförmige Spannungen des Trägergenerators angenommen werden.

7.2

Bild 15 zeigt den Verstärker mit zwei Ringkernen. Die beiden Phasen a, b des Trägergenerators bieten abwechselnd jedem der Kerne die Durchflutungen

$$\left.\begin{aligned} \Theta_2 &= I_2 \cdot N_2 \gg \Theta_c \\ \text{bzw.} \quad \Theta_3 &= I_3 N_3 = 2\Theta_c \end{aligned}\right\} \qquad (34)$$

an. Der Widerstand $R_2 \ll R_3$ ist als Außenwiderstand zu betrachten.

Die Dimensionierung der Wicklungen und der Trägerfrequenz soll so getroffen werden, daß im Fall $\Theta_1 = 0$ (Eingang offen oder kurzgeschlossen) während jeder Taktdauer beide Kerne ganz ummagnetisiert werden. Es gilt also nach Gl. (4) und (34)

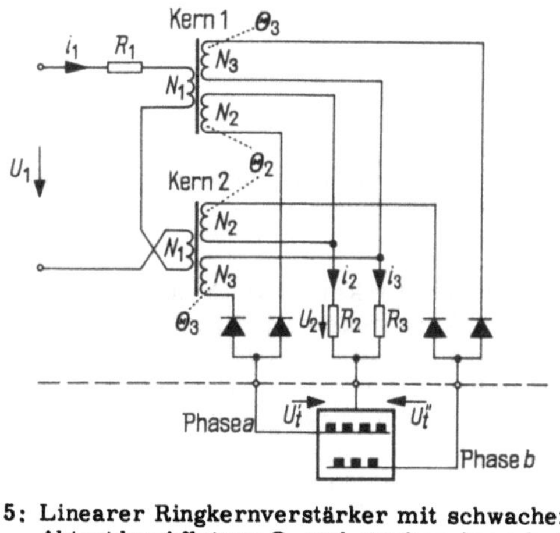

Bild 15: Linearer Ringkernverstärker mit schwacher Abtastdurchflutung Θ_3 und starker Ausgabedurchflutung $\Theta_2 \gg \Theta_3$; R_2 ist Außenwiderstand

$$\tau_{2m} = \frac{2\Phi_s \cdot N_2}{\hat{u}_t} = \frac{4\Phi_s N_3}{\hat{u}_t} = \frac{1}{2f_t} \qquad (35)$$
$$\longrightarrow N_2 = 2N_3$$

Wie in Bild 13 fließt im Fall $\Theta_1 = 0$ der relativ kleine Koerzitivstrom I_{c_2} durch R_2.

Im anderen Extremfall der Aussteuerung $\Theta_{1m} = \Theta_c$ wird die Durchflutung $\Theta_3 = 2\Theta_c$ gerade soweit geschwächt, daß die Kerne in der dem Durchflutungssinn von Θ_2 entsprechenden Remanenzlage liegenbleiben. Es fließt daher im Ausgangskreis der nur durch R_2 begrenzte, relativ große Strom $I_2 = \frac{\hat{u}_t}{R_2}$.

Θ_3 darf wie Φ_E in Abschnitt 6.1 als Abtastdurchflutung betrachtet werden: bei beliebigen Zwischenwerten der Aussteuerung $0 < \Theta_1 < \Theta_c$ wird durch Θ_3 in der zur Verfügung stehenden Zeit τ_{2m} ein linear von Θ_1 abhängiger Einstellfluß $\Phi_E < \Phi_s$ ummagnetisiert, so daß anschließend in bekannter Weise durch Θ_2 ein pulsdauermodulierter Strom an R_2 ausgegeben werden kann, dessen Mittelwert $\bar{i}_2$ bzw. Leistung P_2 von Φ_E und damit von Θ_1 linear abhängen. Gl. (30) und Gl. (32) dürfen daher sinngemäß übernommen werden. Die in Bild 16 dargestellte statische Kennlinie entspricht weitgehend Bild 14.

Eine Berechnung ähnlich wie in 8.3 ergibt eine Verstärkungsformel, die bis auf die Größe p mit Gl. (33) identisch ist (s. 8.4 und Bild 18).

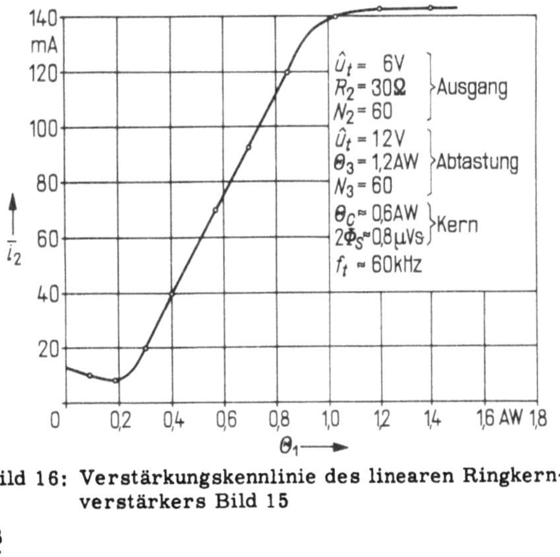

Bild 16: Verstärkungskennlinie des linearen Ringkernverstärkers Bild 15

7.3

Der Ringkernverstärker Bild 15 beruht also auf dem gleichen Arbeitsprinzip wie der dreiphasige Transfluxorverstärker Bild 13 und hat daher grundsätzlich ähnliche Eigenschaften wie dieser, ist jedoch im Aufbau wesentlich einfacher. Da er bei Anwendung von Vormagnetisierung auch den Kippverstärker Bild 9 ohne Nachteil ersetzen kann, darf der Schluß gezogen werden, daß Transfluxorverstärker mit Kipp- oder Linearkennlinie zwar ohne weiteres ausgeführt werden können, nach dem derzeitigen Untersuchungsstand jedoch gegenüber bestimmten Ringkernverstärkern keine besonderen Vorteile, sondern nur den Nachteil eines komplizierteren Aufbaues aufweisen. *)

Die Verwendung des Transfluxors als echten Verstärker kann daher nicht empfohlen werden, es sei denn, daß weitere Untersuchungen für Transfluxoranordnungen ähnlich Bild 13 die Möglichkeit einer besonders wirksamen Kompensation der im Eingangskreis induzierten Spannungen ergeben sollten.

Die spezifische, einmalige Bedeutung des Transfluxors liegt in seiner Funktion als Integrierverstärker.

8. Anhang: Berechnung des Zusammenhangs zwischen Leistungsverstärkung V und oberer Grenzfrequenz f_g

8.1

Für jeden Verstärker wird jeweils die Ansprechzeit τ_{a_1} bzw. τ_{a_2} bestimmt, mit der er auf das An- bzw. Abschalten der zur vollen Aussteuerung benötigten Steuerspannung u_{1m} reagiert. Die obere Grenzfrequenz wird definiert als

$$f_g = \frac{1}{\tau_{a_1} + \tau_{a_2}}, \qquad (36)$$

die Verstärkung als das Verhältnis von Maximalhub der Ausgangsleistung P_{2m} zu der im eingeschwungenen Zustand erforderlichen Steuerleistung P_{1m}

$$V = \frac{P_{2m}}{P_{1m}} \qquad (37)$$

8.2 Kippverstärker Bild 9

Es ist lediglich Gl. (27) zu beweisen. Die Vormagnetisierung auf dem Hauptschenkel kann so ausgeführt werden, daß

$$R_B \left(\frac{N_1}{N_B}\right)^2 \gg R_1 ,$$

daß also beim Anschalten von u_{1m} keine Sekundärbelastung im Sinn von 2.3 zu beachten ist. Unter Berücksichtigung von Gl. (24) und Gl. (25) gilt für die zur vollen Einstellung erforderliche Magnetisierungszeit

$$\tau_{a_1} = \frac{2\Phi_s \cdot N_1}{u_{1m}\left(1 - \frac{\Theta_B + \Theta_{c_1}}{\Theta_{1m}}\right)} = \frac{2\Phi_s \cdot \Theta_{1m}}{P_{1m}\left(1 - \frac{\Theta_B + \Theta_{c_1}}{\Theta_{1m}}\right)} \qquad (38)$$

Es werden bestimmte, zweckmäßige Aussteue-

---

*) Diese Aussage bedeutet eine wichtige Korrektur des Vortrags in Stuttgart, bei dem für den Vergleich Transfluxor-Ringkernverstärker nur ein Ringkernverstärker mit der ungünstigen Bedingung $\Theta_{1m} = \Theta_2$ herangezogen wurde. Diese Bedingung, die ein niedriges Produkt $V \cdot f_g$ zur Folge hat, besteht in Bild 15 nicht.

rungswerte der Schleife Bild 10 angenommen: $\Theta_B = 2\Theta_{c_1}$, $\Theta_{1m} = 4\Theta_{c_1}$. Dann ergibt sich die einfache Form

$$\tau_{a_1} = \frac{32\Phi_s \cdot \Theta_{c_1}}{P_{1m}} \tag{38a}$$

Die bei Abschaltung von u_{1m} auftretende Magnetisierungszeit wird ausschließlich durch die Verhältnisse an der Blockierwicklung bestimmt. Wie für Gl. (38a) wird $\Theta_B = 2\Theta_{c_1}$ angenommen:

$$\tau_{a_2} = \frac{4\Phi_s \cdot \Theta_{c_1}}{P_B} \tag{39}$$

Man kann nun, um den Verstärker möglichst günstig zu dimensionieren, $P_B \gg P_{1m}$, d. h. τ_{a_2} vernachlässigbar gegenüber τ_{a_1} machen. Aus Gl. (38a) und (36) folgt daher Gl. (27), aus der sich gemeinsam mit Gl. (26) die Verstärkungsformel Gl. (28) ableitet.

8.3 Linearer Transfluxorverstärker Bild 13

8.31 Ersatzschaltbild

Der in 6.3 erwähnte Kompensationseffekt der in den Eingangswicklungen N_1 induzierten Spannungen beeinflußt maßgebend die Ansprechzeit τ_{a_1}. Um die Berechnung zu vereinfachen, wird angenommen, daß die in Blockierrichtung arbeitenden Eingangswicklungen N_1 nicht wie in Bild 13 auf dem Teilschenkel ganz links, sondern neben den Wicklungen N_B auf dem Hauptschenkel angebracht sind. Ferner werden zur weiteren Vereinfachung wieder bestimmte, zweckmäßige Durchflutungswerte angenommen

$$\Theta_B = \Theta_E = 2\Theta_{c_1} \qquad \Theta_{1m} = \Theta_{c_1} \tag{40}$$

Hieraus folgt mit Gl. (31) $N_B = N_E$, und $R_B = R_E$.

Das auf die Eingangsseite bezogene Ersatzschaltbild Bild 17 gilt z. B. für Kern 1 und 2 während der Phase c. Der durch u_{1m} hervorgerufene Strom i_1 unterstützt die Blockierung von Kern 2 und hemmt die Einstellung von Kern 1. In den Wicklungen N_1 der Ersatzschaltung kann während der Ummagnetisierung nur der Koerzitivstrom I_{c_1} fließen. Man findet daher für die Ströme:

$$i'_B + i_1 = I_{c_1}, \qquad i'_E - i_1 = I_{c_1} \tag{41}$$

und mit Gl. (40) für die an den Wicklungen auftretenden Spannungen:

$$u_E = \frac{R'_E}{N_1}\left(\Theta_E - \Theta_{c_1} - \frac{u_{1m} \cdot N_1}{R_1 + R'_E + R'_B}\right) = \frac{R'_E}{N_1} \cdot \Theta_{c_1}(1-\alpha)$$

$$u_B = \frac{R'_B}{N_1}\left(\Theta_B - \Theta_{c_1} + \frac{u_{1m} \cdot N_1}{R_1 + R'_E + R'_B}\right) = \frac{R'_E}{N_1}\, \Theta_{c_1}(1+\alpha) \tag{42}$$

$$\text{mit } \alpha = \frac{1}{1 + \frac{2R'_E}{R_1}}$$

8.32 Berechnung von τ_{a_1}

Als Vorgeschichte wird $\Theta_1 = 0$ (Eingangsklemmen offen) angenommen, d. h. es wird zyklisch voll eingestellt, übertragen, blockiert usw.

Genau mit Beginn der Taktphase c wird u_{1m} eingeschaltet, also die Steuerdurchflutung $\Theta_{1m} = \Theta_{c_1}$ angeboten. Jetzt ist Bild 17 und damit Gl. (42) maßgebend: Kern 2 wird in der Zeit

$$\tau_{B_1} = \frac{2\Phi_s \cdot N_1}{u_B} < \tau_{2m} \tag{43a}$$

vollständig blockiert. Während dieser Zeit wird in Kern 1 ein Restfluß

$$\Phi_{E_1} = \frac{1}{2N_1} \cdot u_E \cdot \tau_{B_1} = \Phi_s \cdot \frac{u_E}{u_B} < \Phi_s \tag{44a}$$

eingestellt. In der restlichen Zeit $\tau_{2m} - \tau_{B_1}$ der Phase c erfolgt keine weitere Einstellung, weil die Differenzdurchflutung $\Theta_E - \Theta_{1m}$ den Schwellwert Θ_{c_1} nicht überschreitet.

Anschließend Phase a.

Der gleiche Vorgang wiederholt sich: Kern 3 wird in der Zeit τ_{B1} blockiert, Kern 2 erhält die Resteinstellung Φ_{E_1}.

Anschließend Phase b.

Kern 1 wird in der Zeit

$$\tau_{B_2} = \frac{2\Phi_{E1} \cdot N_1}{u_B} < \tau_{B_1} \tag{43b}$$

blockiert, Kern 3 erhält den Restfluß

$$\Phi_{E_2} = \frac{1}{2N_1}\, u_E\, \tau_{B_2} = \Phi_s \left(\frac{u_E}{u_B}\right)^2 < \Phi_{E_1} \tag{44b}$$

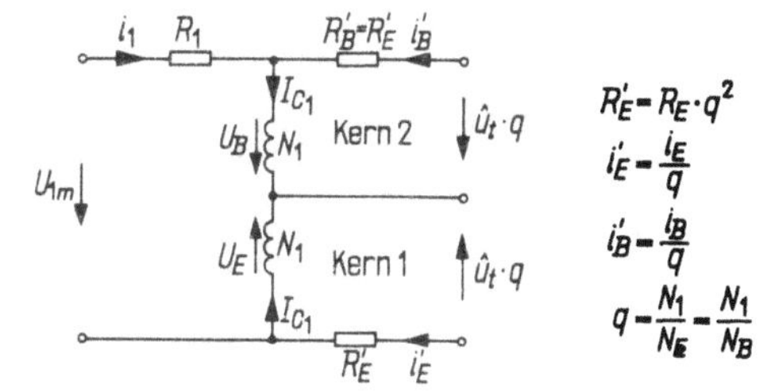

Bild 17: Eingangsseitiges Ersatzschaltbild für Kern 1 und 2 des linearen Transfluxorverstärkers Bild 13 während Phase c

Anschließend Phase c.

Der gleiche Vorgang wiederholt sich: Kern 2 wird in der Zeit τ_{B_2} blockiert, Kern 1 erhält den Restfluß Φ_{E_2} usw.

Ergebnis: Vom Beginn der Einschaltung von u_{1m} gerechnet, vermindert sich der restliche Einstellfluß in der 1., 3., 5. usw. Taktphase jeweils um den Faktor

$$\frac{u_E}{u_B} < 1.$$

Die Ansprechzeit

$$\tau_{a_1} = (2n-1)\ \tau_{2m} = (2n-1)\frac{1}{3f_t} \qquad (45)$$

wird nun als die Zeit definiert, bei der der Restfluß Φ_{E_n} auf ein 1/100 des Anfangswertes gesunken ist, bei der also der Verstärker praktisch eingeschwungen ist:

$$\frac{\Phi_{E_n}}{\Phi_s} = \left(\frac{u_E}{u_B}\right)^n = \frac{1}{100}$$

$$\longrightarrow \quad n = \frac{4,6}{\ln \frac{u_B}{u_E}} \qquad (46)$$

Nach Gl. (42) ist

$$\frac{u_B}{u_E} = \frac{1+\alpha}{1-\alpha} = 1 + \frac{R_1}{R'_E}\ . \qquad (47)$$

Hierin läßt sich R_1 durch P_{1m}, Θ_{c_1} und R'_E durch τ_{2m}, Θ_{c_1} bzw. auch durch P_{2m}, Θ_2 ausdrücken. Unter Berücksichtigung von Gl. (40) erhält man

$$\frac{u_B}{u_E} = 1 + \frac{1}{V}\ \frac{\Theta_2}{\Theta_{c_1}} \qquad (47a)$$

8.33 Berechnung von τ_{a_2}

Bei der Abschaltung von u_{1m} soll der Eingang aufgetrennt werden, z.B. zu Beginn der Phase c: Kern 1 wird voll eingestellt, zugleich wird aber aus Kern 3 noch mit vollem Strom I_2 ausgegeben so, als ob Θ_{1m} noch angelegt wäre. Ab Phase a dagegen fließt bereits der kleine Ausgangsstrom I_{c_2}, ist also der Verstärker eingeschwungen. Die Ansprechzeit ist daher

$$\tau_{a_2} = \tau_{2m} = \frac{1}{3f_t}\ . \qquad (48)$$

Wenn man bei Abschaltung von u_{1m} den Eingang kurzschließen würde, dann würde die Berechnung von τ_{a_1} nach einer Methode ähnlich 8.32 einen Wert $> \tau_{2m}$ ergeben.

8.34 Grenzfrequenz

Entsprechend Gl. (36) erhält man aus Gl. (45), (46), (47a) und (48)

$$f_g = \frac{1}{3,7}\ \ln\left(1 + \frac{1}{V}\ \frac{\Theta_2}{\Theta_{c_2}}\right) \cdot f_t \qquad (49)$$

Nach V aufgelöst, ergibt sich aus dieser Formel Gl. (33), wobei die in Bild 18 dargestellte Größe

$$p = \frac{f_t}{f_g}\left(\exp 3,7 \cdot \frac{f_g}{f_t} - 1\right) \qquad (50)$$

als Abkürzung eingeführt wurde.

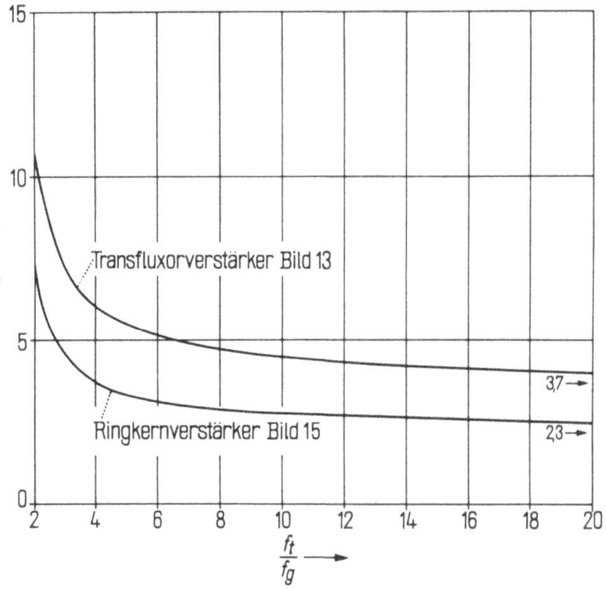

Bild 18: Verlauf der Funktion p in Gl. (33)

8.4 Ringverstärker Bild 15

Das Ersatzschaltbild 17 und der Berechnungsgang nach 8.3 kann sinngemäß übernommen werden. Entsprechend Gl. (49) ergibt sich:

$$f_g = \frac{2 f_t}{1 + \dfrac{4,6}{\ln\left(1 + \dfrac{1}{V}\ \dfrac{\Theta_2}{\Theta_c}\right)}} \cdot f_t \qquad (51)$$

Die Auflösung dieser Gleichung nach V führt wieder auf Gl. (33), wobei die ebenfalls in Bild 18 dargestellte Größe p jetzt durch die Beziehung

$$p = \frac{f_t}{f_g}\left[\exp\left(\frac{4,6}{2\frac{f_t}{f_g} - 1}\right) - 1\right] \qquad (52)$$

gegeben ist.

Schrifttum

[1] J. A. Rajchman und A. W. Lo: The transfluxor - a magnetic gate with stored variable setting. RCA-Rev. 16 (1955), S. 303

[2] J. A. Rajchman und A. W. Lo: The transfluxor. Proc. Inst. Radio Eng. 44 (1956), S. 321

[3] A. Darre: Abfragen magnetischer Speicher ohne Informationsverlust. Frequenz 11 (1957), S. 18 und S. 38

[4] H. W. Abbott und J. J. Suran: Multihole ferrite core configurations and applications. Proc. Inst. Radio Eng. 45 (1957), S. 1081

[5] K. Schlick: Ein neuer elektrischer Regler. Siemens-Z. 31 (1957), S. 482

TOPOLOGISCHE UND TECHNOLOGISCHE FRAGEN BEI LOCHPLATTEN-SPEICHERN

S. Schweizerhof, Backnang

Mit 10 Bildern

A. Einleitung

Die nachstehenden Ausführungen betreffen, im Gegensatz zu anderen Vorträgen dieser Tagung, keine der neuartigen nichtlinearen Elemente, von denen man sich für die Zukunft Speicher mit revolutionierenden Eigenschaften versprechen kann. Sie beziehen sich vielmehr auf den bereits klassisch gewordenen Ferritkern-Speicher und haben eine besondere Formgebung dieses Speichertyps mit gewissen technischen Vorteilen zum Ziel. Solche Bemühungen rechtfertigen sich, trotz der bestechenden Speichereigenschaften der dünnen magnetischen Schichten oder der Parametrons, durch die wichtige Rolle, die der Ferritspeicher auch in der nächsten Zukunft noch in den elektronischen Rechenmaschinen spielen wird.

Unter Lochplattenspeichern wollen wir Speicher verstehen, die, im Gegensatz zu den üblichen Ringkernspeichern, aus dünnen Ferritplatten mit einer Vielzahl von einzelnen Löchern aufgebaut sind. Anstelle des dünnwandigen Ringkerns tritt dabei also die nächste Umgebung eines Loches in einer Platte als Speicherelement.

Zunächst kann man fragen, weshalb solche Lochplattenspeicher interessieren, nachdem der Ringkernspeicher bereits technisch weitgehend ausgereift ist. Der Hauptgrund liegt, im Zusammenhang mit der Transistorisierung der elektronischen Rechenmaschinen, in dem Wunsch nach kleineren Schreibströmen. Der für einen Speicherkern erforderliche Schreibstrom läßt sich bekanntlich durch Verkleinerung des Ringkerndurchmessers herabsetzen. Man kann sich nun vorstellen, daß es technologisch einfacher ist, ein sehr kleines Loch in eine Ferritplatte einzubringen als einen dünnen Ferritring von gleichem Innendurchmesser herzustellen, und daß ein solches Gebilde außerdem mechanisch robuster ist und sich leichter verdrahten läßt. In Übereinstimmung mit Rajchman in USA, dessen Lochplattenspeicher im folgenden ebenfalls kurz besprochen werden soll, haben wir gefunden, daß man ohne große technische Schwierigkeiten dünne Ferritplatten mit wenigen hundert Löchern von etwa 1/2 mm Durchmesser herstellen kann, und daß sich hiermit der Schreibstrom der jetzt verfügbaren kleinsten Speicher-Ringkerne mit etwa 0,8 mm Innendurchmesser noch um einiges unterschreiten läßt. Neben der Stromverkleinerung kann man sich von einem Lochplattenspeicher geeigneten Aufbaus auch eine stärkere räumliche Konzentration und eine rationellere Fertigung erhoffen.

B. Eigenschaften des Speicherelements "Loch in Platte"

Gegen die Verwendung von Lochplattenspeichern im Koinzidenzverfahren scheinen zunächst die etwas ungünstigeren Speichereigenschaften eines Lochs in einer Platte zu sprechen, verglichen mit den Eigenschaften eines sehr dünnen Rings. Wie Kornetzki und Burger [1] 1951 bei der Untersuchung von Speicherringen verschiedener radialer Breite bemerkt haben, wird die Hystereseschleife von Ringkernen gegenüber der exakten Schleife des verwendeten Werkstoffs dadurch verformt, daß die kreiszylindrische Umklappzone unter der Wirkung des ansteigenden inhomogenen Ummagnetisierungsfeldes vom Lochrand nach außen läuft. Hierbei wird insbesondere die Entmagnetisierungsflanke gegenüber ihrem ursprünglichen Verlauf etwas geneigt. Für diese Neigung ergibt sich, bei Darstellung des Flusses Φ in Abhängigkeit von der Durchflutung Θ, für den Fall eines Werkstoffs mit idealer Rechteckschleife die Beziehung

$$\frac{d\Phi}{d\Theta} = \frac{2}{\pi}\, h\, \frac{B_s}{H_c}$$

wobei B_s die Sättigungsinduktion des Werkstoffs, H_c seine Koerzitivkraft und h die Dicke des Rings oder der Platte bedeutet. Man bemerkt, daß die Neigung der Entmagnetisierungsflanke in dieser Darstellungsweise von den Ringdurchmessern bzw. vom Lochdurchmesser unabhängig ist. Bild 1 zeigt den Effekt am Beispiel eines Lochs in einer ausgedehnten Ferrit-Lochplatte und zugleich auch die Aufweitung, die die Magnetisierungsschleife bezüglich des scheinbaren Sättigungsflusses und der scheinbaren Koerzitivkraft-Durchflutung mit steigender Durchflutung erfährt. Die besprochene Flankenverschrägung allein würde nun jedoch bei kleineren Aussteuerungen der Magnetisierungsschleife noch keine Verminderung des sogenannten

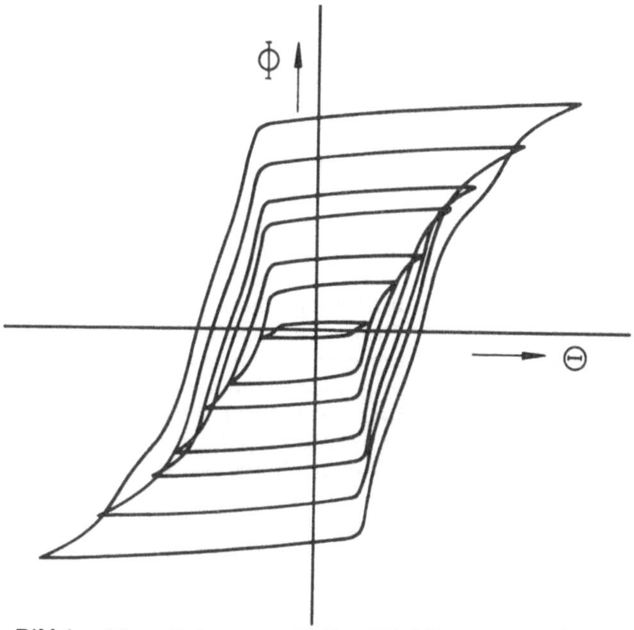

Bild 1: Magnetisierungsschleifen (Fluß/Durchflutung) der Umgebung eines Ferritplattenlochs

Rechteckverhältnisses $\frac{\Phi\,(-\Theta_{max}/2)}{\Phi\,(+\Theta_{max})}$ verursachen, wie man leicht einsieht. Die trotzdem feststellbare Verkleinerung gegenüber dem sehr dünnen Ring erklärt sich vielmehr daraus, daß die äußeren Zonen des umklappenden Bereiches mit schwächeren Feldern ausgesteuert werden als der unmittelbare Lochrand, und daß die einschlägigen Werkstoffe bei schwächeren Feldern im allgemeinen eine weniger rechteckige Magnetisierungsschleife aufweisen. Dementsprechend würden Werkstoffe, deren Magnetisierungsschleife bereits bei kleineren Aussteuerungen sehr gut rechteckförmig ist, auch eine geringere Abnahme des Rechteckverhältnisses beim Übergang vom dünnen zum breiten Ring oder zum Plattenloch ergeben. Läßt man die Umgebung eines Lochs in einer ausgedehnten Platte durch eine entsprechend größere Stromamplitude über den doppelten Lochdurchmesser hinaus umklappen, so fällt das Rechteckverhältnis rapid ab, weil der Lochrand dann schon unterhalb des Halbstroms umzuklappen beginnt. Aus diesem Grunde kommt eine Steigerung des Schreibstroms über diesen Grenzwert hinaus nicht in Betracht. Man kann daher benachbarte Speicherlöcher im Interesse einer großen Packungsdichte bis auf den doppelten Lochdurchmesser einander nähern. Die Erfahrung zeigt, daß hierbei noch keine schädlichen Überkopplungen zwischen den gespeicherten Informationen eintreten; dies erklärt sich aus der Stabilität der Remanenzgürtel, von denen im Betriebszustand des Speichers alle Löcher umgeben sind.

Man könnte daran denken, das Rechteckverhältnis des Plattenlochs durch eine geeignete Profilierung der Platte in der Umgebung des Lochs zu verbessern; auf Grund einiger orientierender Versuche erscheint diese Möglichkeit allerdings nicht besonders aussichtsreich. Jedoch ist nach den bisherigen Erfahrungen das Auflösungsvermögen des Plattenlochs bei Benutzung einer geeigneten Auslese-Elektronik völlig ausreichend, so daß der Lochplattenspeicher mit seinen spezifischen Vorzügen (kleiner Schreibstrom, einfache und billige Fädeltechnik, kleines Volumen) auch für das Koinzidenzverfahren besonderes Interesse verdient.

Im folgenden wollen wir zunächst zwei bereits bekannte Lochplattenspeicher betrachten.

C. Bereits bekannte Lochplattenspeicher

Eine in Koinzidenz betriebene Lochplatten-Matrix im geometrisch einfachsten Sinne wurde erstmals 1953 [2] in einer amerikanischen Patentschrift vorgeschlagen; die entsprechende deutsche Anmeldung wurde im Juli vergangenen Jahres veröffentlicht und das Patent inzwischen erteilt. Es handelt sich dabei um eine dünne quadratische Platte mit matrixartig angeordneten Löchern, wie sie Bild 2 schematisch zeigt. Bei Betrieb mit Zweifach-Koinzidenz werden die Lochzeilen und Lochkolonnen von je einem Schreibdraht mäanderförmig durchzogen. - Für den Fall, daß die Magnetisierungsschleife der Löcher nicht ausreichend rechteckig ist, gibt die Patentschrift auch eine Verdrahtungsregel für einen Betrieb mit mehr als zweifacher Koinzidenz an. Der Gedanke der Mehrfachkoinzidenz ist zunächst bestechend. Man sieht jedoch anhand von Bild 3 leicht ein, daß

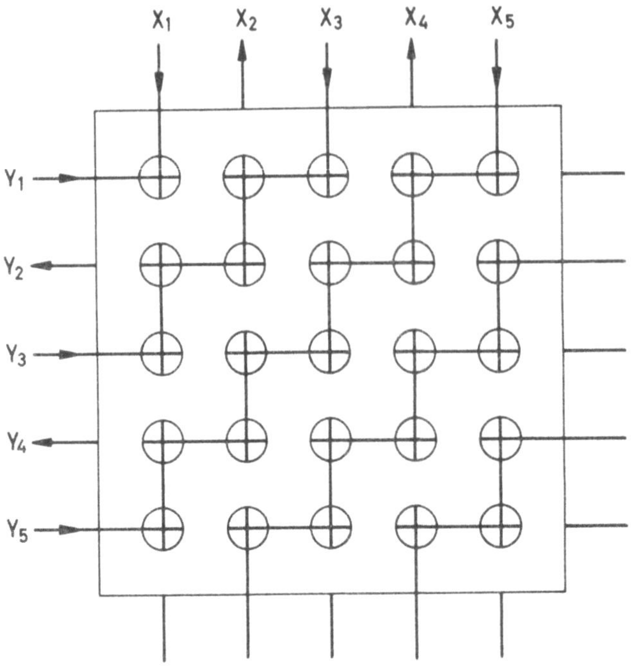

Bild 2: Plattenmatrix mit Zweifach-Koinzidenz-Verdrahtung

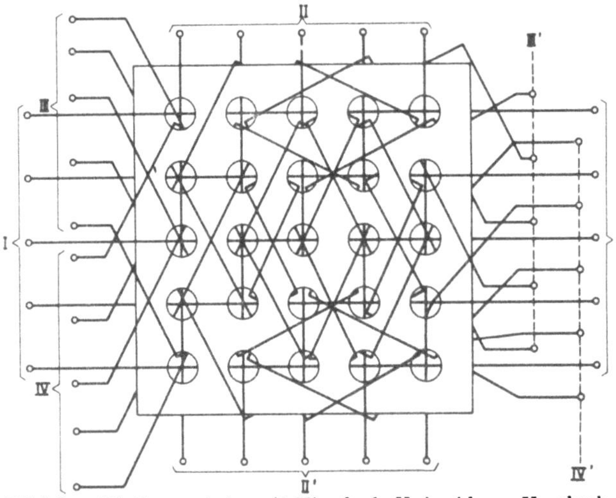

Bild 3: Plattenmatrix mit Vierfach-Koinzidenz-Verdrahtung

er wegen der komplexen Verdrahtung, der höheren Drahtzahl pro Loch und der aufwendigeren Elektronik praktisch kaum durchführbar ist. Aber selbst bei Zweifach-Koinzidenz ist die einfache Plattenmatrix mit ihrer stickereiähnlichen Verdrahtungstechnik für größere Kapazitäten unwirtschaftlich. Außerdem stößt die Herstellung von Matrixplatten mit mehr als einigen hundert Löchern auf technologische Schwierigkeiten (wie Sinterverzug u. Inhomogenitäten) und auf großen Werkzeugaufwand. Auch das Risiko eines schlechten Speicherlochs und der Bruchgefahr würde dann zu groß werden.

Von einem technisch durchgeführten Ferritplattenspeicher berichtete erstmals Rajchman [3] 1956. Es handelt sich dabei um zwei verschiedene Ausführungsformen, die sich bezüglich des Speicherkörpers und seiner Verdrahtung ähneln, jedoch wesentlich verschieden arbeiten.

Bei der von Rajchman bevorzugten und technisch entwickelten Form handelt es sich um einen Lochplattenspeicher, in den direkt eingeschrieben wird, also mit nur einem einzigen Draht je Wort, und bei dem je Bit 2 Löcher (in getrennten Platten) benutzt werden. Die prinzipiellen Vorteile eines solchen Speichers liegen darin, daß die Anforderungen an die Rechteckigkeit der Hystereseschleife und damit an die Toleranzen der Schreibströme kleiner sind, und daß man durch Anwendung höherer Ströme kürzere Umschaltzeiten erreichen kann als beim Koinzidenz-Speicher. Dafür stößt man bei der Auswahlschaltung zu diesem Speicher auf Probleme anderer Art, derentwegen wir ihn für das von uns angestrebte Ziel und unsere weiteren Betrachtungen ausschließen wollen.

Bei dem zweiten von Rajchman vorgeschlagenen und in weiteren späteren Veröffentlichungen diskutierten Lochplattenspeicher handelt es sich dagegen um einen Koinzidenzspeicher. Sein Aufbau ergibt sich dadurch, daß man Matrixplatten der oben besprochenen Art zu einem Block der gewünschten Wortlänge stapelt und die Zeilen- und Kolonnendrähte nicht in die einzelnen Platten einfädelt, sondern sie in einem Zug durch die gleichnamigen, fluchtenden Löcher aller Ebenen hindurchzieht. Für das Auslesen und Inhibieren ist auf die einzelnen Ferritplatten eine, sämtliche Löcher mäanderförmig durchsetzende Metallbahn aufgebracht. Das Problem der Störspannungskompensation wird dadurch gelöst, daß man für jede Ebene zwei gleiche Speicherplatten so einsetzt, daß sich ihre Störspannungen Loch für Loch kompensieren. Damit die Lesespannung der Eins nicht ebenfalls kompensiert wird, wird beim Einschreiben der Inhibitorstrom durch eine der beiden Platten geschickt. Die räumliche Konzentration dieses Speichers und seine einfache Fädeltechnik sind bestechend, jedoch hat er auch gewisse Nachteile: So bedingt das Kompensationsverfahren, abgesehen vom größeren Raumbedarf, daß die Anzahl von elementaren Störspannungen zunächst einmal verdoppelt wird, und daß daher die maximale Summen-Störspannung größer ausfällt als beim üblichen Kompensationsverfahren. Außerdem hat das Verfahren auch zur Folge, daß man für das Einschreiben und Abfragen die doppelte elektrische Leistung benötigt, und daß die Laufzeit der Stromimpulse verlängert wird. Mit der Verdoppelung der Zahl der Speicherlöcher erhöht sich schließlich auch das Risiko eines schadhaften Loches.

Die Kapazität des Rajchmanschen Speicherblocks beträgt beim Prototyp 256 Worte. Da sich der Herstellung wesentlich größerer Speicherplatten Schwierigkeiten entgegenstellen, müssen größere Wortkapazitäten durch Zusammenschalten mehrerer solcher Blöcke hergestellt werden, z. B. von 16 Blöcken im Fall von 64 x 64 Worten. Arbeitsaufwand und Platzbedarf hierfür sind zu bedenken, ebenso wie die Folgen eines Defekts in einem der zusammengeschalteten Blöcke.

Nach diesen Überlegungen erscheint es auch für den Fall eines Lochplattenspeichers empfehlenswert, ihn in klassischer Weise aus einzelnen Ebenen als Bauelemente zusammenzusetzen und die Störspannungen durch eine geeignete Führung des Lesedrahtes zu kompensieren.

D. Die "gefaltete" Plattenmatrix

Nach den obigen Überlegungen kann man dieses Ziel nicht einfach durch große Ferrit-Lochplatten als Matrizen erreichen. Man muß vielmehr die einfache Matrixplatte von vornherein in kleinere Elemente zerlegen und diese zu einem räumlichen Gebilde wieder so zusammenfügen, daß alle elektrischen Bedingungen (insbesondere die der Störspannungskompensation) mit einer möglichst einfachen Verdrahtungstechnik erfüllbar sind. Ferner müssen Form und äußere Anschlüsse einer solchen transformierten Plattenmatrix einen einfachen Zusammenschluß zu einem Wort beliebiger Länge gestatten.

Es gibt vielleicht mehrere brauchbare Lösungen dieser Aufgabe. Die im folgenden besprochene Lösung läßt sich am besten mit Hilfe einiger Vorüberlegungen verständlich machen. Man stelle sich vor, daß die einfache Matrixplatte zunächst in ihre Zeilen, d. h. in Streifen mit je einer Lochreihe, zerschnitten und daß jeder dieser Streifen mit einer Zeilenwicklung mäanderförmig durchfädelt oder bedruckt wird. Man kann dann diese Streifen sandwichartig übereinanderstapeln, wie es Bild 4 zeigt, so daß die Löcher in Kolonnenrichtung fluchten. Die so entstehende Lochstreifen-Matrix läßt sich nun in Kolonnenrichtung sehr rationell fädeln. Für die in Bild 4 eingezeichneten Kolonnenschreibdrähte und für den Inhibitordraht führt dies zum gewünschten Erfolg, nicht dagegen für den Lesedraht. Von diesem verlangt man ja, daß er die Löcher jeder Zeile und diejenigen jeder Kolonne ebenso oft parallel als antiparallel zur Richtung des Magnetisierungsstromes durchläuft. Man sieht unmittelbar ein, daß sich diese Bedingung bei der abgebildeten Lochstreifen-Matrix für die Zeilen erfüllen läßt, nicht dagegen für die Kolonnen, da sich in diesen die Störspannungen aufaddieren würden.

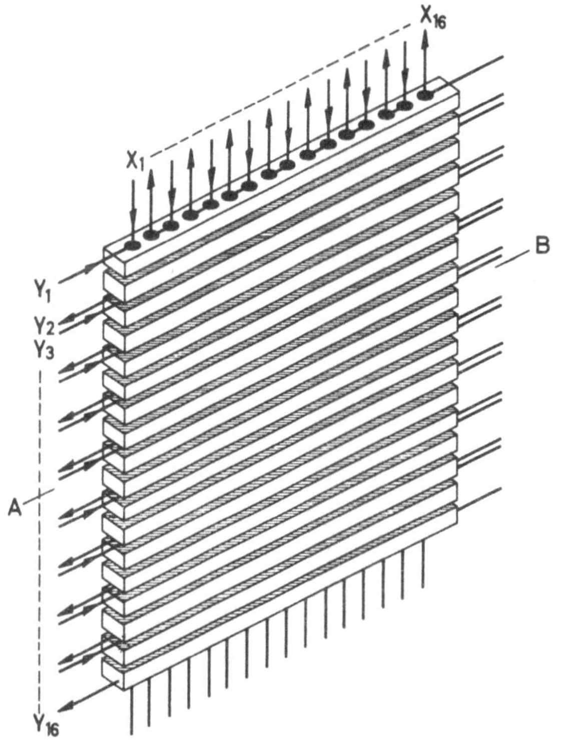

Bild 4: Einfache Lochstreifen-Matrix

Diese Schwierigkeit läßt sich nun dadurch beheben, daß man die untere Hälfte der Lochstreifen-Matrix (mitsamt den eingezogenen Kolonnendrähten) um die Mittellinie AB nach oben klappt oder faltet. Bild 5 zeigt das Paket der beiden nebeneinanderliegenden Halbmatrizen. Man sieht unmittelbar, daß jetzt der Lesedraht ohne weiteres in je zwei zusammengehörigen Halbkolonnen gegensinnig mit Bezug auf die Magnetisierungsströ-

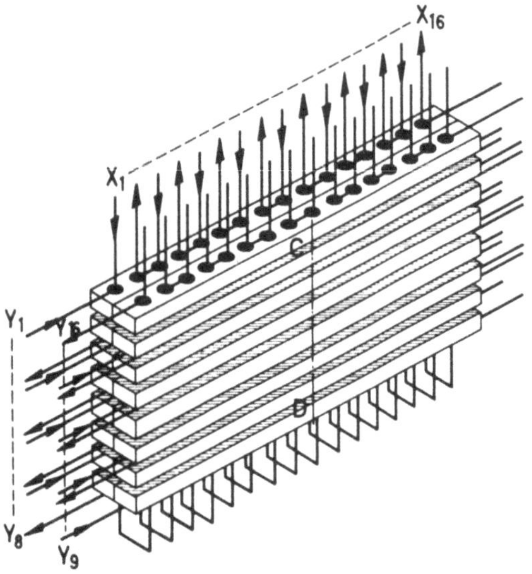

Bild 5: Einmal gefaltete Lochstreifen-Matrix

me eingezogen werden kann. Damit ist nun auch für die Kolonnenrichtung die Störspannungskompensation möglich geworden. Das Bild läßt schließlich auch noch erkennen, daß man je zwei benachbarte Lochstreifen der beiden Halbmatrizen von vornherein als einen einzigen Streifen mit 2 Lochreihen ausbilden kann.

Die Anzahl der zu stapelnden Lochstreifen ist gleich der halben Zeilenzahl. Alle Wicklungen (mit Ausnahme der Zeilenwicklungen) können in jeweils einem Zug durch entsprechend viele Löcher hindurchgezogen werden, so daß sich eine einfache und wirtschaftliche Verdrahtungstechnik ergibt. Andererseits wird das Streifenpaket selbst bei einer großen Kapazität nur so hoch, daß es sich noch bequem verdrahten läßt.

Man kann diese topologischen Umformungen der einfachen Platten-Matrix formal als Faltungen um zeilenparallele Linien auffassen, und wir wollen daher die beschriebene Matrix als gefaltete Lochstreifen-Matrix bezeichnen. Verschiedene Gesichtspunkte führten uns dazu, diese Matrix nochmals zu falten, und zwar um ihre kolonnenparallele Mittellinie CD. Es ergibt sich dann, wie Bild 6 zeigt, ein Paket aus Lochstreifen mit 4 Lochreihen von halber Zeilenlänge. Solche verhältnismäßige breitere Lochstreifen unterliegen z. B. einem geringerem Sinterverzug. Ferner läßt sich bei dieser doppelt gefalteten Lochstreifen-Matrix die Verdrahtung so einrichten, wie es auch

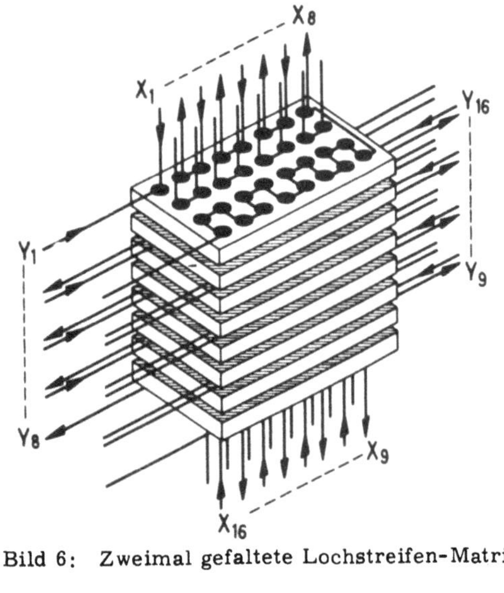

Bild 6: Zweimal gefaltete Lochstreifen-Matrix

in Bild 6 geschehen ist, daß sich die zahlreichen elektrischen Außenanschlüsse in organischer Weise auf die Umrandung verteilen lassen.

Bild 7 zeigt schematisch die Oberseite einer solchen Matrix (16 x 16 Bit) mit den endgültig gewählten Verdrahtungsschemen aller Wicklungen. Links oben sind zwei ineinander gefaltete Zeilenwicklungen der beiden Teil-Matrizen eingezeichnet; in dieser Weise wird jeder Lochstreifen individuell durchdrungen. Alle anderen Wicklungen durchsetzen das gesamte Streifenpaket. Rechts oben in Bild 7 sind die Kolonnenschreibdrähte der beiden Teilmatrizen eingezeichnet; ihre haarnadelförmige Faltung wird anhand des gezeichneten Seitenrisses deutlich. Links unten ist das Verdrahtungsschema des Inhibitors, rechts unten dasjenige des Lesedrahtes erkennbar. Macht man sich die Mühe, in verschiedenen Löchern den Richtungssinn des Magnetisierungsstromes mit dem des Lesedrahtes zu vergleichen, so findet man, daß sich die Störspannungssummen je zweier Halbzeilen, bzw. zweier Halbkolonnen, gegenseitig kompensieren. Die geometrische Regelmäßigkeit der Verdrahtungsmuster auf den Endflächen des Streifenpaketes erleichtert übrigens die Verdrahtung und vor allem ihre rasche Kontrolle beträchtlich.

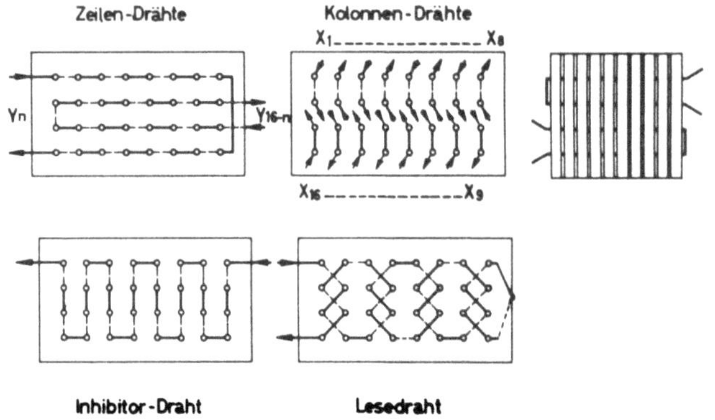

Bild 7: Verdrahtungsschema einer gefalteten Lochstreifen-Matrix

Neben der in Bild 7 gezeigten Führung von Inhibitor- und Lesedraht gibt es noch andere Möglichkeiten, den magnetischen Forderungen, insbesondere der Störspannungskompensation, gerecht zu werden. Die Leitungsführung muß jedoch auch noch auf die unerwünschte kapazitive Übertragung von Störspannungen von den Magnetisierungsdrähten auf den Lesedraht Rücksicht nehmen. Solche Störspannungen werden bei Ein- oder Ausschalten der Magnetisierungsströme vor allem im Innern der Lochkanäle des Streifenpakets übertragen, wo die kapazitive Kopplung am engsten ist. Ihre Auswirkung kann dadurch herabgesetzt werden, daß man (immer unter Beachtung der magnetischen Forderungen) den Lesedraht mit Bezug auf die Schreibdrähte und den Inhibitordraht wiederum mit Bezug auf den Lesedraht in einer solchen Reihenfolge durch die Löcher des Streifenstapels hindurchführt, daß Stellen etwa gleichen elektrischen Potentials ungefähr symmetrisch zu den Enden des Lesedrahtes zu liegen kommen. Das in Bild 7 gezeigte Verdrahtungsschema trägt diesem Gesichtspunkt bereits Rechnung und ist daher wohl als optimal zu betrachten.

Die folgenden Bilder betreffen die praktische Ausführung einer gefalteten Lochstreifen-Matrix mit

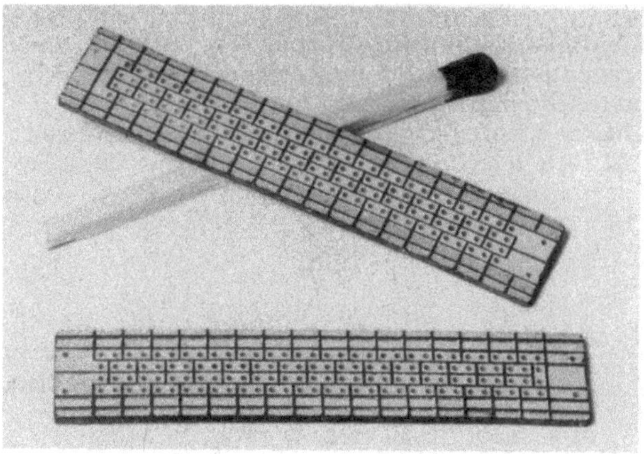

Bild 8: Ferrit-Lochstreifen mit aufmetallisierten Zeilenwicklungen

Bild 9: Gefaltete Lochstreifen-Matrix mit 64 x 64 Bit

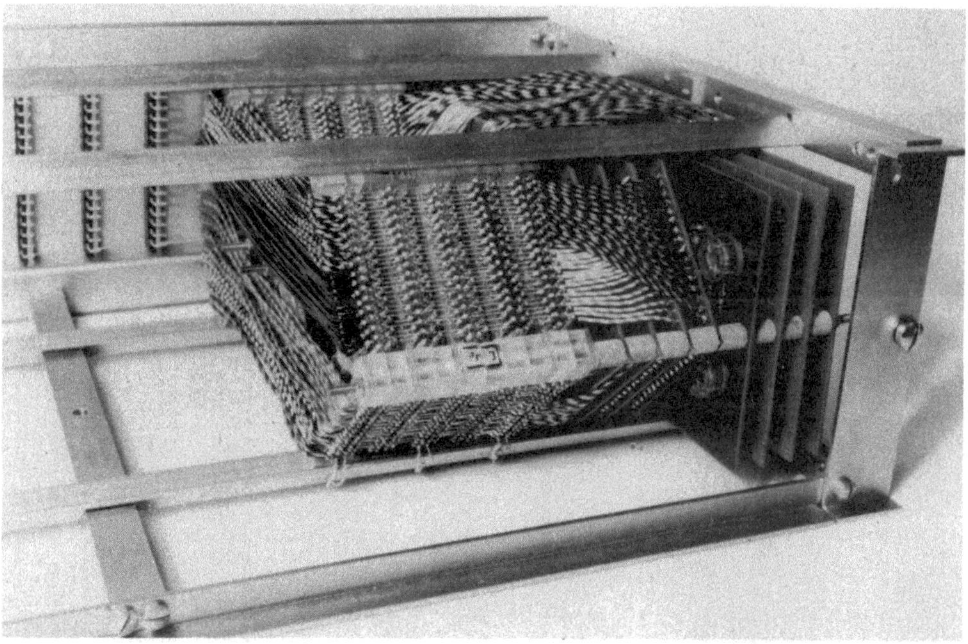

Bild 10: Zusammengeschaltete Lochstreifen-Matrizen

einer Kapazität von 64 x 64 = 4096 Bit. Bild 8 zeigt zwei einzelne Ferrit-Lochstreifen, Bild 9 die anschlußfertige Matrix. Die Ferritstreifen sind 1 mm stark und 45 mm lang und weisen je 128 Speicherlöcher von 0,6 mm Durchmesser und 1,2 mm Mittelpunktabstand auf. Das gleichmäßige Pressen und Sintern dieses Gebildes ist bei entsprechender Sorgfalt befriedigend beherrschbar. Bild 8 zeigt gleichzeitig die aufmetallisierten Leiterbahnen der beiden ineinander gefalteten Zeilenwicklungen, die die Löcher an ihren Wänden durchsetzen. Die äußeren Abmessungen der anschlußfertigen Matrix betragen 80 x 80 x 15 mm. Der in der Mitte des Anschlußrahmens erkennbare, eigentliche Speicherblock hat eine spezifische Speicherkapazität von 220 Bit/cm^3. Bild 10 zeigt den Zusammenschluß einer Anzahl solcher Matrizen zu einem Speicher.

In ihren elektrischen Eigenschaften ist die Matrix etwa folgendermaßen zu charakterisieren: Der Arbeitsstrom ist besonders niedrig; er beträgt $I_w = I_r = 2 \times 140$ mA. Durch Verwendung einer anderen Ferritsorte würde er sich (ohne Verlängerung der Schaltzeit) voraussichtlich noch weiter absenken lassen. - Die Lesespannung der mit 60% des Nennstromes gestörten Eins beträgt $dV_1 \geqq 35$ mV. Die Störspannung, die vom jeweils ersten Störimpuls herrührt, gemessen zur Zeit des Maximums der Eins, beträgt $V_{s1} \leqq 1{,}5$ mV.

Bei Ausblendung der Lesespannungen in der Umgebung des Zeitpunktes, in dem die Eins ihr Maximum erreicht, haben die relativ früh ablaufenden reversiblen Amplituden der Null und der Störspannung, die relativ größer sind als bei Ringkern-Speichern, nur geringere Bedeutung. Arbeitet man mit einem post-disturb-Impuls, d. h. blendet man nach jedem Schreibvorgang eine künstliche Halbstrom-Störung ein, so wird der irreversible Anteil der Störspannungen vor dem Auslesen noch wesentlich vermindert. - Die Schaltzeit beträgt $t_s \approx 1{,}8\ \mu s$, die Spitzenzeit $t_p \approx 0{,}7\ \mu s$.

Schrifttum

[1] Frequenz 9 (1955), Nr. 9, S. 306 - 309

[2] Deutsches Bundespatent Nr. 1 034 689, USA-Priorität v. 31. 12. 1953

[3] Proc. EJCC, Dez. 1956, S. 107 - 115
Proc. IRE, Bd. 45, März 1957, S. 325 - 334

UNTERSUCHUNG NICHTLINEARER SYSTEME MIT EINEM ODER ZWEI ENERGIESPEICHERN

K. Jekelius, Stuttgart

Mit 13 Bildern

1. Einführung

Während die Vorgänge in *linearen* Netzwerken durch lineare Differentialgleichungen beschrieben werden, welche nach Transformation in den Spektralbereich auch bei großer Anzahl miteinander gekoppelter Energiespeicher leicht gelöst werden können (komplexe Rechnung), muß die Beschreibung von Vorgängen in *nichtlinearen* Netzwerken im Zeitbereich erfolgen. An die Stelle der Spektralfunktion tritt die Zeitfunktion (Kurvenform) als charakteristische Aussage.

Allgemeine oder geschlossene Lösungen der zugehörigen Differentialgleichungen sind nur noch in Sonderfällen möglich. Die Lösungsschwierigkeiten werden dabei weniger durch die Anzahl der Nichtlinearitäten, als vielmehr entscheidend von den am Vorgang beteiligten Energiespeichern bestimmt. Meist ist man daher auf Näherungslösungen für spezielle Fälle angewiesen. Besonders einfach und dem anschaulichen Denkvermögen der meisten Ingenieure gut angepaßt sind hier die *graphischen* Lösungsverfahren. Sie sind für beliebige, graphisch gegebene Kennlinien ausführbar und in ihrer Genauigkeit sowie bezüglich des Einflusses von Änderungen der Kennlinien leicht zu überblicken.

Leider sind sie nur bei Differentialgleichungen *erster* Ordnung ohne Einschränkungen anwendbar.

Bei Differentialgleichungen *zweiter* Ordnung bereitet die Berücksichtigung einer äußeren Zwangskraft bereits Schwierigkeiten (Treppenfunktion). Auch ist bisher lediglich für nichtlineares Dämpfungs- bzw. Proportionalglied eine einfache Konstruktion angegeben worden.

Nichtlineare Differentialgleichungen *dritter* Ordnung sind nur noch in Sonderfällen mittels einfacher Konstruktion lösbar, da diese, entsprechend den drei Freiheitsgraden, eigentlich im dreidimensionalen Raum erfolgen müßte. Vereinfachungen ergeben sich z. B., wenn die Zeitfunktion an einem der Energiespeicher sehr viel langsamer abläuft als an den beiden anderen, so daß sie quasi als veränderliche Anfangsbedingung behandelt werden kann (z. B. Sperrschwinger).

Da die Anzahl der wesentlichen, miteinander verketteten Energiespeicher die Ordnungszahl der den Vorgang im Netzwerk beschreibenden Differentialgleichung bestimmt, ist es zweckmäßig, die nichtlinearen Netzwerke nach der Anzahl ihrer Energiespeicher einzuteilen. In Praxi findet man z. Zt. nur selten nichtlineare Netzwerke mit mehr als zwei Energiespeichern. Diese Einzelnetzwerke werden dann über rückwirkungsfreie Trennverstärker zu umfangreicheren Schaltungen zusammengebaut. Es steht aber außer Zweifel, daß nichtlineare Netzwerke mit mehr Energiespeichern später größere Bedeutung erlangen werden, da mit ihnen bisher nicht bzw. nur mit viel größerem Aufwand realisierbare Funktionen erfüllt werden können.

Neben den gewollt nichtlinearen Systemen, deren praktische Anwendung z. Zt. erst im Anfangsstadium steht, wird die Lösung nichtlinearer Differentialgleichungen auch immer dann erforderlich, wenn die Schaltelemente eines Netzwerkes in der Nähe ihrer Grenzwerte betrieben werden. In dieser Übergangszone zwischen linearer und nichtlinearer Technik gelten nämlich weder die idealisierenden Annahmen und Vereinfachungen der linearen, noch diejenigen der nichtlinearen Technik, so daß die üblicherweise angenommene Trennung zwischen nichtlinearer Kennlinie und Energiespeichern in diesen Fällen meist nicht mehr durchführbar ist.

2. Das nichtlineare Widerstandsnetzwerk

Das Netzwerk ohne Energiespeicher kann durch eine einfache graphische Auflösung der Knoten- und Maschenregel behandelt werden. Die Strom-Spannungs-Kennlinien zweier Widerstände addieren sich hierbei in Stromrichtung bei Parallel- und in Spannungsrichtung bei Serienschaltung (Bild 1).

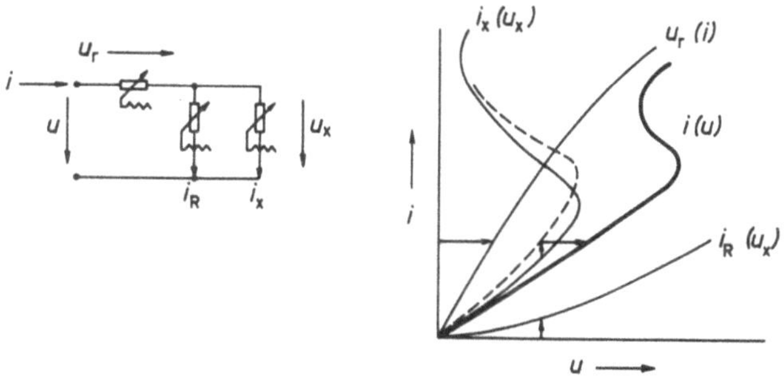

Bild 1: Graphische Lösung der Knoten- und Maschenregel in Netzwerken ohne Energiespeicher

Aus der gefundenen Gesamtkennlinie und den Zwischenergebnissen lassen sich auch die übrigen Abhängigkeiten ableiten, z. B. die Übertragungskennlinie $u_x(u)$, wenn man die Abschlußwiderstände mit einrechnet.

Damit sind mit der gleichen Methode auch Übertragungsvierpole *ohne* Energiespeicher (z. B. Begrenzerschaltungen) berechenbar.

3. Das nichtlineare Netzwerk mit einem Energiespeicher (z. B. RC-Glied)

Das nichtlineare Netzwerk mit einem linearen Kondensator und nur einer Einströmung läßt sich bekanntlich auf die in Bild 2 angegebene Ersatz-

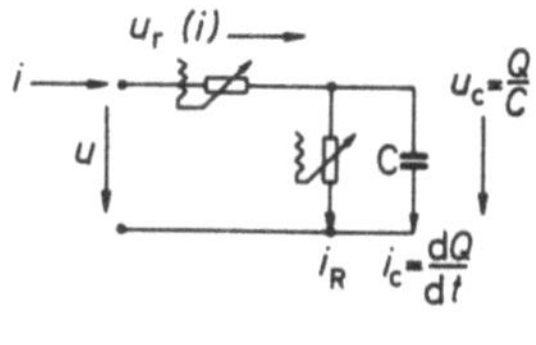

Bild 2: Ersatzschaltung des nichtlinearen Netzwerkes mit einem Energiespeicher und einer Einströmung

*) Mitteilung aus den Laboratorien der Standard Elektrik Lorenz A.G., Lorenz-Werke, Stuttgart

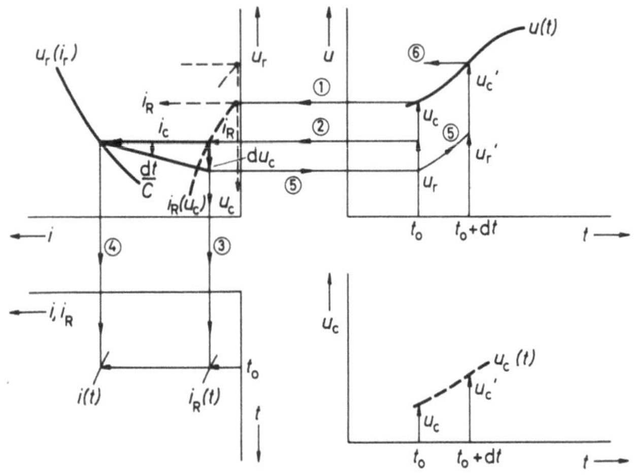

Bild 3: Graphische Integration der Differentialgleichung erster Ordnung.

Die Konstruktion geht von einem Anfangszustand (t_o) mit gegebener Aufteilung der Zwangskraft ($u(t_o)$) auf u_c und u_r aus (1). Aus u_r folgt der Gesamtstrom $i = i_r$ (2), welcher sich nach Maßgabe der Kennlinie $i_R(u_c)$ auf Kondensator (i_c) und Parallelwiderstand (i_R) aufteilt (3), (4).

$\frac{dt}{C}\, i_c$ gibt, als Winkelkonstruktion an der Widerstandskennlinie $u_r(i_r)$ ausführbar, den Zuwachs an Kondensatorspannung du_c (5) und damit die neue Anfangsbedingung für den nächsten Konstruktionsschritt (6). Die Schrittdauer (dt) kann während der Konstruktion verändert und damit an die jeweiligen Genauigkeitsforderungen angepaßt werden.

schaltung zurückführen. Die graphische Lösung geht auch hier wieder von den Spannungs- und Stromsummen aus, die in jedem Augenblick erfüllt sein müssen (Bild 3).

Ist auch der Kondensator nichtlinear, so ist zwischen die Winkelkonstruktion an der Widerstandskennlinie und das Eingehen in das Spannungsdiagramm die nichtlineare $u_c(Q)$-Kennlinie des Kondensators zwischen zu schalten (Bild 4).

Die Konstruktion ist für beliebige Kennlinien, einschließlich Hysterese, durchführbar.

Um einen Überblick über das Gesamtverhalten des Systems zu erlangen, empfiehlt es sich, mehrere Integralkurven von systematisch variierten Anfangsbedingungen aus zu konstruieren. In dem so erhaltenen Kurvenfeld kann dann interpoliert werden.

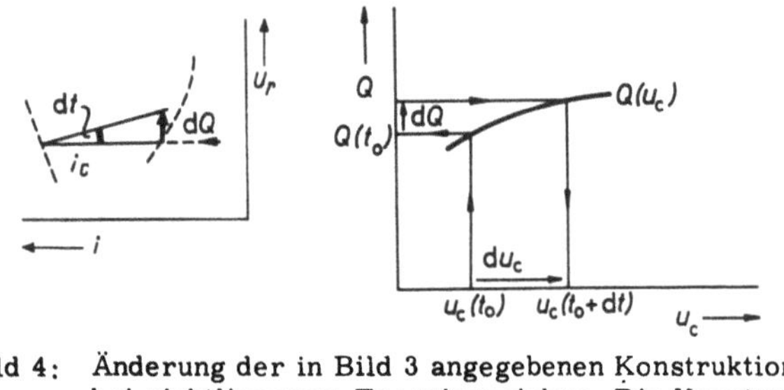

Bild 4: Änderung der in Bild 3 angegebenen Konstruktion bei nichtlinearem Energiespeicher. Die Konstruktion von du_c erfolgt über die Kondensatorkennlinie ($Q(u_c)$)

4. Das nichtlineare Netzwerk mit zwei Energiespeichern

Die graphische Konstruktion, die hier besprochen werden soll, basiert auf der Theorie der dynamischen Systeme, d.h. der Zerlegung der ursprünglichen Differentialgleichung zweiter Ordnung in ein gekoppeltes System zweier Differentialgleichungen erster Ordnung für die beiden Freiheitsgrade y und y'. Formal erfolgt diese durch Substitution des ersten Differentialquotienten durch eine neue Variable, wie nachfolgend an einem linearen Beispiel dargestellt:

$$y'' + py' + qy = 0 \text{ ergibt mit } \begin{aligned} dy/dt &= z \\ dz/dt &= -pz - qy \end{aligned}$$

und nach Division zwecks Eliminierung von t

$$dz/dy = -\frac{pz + qy}{z}$$

Jedem Punkt eines y-z-Koordinatensystemes entspricht ein definierter Zustand des Netzwerkes, da y und z die beiden Freiheitsgrade sind. Die y-z-Ebene könnte daher Zustandsebene und die Verbindungslinie zeitlich aufeinanderfolgender Zustandspunkte auch Zustandskurve oder Geschichte des Systems genannt werden. Im ausländischen Schrifttum findet man hierfür die Bezeichnungen Phasenebene, Phasenkurve und für die Gesamtheit aller Integral- oder Phasenkurven den Begriff Phasenporträt.

Die Differentialgleichung dz/dy ist die Gleichung des Richtungsfeldes. dz/dy = konstant ist die Gleichung der Isoklinen, d.h. der Verbindungslinie aller Punkte, in denen die Integralkurven gleiche Steigung besitzen. Die obige Differentialgleichung weist nun jedem Zustandspunkt (y, z) eindeutig eine bestimmte Steigung dz/dy zu, mit Ausnahme der Singulären Punkte, für die dieser Wert unbestimmt, d.h. 0/0 wird. Zustandskurven können sich daher auch nur in solchen singulären Punkten schneiden. Die folgerichtige Behandlung der Differentialgleichung beginnt daher mit einer Diskussion der Singularitäten, über deren Beschaffenheit eine vollständige Übersicht von Poincaré unter der Annahme vorliegt, daß die Differentialgleichung in unmittelbarer Nachbarschaft des singulären Punktes (y_o, z_o) linear angenähert werden kann (Bild 5).

Wesentlich schwieriger ist die Untersuchung auf geschlossene Umläufe, wie sie als Zustandskurve einer stationären Schwingung auftreten. Von besonderem Interesse sind die durch Knoten oder Sattelpunkte gehenden Integralkurven, da sie sozusagen Grenzkurven für Gebiete einheitlichen Charakters der Integralkurven sind. Sie werden daher auch Separatricen genannt.

4a. Der lineare Schwingkreis

Für einen linearen Parallelschwingkreis erhält man einen Lösungsansatz nach Bild 6.

Üblicherweise wird der Integralausdruck in der Differentialgleichung nach Bild 6 durch nochmalige Differentiation beseitigt. Dieser mathematische Weg ist auch in dem bereits klassischen Buch von Andronow und Chaikin [2] eingeschlagen. Mit $\frac{du}{dt} = \frac{1}{C}\, i_c$ erhält man aus

$$C\,\frac{d^2u}{dt^2} + \frac{1}{R}\,\frac{du}{dt} + \frac{1}{L}\,u = 0 \text{ schließlich}$$

$$\frac{d\,i_c}{d\,u} = -\frac{1}{R} - \frac{C}{L}\,\frac{u}{i_c}\,.$$

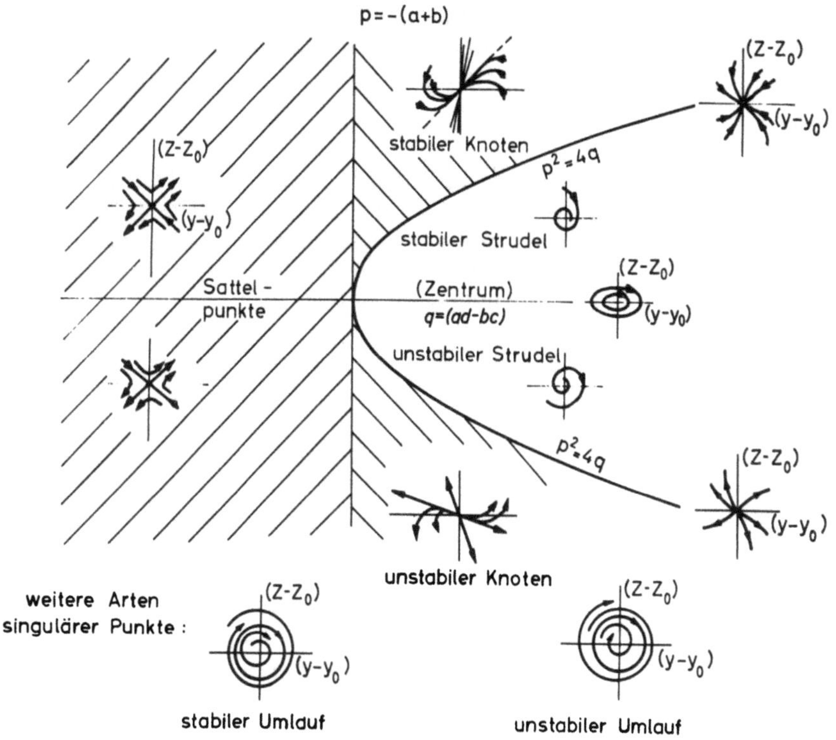

Bild 5: Charakter singulärer Punkte nach Poincaré [1, 2, 3]

Verlauf der Integralkurven in der Umgebung singulärer Punkte (y_o, z_o) in Abhängigkeit der bei linearer Näherung auftretenden Koeffizienten p und q.

$$\frac{dz}{dy} = -\frac{pz + qy}{z} \quad \text{bzw.} \quad y'' + py' + qy = 0$$

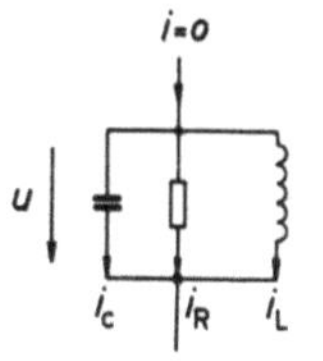

Bild 6:

Ansatz beim linearen Parallelschwingkreis

$i_c + i_R + i_L = 0 \qquad C\frac{du}{dt} + \frac{u}{R} + \frac{1}{L} \quad u\,dt = 0$

Diese Differentialgleichung ist nur mittels Isoklinenmethode auswertbar. Eine einigermaßen sichere Festlegung der Integralkurven erfordert die Einzeichnung sehr vieler Isoklinen. Die Auffindung der Zeitbezifferung längs der Zustandskurven ist nicht einfach.

Für die graphische Integration eignet sich nun eine andere Form obiger Differentialgleichung besser, die erhalten wird, wenn man den störenden Integralausdruck in der ursprünglichen Knotengleichung durch geeignete Substitution eliminiert.

Mit $\int u\,dt = \psi = L\,i_L$ wird $LC\frac{d^2 i_L}{dt^2} + \frac{L}{R}\frac{di_L}{dt} + i_L = 0$ und $\frac{di_L}{dt} = \frac{1}{L}\,u_L$. Als Zustandsgleichung findet man hieraus $C\frac{du}{di_L} = -\frac{i_R + i_L}{\frac{1}{L}u}$ und nach Einführung der Normierungen $\varepsilon = \sqrt{\frac{L}{C}}\,\frac{i_o}{u_o}$ und

$\tau = \frac{t}{\sqrt{LC}}$ erhält man schließlich

$$\frac{du}{\varepsilon\,di} = -\frac{\varepsilon\,i_R + \varepsilon\,i_L}{u} .$$

Dieser physikalische Weg ist vor allem von R. Urtel [3] angegeben worden und erlaubt eine punktweise Konstruktion der Integralkurve. Die Konstruktionsvorschrift ist in Bild 7 dargestellt.

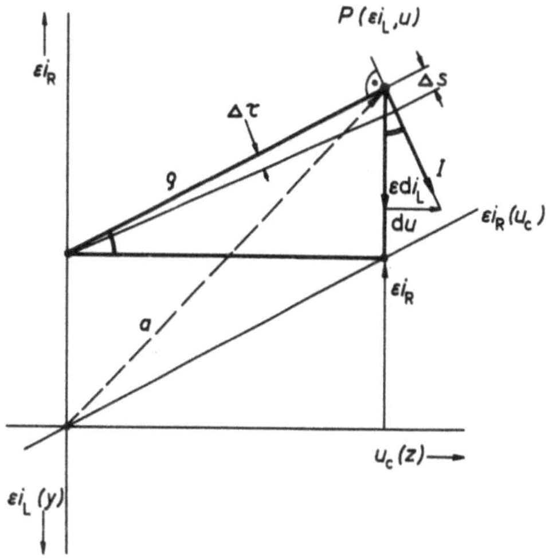

Bild 7: Zur Konstruktion der Integralkurven nach Urtel [3]

Die Fortschreitrichtung ($du/\varepsilon\,di$) der Integralkurve (I) steht senkrecht auf dem Fahrstrahl (ϱ), dessen Steigung sich als Quotient aus dem Abstand des jeweiligen Ausgangspunktes (P) gegen die i-Achse (u) zum Abstand gegen die Widerstandskennlinie $\varepsilon\,i_R(u_c)$ ergibt ($-\varepsilon\,i_L - \varepsilon\,i_R = \varepsilon\,i_c$).

(Man beachte, daß $\varepsilon\,i_R$ und $\varepsilon\,i_L$ in verschiedener Richtung auf der i-Achse gezählt werden. Die Achslage ergibt sich aus

$u = L\,\frac{di}{dt}$ entsprechend $z = \frac{dy}{dt}$

Geht man von dem gegebenen Zustandspunkt (P) ein kleines Stück (Δ S) in der gefundenen Richtung weiter (I) und nimmt man den so gefundenen benachbarten Zustandspunkt als Ausgang für den nächsten Konstruktionsschritt usw., so erhält man schließlich einen Polygonzug als graphische Annäherung an die zu den gegebenen Anfangsbedingungen (P) gehörenden Integralkurve. In gekrümmten Bereichen derselben ergibt dabei das Zeichen mittels Kreisbogenstückchen (Zirkel) eine meist bessere Näherung.

Den Zeitmaßstab erhält man als Bezifferung längs der Integralkurven aus der Bahngeschwindigkeit

$$\frac{ds}{d\tau} = \sqrt{\left(\varepsilon \frac{di}{d\tau}\right)^2 + \left(\frac{du}{d\tau}\right)^2}$$

$$= \sqrt{u^2 + (\varepsilon i_R + \varepsilon i_L)^2} = \varrho$$

und hieraus dann $\Delta s = \varrho \cdot \Delta\tau$.

Ein Fortschreiten um den Konstruktionswinkel $\Delta\tau = \frac{\pi}{12} \mathrel{\hat{=}} 15^o$ hat sich im allgemeinen gut bewährt. Er kann während der Konstruktion verändert und damit an die wechselnde Kurvenform angepaßt werden (Konstruktionsgenauigkeit).

Neben einer einfachen Konstruktion, die von Hilfskräften ohne Vorkenntnisse ausgeführt werden kann, besitzt dieses Verfahren noch den Vorteil, daß die Zeitfunktion während des Konstruierens herausgezeichnet werden kann. Es ist damit ohne übermäßige Schwierigkeiten möglich, auch eine äußere Zwangskraft, nach treppenförmiger Annäherung ihres Verlaufes, zu berücksichtigen.

Da i_L und $u_L = u_C$ die Energieträger im Schwingkreis sind, entspricht das Quadrat des Abstandes eines Punktes vom Nullpunkt (a^2) gleichzeitig der jeweils im Kreis gespeicherten Energie. Das Diagramm ist damit sehr anschaulich und leicht zu überprüfen.

4b. Übergang zwischen Sinus- und Kippschwingungen beim nichtlinearen Schwingkreis

Der kontinuierliche Übergang von Sinus- zu Kippschwingungen bei selbsterregten Generatoren in Abhängigkeit vom nichtlinearen Dämpfungsglied ist sehr ausführlich von vielen Autoren dargestellt worden; vgl. z.B. v. d. Pol [4], Reichardt [5] und Urtel [3].

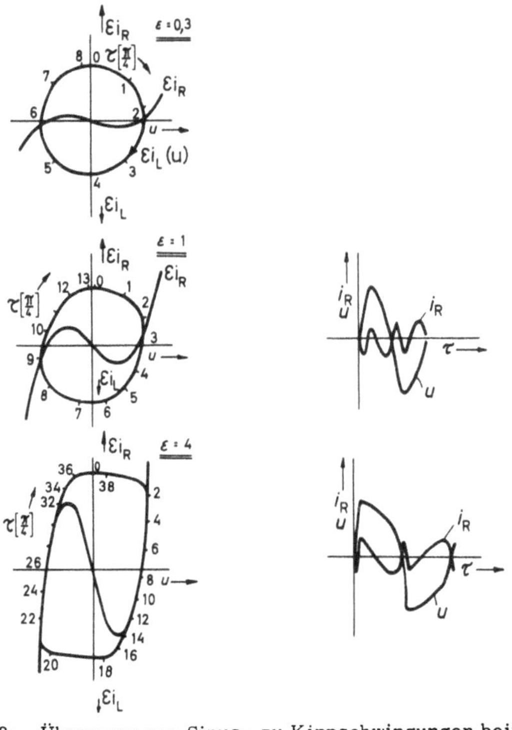

Bild 8: Übergang von Sinus- zu Kippschwingungen beim v. d. Pol-Generator nach Urtel [3]

Der Parameter ε gibt die relative Amplitude der als rein kubisch angenommenen Widerstandskennlinie an (quadratisch mit der Amplitude veränderliche Dämpfung)

Als Beispiel für das Verhalten eines besonders einfachen nichtlinearen Systems sei in Bild 8 kurz an den Übergang beim v. d. Pol-Generator erinnert.

4c. Fang- und Haltebereich bei der Phasenregelung

Als zweites Beispiel für eine leicht lösbare nichtlineare Differentialgleichung zweiter Ordnung soll noch die Synchronisierschaltung mit Phasenregelung besprochen werden (Bild 9).

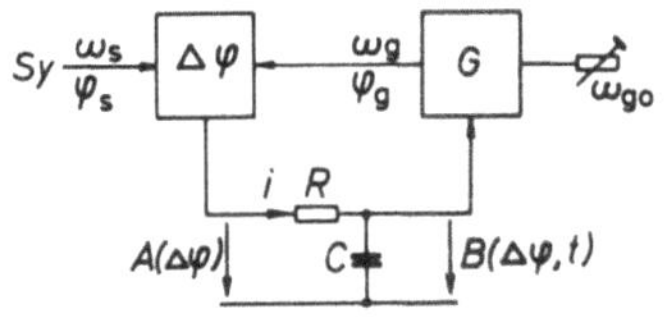

Bild 9: Prinzipschaltbild der Synchronisierschaltung mit Phasenregelung

Die Synchronisierschwingung (ω_s, φ_s) wird im Phasenmesser ($\Delta\varphi$) mit der Ausgangsschwingung des örtlichen Generators (ω_g, φ_g) verglichen. Die Ausgangsspannung $A(\Delta\varphi)$ wird nach Glättung $B(\Delta\varphi, t)$ zur Nachregelung des örtlichen Generators verwendet. (ω_{go} ist die freie Generatorfrequenz.)

Aus der Regelkennlinie des Generators

$$S_\omega B = \omega_g - \omega_{go} = \delta - \Delta\omega$$

mit

$$\Delta\omega = \frac{d\Delta\varphi}{dt} = \omega_s - \omega_g$$

$$= \quad _s - \quad _{go}$$

und der Differentialgleichung für den Spannungsverlauf am Glättungsfilter

$$R\,i + B = A$$

$$i = C \frac{dB}{dt}$$

$$\tau = \frac{t}{T} = \frac{t}{RC}$$

erhält man schließlich die Differentialgleichung mit nichtlinearem Proportionalglied

$$\frac{d^2\Delta\varphi}{d\tau^2} + \frac{d\Delta\varphi}{d\tau} + TS_\omega A(\Delta\varphi) = T\delta$$

bzw. bei Darstellung als dynamisches System

$$\frac{d\Delta\varphi}{d\tau} = T\Delta\omega$$

$$\frac{d\Delta\omega}{d\tau} = -\Delta\omega + \delta - S_\omega A(\Delta\varphi).$$

Nach Division erhält man dann schließlich die für graphische Integration geeignete Form

$$\frac{d\,T\Delta\omega}{d\,\Delta\varphi} = -\frac{T\Delta\omega - T(-S_\omega A(\Delta\varphi) + \delta)}{T\Delta\omega}.$$

Singuläre Punkte sind offensichtlich ($\Delta\omega = 0$; $S_\omega A = \delta$), d.h. die Schnittpunkte zwischen statischer Regelkennlinie $S_\omega A(\Delta\varphi)$ und der Verstimmungsgeraden (δ). Nachdem man bestrebt ist, das Produkt aus Regelsteilheit (S_ω A) und Glättungszeitkonstante (T) möglichst groß zu machen, besitzt der eine singuläre Punkt also den Charakter eines Sattels (Q_1), der andere denjenigen eines stabilen Strudels (Q_2) (Bild 10).

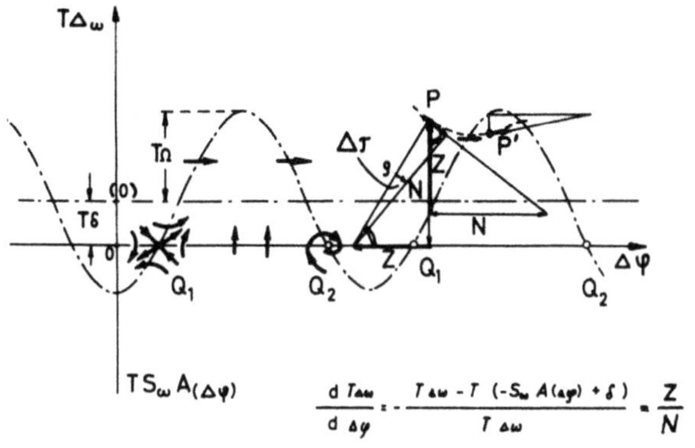

Bild 10: Zur graphischen Integration der Phasenregelung mit cosinusförmiger Regelkennlinie S_ω A($\Delta\varphi$) = = Ω cos $\Delta\varphi$.

Z ist die dem Zähler, N die dem Nenner der Zustandsgleichung entsprechende Strecke. Q_1 und Q_2 sind die singulären Punkte (vgl. Bild 5) bei gegebener Verstimmung (δ)

Aus der Zustandsgleichung können leicht noch die folgenden Isoklinen abgelesen werden

$\Delta\varphi$- Achse	= ∞
Regelkennlinie	= 0.

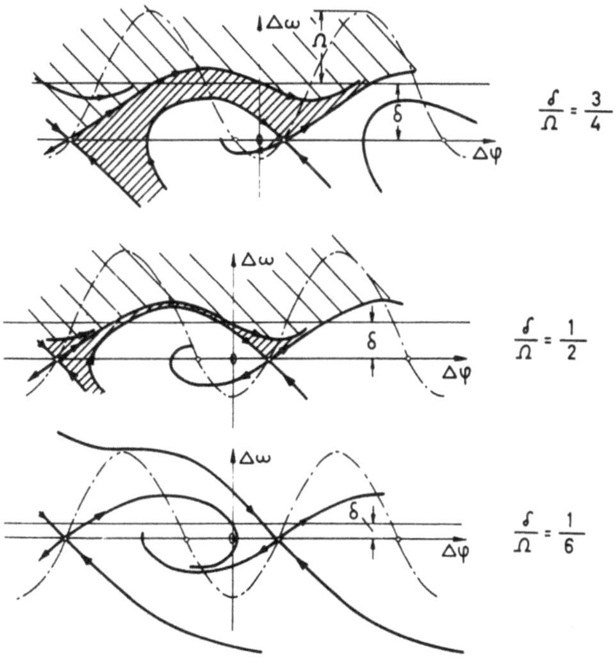

Bild 11: Einschwingvorgang der Phasenregelung in Abhängigkeit von der relativen Verstimmung δ/Ω nach Urtel [6]

Bei $\frac{\delta}{\Omega} = \frac{1}{6}$ führen die Integralkurven von allen Einschaltzuständen noch in einen stabilen Strudelpunkt.

Bei $\frac{\delta}{\Omega} = \frac{1}{2}$ ist die eine Halbebene, bei $\frac{\delta}{\Omega} = \frac{3}{4}$ auch schon große Teile der zweiten Halbebene abgeschnürt (Regelschwingungen)

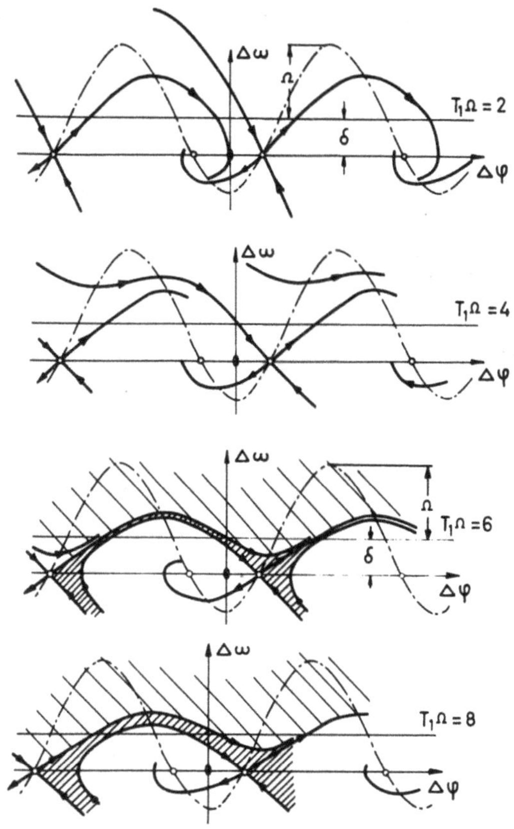

Bild 12: Einschwingvorgang der Phasenregelung bei verschiedener Glättungszeitkonstanten. (T) nach Urtel [6]

Als Beispiel sind in Bild 11 und 12 die Separatricen bei cosinusförmiger Regelkennlinie und verschiedener Verhältnisse der Parameter δ, T, Ω wiedergegeben.

Mit wachsender Verstimmung oder Glättungszeitkonstanten tritt dabei ein der linearen Theorie unbekanntes Unterschneiden der Separatricen auf, so daß Anfangsbedingungen aus einem immer größer werdenden Bereich nicht mehr in einen stabilen Synchronisationspunkt führen.

Man kann also zwischen einem statisch und dynamisch stabilen **Fang-** und einem größeren, aber nur noch statisch stabilen **Haltebereich** unterscheiden.

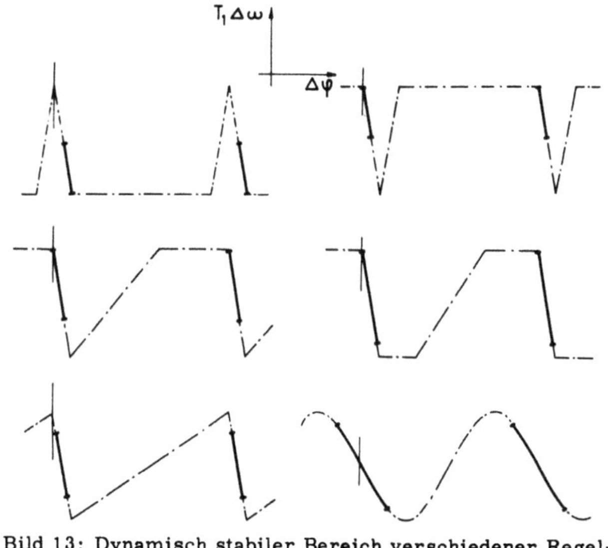

Bild 13: Dynamisch stabiler Bereich verschiedener Regelkennlinien

Bei gleichgroßem Produkt T · S_ω ist eine Regelschaltung nun umso besser, je größer ihr relativer Fangbereich ist. Dieses Verhältnis kann nun durch die Form der statischen Regelkennlinie ($S_\omega A(\Delta\varphi)$) beeinflußt werden. Für verschiedene Regelkennlinien gleichen Regelhubes und -steilheit wurde daher die maximale, dynamisch noch stabile Verstimmung (Grenze des Fangbereiches) ermittelt (Bild 13).

Am günstigsten ist also eine mäanderförmige Kennlinie, bei welcher fast der gesamte Haltebereich auch dynamisch stabil ist. Man wird diesen Fall also nach Möglichkeit anstreben, wobei aber noch die Störanfälligkeit gegen Störimpulse berücksichtigt werden muß.

Schrifttum

[1] H. Poincaré: Sur les courbes définies par les équations differentielles. Oeuvres, Tome I, Paris 1928

[2] Andronow und Chaikin: Theory of oscillations. UdSSR 1937, Engl. Ed. by S. Lefschetz, Princeton Univ. Press,Princeton 1949

[3] R. Urtel: Erzeugung von Schwingungen mit wesentlich nichtlinearen negativen Widerständen. Nachrichtentechn. Fachber. Band 13 (1958)

[4] B. v.d. Pol: The nonlinear Theorie of electr. Oscillations. Proc. IRE 22 (1934), S. 1051

[5] W. Reichardt: Der einheitliche Zusammenhang zwischen Sinusschwingungen, Kippschwingungen und Kippsprüngen. El. Nachr. Techn. 20 (1943), S. 213

[6] R. Urtel: Zur Theorie der Synchronisierschaltungen mit Phasenregelung. Mehrere interne Berichte der C. Lorenz AG, SL 47 (1951/53)

[7] H. Lutz: Die Bewertung der Güte der Horizontalsynchronisierung von Fernsehempfängern. Arch. elektr. Übertragung 11 (1957), S. 461

ZUSAMMENFASSUNGEN

NACHRICHTENTECHNISCHE FACHBERICHTE - NTF
Band 21 (1960)
"Systeme mit nichtlinearen oder gesteuerten Elementen"
Verlag Friedr. Vieweg & Sohn, Braunschweig

K. Abel, München

PARAMETRISCHER VERSTÄRKER MIT DREI SIGNALFREQUENZEN

Es wird ein parametrischer Verstärker untersucht, in dem neben der Pumpfrequenz f_0 drei Signalfrequenzen f_1, f_2 und f_3 in äußeren Schaltkreisen berücksichtigt werden. Dabei werden die Energieverhältnisse und die mögliche Leistungsverstärkung bei den ausgewählten Fällen der Aufwärtsumsetzung und Direktverstärkung eines Signals diskutiert. Es ergibt sich, daß bei Aufwärtsumsetzung ein positiver oder negativer Eingangswiderstand erzeugt, bei Aufwärtsumsetzung und Direktverstärkung eines Signals, dessen Frequenz größer als die der Pumpfrequenz ist, Verstärkung bis unendlich erzielt werden kann.

Nachr.-techn. Fachber. 21, S. 45 - 48

Y. Angel, Paris

PARAMETRISCHE SYSTEME UNTER VERWENDUNG VON GEKREUZTEN MAGNETISCHEN FELDERN

Studium des Verhaltens ferromagnetischer Kerne, die von zwei Kraftflüssen mit zueinander orthogonalen Kraftlinien durchsetzt sind.

Verschwinden der Hysterese-Erscheinung für eine genügend starke orthogonale Magnetisierung; Möglichkeit, eine Induktanz durch Variation der orthogonalen Magnetisierung zu steuern. Anwendung auf die Verwirklichung parametrischer Verstärker; Analyse verschiedener Arten der Wirksamkeit, wobei die theoretischen Kenngrößen damit übereinstimmen.

Experimentelle Verwirklichung der theoretischen Gegebenheiten: Funktionieren als Verstärker, als Oszillator, als Frequenzteiler.

Nachr.-techn. Fachber. 21, S. 49 - 59

W. Bader, Stuttgart

NICHTLINEARE SYSTEME UND IHRE MATHEMATISCHE BEHANDLUNG

Nach einem Überblick über nicht lineare autonome oder heteronome Systeme und ihre wesentlichen Eigenschaften wird ein von einer periodischen Kraft der Frequenz f erregtes System erörtert und im Versuch vorgeführt, das Schwingungen mit einer von f unabhängigen Frequenz vollführt. Dann werden die erzwungenen Pendelschwingungen bei großen Anschlägen und andere gleichartige Systeme ausführlich behandelt. Dem bekannten Verfahren der harmonischen Balance wird ein vom Verfasser entwickeltes neues Verfahren gegenübergestellt, das auf Grund eines charakteristischen Polynoms die verschieden periodischen Lösungen mit beliebig vielen Gliedern der Fourier-Reihe zu bestimmen erlaubt. Dann folgen die Oszillogramme für die im Vortrag vorgeführten Versuche. Insbesondere wird eine bisher nicht entdeckte stabile subharmonische Schwingung gezeigt, deren Schwingungsmittelwert mit der oberen instabilen Gleichgewichtslage des freien Pendels übereinstimmt.

Nachr.-techn. Fachber. 21, S. 1 - 11

H. Billing, München

DAS PARAMETRON UND SEINE VERWENDUNG IN LOGISCHEN SCHALTUNGEN

Das Parametron ist ein Schwingkreis, bei welchem Selbstinduktion oder Kapazität im Takt einer Pumpfrequenz 2 f gesteuert werden. Damit läßt sich die Unterharmonische f in zwei stabilen Phasenlagen aufschaukeln, welche durch die Phase eines schwachen bei Beginn eingekoppelten Signals vorbestimmt werden können (Verstärkung!). Die beiden Phasen werden zur Speicherung binärer Information verwendet. Die Wirkungsweise des Parametrons wird an einem einfachen Modell erläutert. Für das in Japan bis zum Bau ganzer Rechenmaschinen entwickelte mit steuerbaren Induktivitäten (Ferritkernen) arbeitende Parametron wird Informationsübertragung und -verknüpfung behandelt - Flipflop, Schieberegister, logisches "und, oder", Negation, Addierwerk. Ein- und Ausgabe, also Umwandlung von der Phasendarstellung in die Amplitudendarstellung und umgekehrt, sowie für die Phasendarstellung besonders geeignete Speicher, werden besprochen. Infolge von Hystereseverlusten liegt beim Ferritkernparametron die maximale Pumpfrequenz 2 f bei einigen MHZ und damit die Zeit für eine logische Verknüpfung bei 10^{-5} sec.

Nachr.-techn. Fachber. 21, S. 12 - 18

U. Hölken, München

DAS MAGNETISCHE NETZWERK MIT JE ZWEI MÖGLICHEN ZUSTÄNDEN SEINER ZWEIGE

Zur Darstellung der wesentlichen Eigenschaften von Transfluxoren werden diese zu Rechteckmagnetischen Netzen idealisiert. Die Eigenschaften solcher Netze werden beschrieben. Sie sind topologischer und geometrischer Art.

Zur topologischen Beschreibung eignen sich Streckenkomplexe der Klasse M, welche eine Unterklasse der gerichteten Eulerschen Streckenkomplexe darstellen. Aus der Untersuchung der Streckenkomplexe der Klasse M folgt, daß jeder Steg eines rechteckmagnetischen Netzes wenigstens zwei nicht identische ummagnetisierbare Ringe besitzt.

Die geometrische Beschreibung rechteckmagnetischer Netze benutzt ausschließlich die Steglängen. Bei Verwendung von Hilfserregungen wird die geometrische Beschreibung beibehalten, derart, daß den Stegen eine scheinbare Länge zugeordnet wird, welche die Wirkung der Hilfserregungen mit beschreibt. Die scheinbare Steglänge ist vom Magnetisierungszustande des Steges abhängig.

Nachr.-techn. Fachber. 21, S. 65 - 68

K. Jekelius, Stuttgart

UNTERSUCHUNG NICHTLINEARER SYSTEME MIT EINEM ODER ZWEI ENERGIESPEICHERN

Die Untersuchung nichtlinearer Systeme (Schaltungen) führt auf nichtlineare Differentialgleichungen. Von speziellen Anfangsbedingungen ausgehend, können diese sehr anschaulich mit grafischen Konstruktionsverfahren gelöst werden. Derartige Verfahren werden anhand folgender nichtlinearer Schaltungsbeispiele erläutert: Widerstandsnetzwerk, allgemeines RC-Glied, Schwingkreis (Kippschwingungen) und Phasenregelung (Regelschwingungen).

Nachr.-techn. Fachber. 21, S. 93 - 97

R. Maurer und K.H. Löcherer, Ulm

EXPERIMENTELLE UND THEORETISCHE UNTERSUCHUNGEN AN REAKTANZVERSTÄRKERN MIT UND OHNE HILFSKREISE

Ersatzschaltbilder und Gleichungen zur Dimensionierung von Reaktanzverstärkern werden aufgestellt. Das Zusammenwirken eines Reaktanzverstärkers mit einem nachgeschalteten Röhrenverstärker wird bezüglich Bandbreite, erzielbarer Leistungsverstärkung und minimaler Rauschzahl berechnet. Die mitgeteilten Meßergebnisse zeigen mit den berechneten Werten gute Übereinstimmung.

Nachr.-techn. Fachber. 21, S. 38 - 44

SUMMARIES

NACHRICHTENTECHNISCHE FACHBERICHTE - NTF

Band 21 (1960)

"Systems with non-linear or controllable elements"

Publisher Friedr. Vieweg & Sohn, Braunschweig/Germany

K. Abel, München

PARAMETRIC AMPLIFIERS WITH THREE SIGNAL FREQUENCIES

A parametric amplifier is investigated in which three signal frequencies f_1, f_2 and f_3 in addition to the pump frequency f_0 are used in the external circuits. The energy relationship and the possible power gain in selected cases of upconversion and straight amplification of a signal are discussed. It is shown that a positive or a negative input impedance can be produced during upconversion and a gain towards infinity can be achieved during upconversion and straight amplification of a signal the frequency of which is greater than the pump frequency.

Nachr.-techn. Fachber. 21, pp. 45 - 48

Y. Angel, Paris

PARAMETRIC SYSTEMS EMPLOYING CROSSED MAGNETIC FIELDS

A study of the behaviour of ferromagnetic cores subjected to two orthogonal magnetic fluxes.

The loss of the hysteresis effect for a sufficiently strong orthogonal magnetization; the possibility of controlling an inductance by a variation of the orthogonal magnetization.

Applications in the realization of parametric amplifiers; an analysis of various types of operation with corresponding characteristics.

Experimental verifications of the theoretical facts; operation as an amplifier, an oscillator or a frequency divider.

Nachr.-techn. Fachber. 21, pp. 49 - 59

W. Bader, Stuttgart

NON-LINEAR SYSTEMS AND THEIR MATHEMATICAL TREATMENT

After a review of non-linear autonomous and heteronomous systems and their main properties, a system excited by a periodic force of a frequency f and oscillating with a frequency independent of f is discussed and illustrated by means of an experiment. Subsequently, the forced pendulum oscillations with large deviations as well as similar systems are covered in detail. The known method of harmonic balance is confronted with a new method developed by the author. This permits the determination of the various periodic solutions with any number of terms of the Fourier-series on the basis of a characteristic polynomial. Oscillograms are shown for the various experiments demonstrated at the time when the paper was read. More particularly, a stable subharmonic oscillation is demonstrated which has a mean value of oscillation coinciding with the upper unstable position of equilibrium of the free pendulum and which has not been discovered so far.

Nachr.-techn. Fachber. 21, pp. 1 - 11

H. Billing, München

THE PARAMETRON AND ITS APPLICATION IN LOGICAL CIRCUITS

A parametron is a tuned circuit in which the inductance or the capacity is controlled by a pump frequency 2 f. In the parametron the subharmonic f can be excited in two stable phase positions which may be determined by a weak signal initially fed into the circuit (amplification!). The two phases are employed for storing binary information. The operation of the parametron is illustrated by a simple model. The transmission and processing of information - flip-flop, shift register, logical "and-or", negation, adder - are described for the case of the parametron which has been developed in Japan to the design of complete computers and which operates with controlled inductances (ferrite cores). Data insertion and extraction, i.e. the conversion from phase representation into amplitude representation and vice versa as well as memories, which are particularly suitable for phase representation, are discussed. Due to hysteresis losses the maximum pump frequency 2 f for ferrite core parametrons lies at a few Mc/s and consequently the time for a logical process is about 10^{-5} sec.

Nachr.-techn. Fachber. 21, pp. 12 - 18

U. Hölken, München

MAGNETIC NETWORKS WITH TWO POSSIBLE STATES IN THEIR BRANCHES

For the purpose of illustrating the characteristic properties of transfluxors the latter are idealized to the form of square loop magnetic circuits. The properties of such networks are described. They are of a topological and a geometrical type.

Filamentary path complexes of the Class M, which are a subgroup of the directional filamentary path complexes according to Euler, are useful for a topological description. From an investigation of the filamentary path complexes of the class M it follows that each leg of a square-loop magnetic network comprises at least two not identical rings the magnetic polarity of which can be reversed.

Only the length of the legs is used for a geometrical description of square-loop magnetic circuits. The geometrical description is used also when auxiliary coils are employed and is used in such a way that the legs are said to have an apparent length which also covers the effect of the auxiliary energization. This apparent leg length depends on the state of magnetization in the leg.

Nachr.-techn. Fachber. 21, pp. 65 - 68

K. Jekelius, Stuttgart

INVESTIGATIONS OF NON-LINEAR SYSTEMS BY MEANS OF ONE OR TWO ENERGY STORES

An investigation of non-linear systems (circuits) leads to non-linear differential equations. On a basis of special initial conditions, these equations can be solved in a very lucid way by means of graphical construction methods. These methods are explained by using the following examples of non-linear circuits: A resistance network, a general RC-section, an oscillatory circuit (flip-flop oscillations) and a phase controlling network (control circuit oscillations).

Nachr.-techn. Fachber. 21, pp. 93 - 97

R. Maurer and K.H. Löcherer, Ulm

EXPERIMENTAL AND THEORETICAL INVESTIGATIONS ON REACTANCE AMPLIFIERS WITH AND WITHOUT AUXILIARY CIRCUITS

Equivalent circuits and equations for the design of reactance amplifiers are given. The combination of a reactance amplifier with a subsequent valve amplifier is calculated with regards to bandwidth, available power gain and minimum noise figure. The recorded results of measurements are in good agreement with calculated values.

Nachr.-techn. Fachber. 21, pp. 38 - 44

E. D. Reed, Murray Hill, USA

ÜBERSICHT ÜBER PARAMETRISCHE VERSTÄRKER MIT GESTEUERTEN KAPAZITÄTEN

Die physikalischen Prinzipien, die den wichtigsten Typen von parametrischen Verstärkern zugrunde liegen, werden erläutert, und es wird eine qualitative Erklärung für das Phänomen der veränderbaren Kapazität von Halbleiterdioden gegeben. Die Verwendung dieser Prinzipien und dieser Dioden zum Aufbau von Verstärkern mit kleiner Rauschzahl wird beschrieben. Es folgt ein Überblick über experimentelle Arbeiten. Dabei werden repräsentative Beispiele von rauscharmen Verstärkern im Frequenzbereich zwischen 500 und 5000 MHz besprochen, wie sie gegenwärtig in den USA untersucht und entwickelt werden. Zum Schluß werden die zur Zeit mit Röhren-Verstärkern erreichten Rauschzahlen mit denen von parametrischen Verstärkern verglichen.

Nachr.-techn. Fachber. 21, S. 27 - 37

H. Reiner, Stuttgart

DIGITALE SCHALTUNGEN MIT TRANSFLUXOREN

Elemente mit verzweigtem magnetischem Fluß lassen sich verwenden zur Realisierung komplizierter Funktionen der Booleschen Algebra, ferner als Speicherelemente mit extrem niedriger Schaltzeit oder mit der Möglichkeit zerstörungsfreier Ablesung. Der Einfluß der magnetischen Eigenschaften des Materials und der Geometrie auf die Eigenschaften des Transfluxors wird diskutiert, und es werden einige Sonderformen beschrieben.

Nachr.-techn. Fachber. 21, S. 69 - 75

A. Rüdiger, München

PARAMETRONSCHALTUNGEN MIT HALBLEITERDIODEN ALS SPANNUNGSABHÄNGIGE KAPAZITÄT

Beim Diodenparametron wird als steuerbare Reaktanz die Spannungsabhängigkeit der Kapazität von im Sperrbereich arbeitenden Halbleiterdioden verwendet. An einem einfachen Ausführungsbeispiel wird das Anschwingen der Subharmonischen analytisch behandelt. Es zeigt sich, daß durch Bahnwiderstand, Leistungsaufnahme und Selbstinduktion der z. Z. vorhandenen Dioden die Pumpfrequenz auf 10^{10} Hz und die Zeit für eine logische Verknüpfung auf einige 10^{-9} sec begrenzt ist. Man arbeitet also im Gebiet der Zentimeterwellentechnik. Hierdurch ergeben sich neue Möglichkeiten für gerichtete Verkopplung, Zwischenspeicherung durch Verzögerungsleitungen und Vereinfachung des Aufbaues. Zwei Methoden zum schnellen An- und Abschalten von Parametrons werden erwähnt: Schalten der Pumpspannung und Schalten der Vorspannung. Bei beiden Schaltvorgängen können Störungen durch die angeregten Eigenschwingungen des Resonanzkreises entstehen, was eine obere Grenze für die zulässige Schaltgeschwindigkeit bedingt. Die Störungen durch die Eigenschwingungen können durch den symmetrischen Aufbau von Gegentaktparametrons unterdrückt werden.

Nachr.-techn. Fachber. 21, S. 19 - 22

E. Schmitt, Karlsruhe

DER EINSCHWINGVORGANG DER PARAMETRISCHEN SCHWINGUNG UND ANWENDUNGEN DES PARAMETRONS IN DER NACHRICHTENVERARBEITUNG

An einem Parametron-Grundschaltkreis mit variabler Induktivität wird der Einschwingvorgang der parametrischen Schwingung in Abhängigkeit von den einzelnen Parametern dargestellt. Einige wichtige Anwendungen der Parametrons in nachrichtenverarbeitenden Systemen werden an Modellschaltkreisen gezeigt.

Gliederung:

1. Einleitung
2. Parametron-Grundschaltkreis
3. Informationsübertragung
4. Schieberegister und Ringzähler
5. Speicher und Negation
6. Disjunktion und Konjunktion
7. Antivalenz
8. Parametron und Ferritkernmatrix
9. Rechengeschwindigkeit

Nachr.-techn. Fachber 21, S. 23 - 26

F. Schreiber, München

DER TRANSFLUXOR ALS VERSTÄRKER

Es wird gezeigt, daß der Transfluxor in seiner ursprünglichen, von Rajchman und Lo angegebenen Betriebsweise kein echter Verstärker, sondern auf Grund seiner Speicherfähigkeit ein Integrierverstärker ist. Im Vergleich zu den meisten andersartigen Integrierverstärkern zeichnet er sich dadurch aus, daß ein beliebiger Integrationszustand und das ihm entsprechende Ausgangssignal beliebig lange erhalten bleiben. Diese wichtige Eigenschaft ist gleichbedeutend mit einer unteren Grenzfrequenz gleich Null für das zur Integration angebotene Eingangssignal. - Bestimmte Wicklungsanordnungen im Ausgangskreis des Transfluxors gestatten die Entnahme hoher Leistungen ohne daß eine Rückwirkung auf den Eingangskreis möglich ist. - Bei geeigneter Unterdrückung seiner Speichereigenschaft kann der Transfluxor grundsätzlich auch zum Aufbau eines echten Verstärkers mit Kipp- oder Linearkennlinie benutzt werden. Eine Berechnung über den Zusammenhang zwischen Leistungsverstärkung und oberer Grenzfrequenz zeigt allerdings, daß diese Transfluxorverstärker in der bisher untersuchten Form im Vergleich zu einem guten Ringkernverstärker keine Vorteile aufweisen.

Nachr.-techn. Fachber. 21, S. 76 - 86

S. Schweizerhof, Backnang

TOPOLOGISCHE UND TECHNOLOGISCHE FRAGEN BEI LOCHPLATTENSPEICHERN

Für die Transistorisierung von datenverarbeitenden Geräten ist man an einer weiteren Verkleinerung der Speicher und an einer weiteren Senkung ihres Arbeitsstromes interessiert. In dieser Hinsicht erscheinen Lochplattenspeicher besonders interessant. Es werden eine Reihe von topologischen und technologischen Problemen behandelt, auf die man bei der Entwicklung eines im Koinzidenzverfahren arbeitenden Lochplattenspeichers großer Kapazität stößt. Die Untersuchung dieser Fragen führt zu einer aus Ferrit-Lochstreifen paketierten sehr kompakten Koinzidenzmatrix großer Kapazität, die bei ausreichendem Verhältnis von Nutz- zu Störspannung durch besonders kleinen Strombedarf und eine einfache Verdrahtungstechnik gekennzeichnet ist.

Nachr.-techn. Fachber. 21, S. 87 - 92

W. Veith, München

PARAMETRISCHE VERSTÄRKER UNTER VERWENDUNG VON ELEKTRONENSTRAHLEN

Zum Verständnis der Wirkungsweise dieser Röhren wird, zunächst eine Einführung in das Gebiet der Raumladungswellen gegeben. Danach wird die Verwendung dieser Wellen in parametrischen Verstärkern im Gegensatz zu der in Laufzeitröhren diskutiert, insbesondere im Hinblick auf das Rauschverhalten beider Verstärkertypen. Die seither bekannt gewordenen und heute möglich erscheinenden parametrischen Verstärker mit Elektronenstrahl lassen sich in zwei Gruppen einteilen, eine Gruppe, bei der der Strahl als Signalträger dient, eine zweite Gruppe, bei der mit Hilfe der Elektronen die Pumpenergie zugeführt wird. Charakteristische Beispiele für jede Gruppe werden behandelt.

Nachr.-techn. Fachber. 21, S. 60 - 64

E. D. Reed, Murray Hill, USA

A REVIEW OF PARAMETRIC AMPLIFIERS WITH CONTROLLABLE CAPACITANCES

The scientific principles are discussed on which the most important type of parametric amplifiers are based and the phenomenon of controllable capacitance in semiconductor diodes is explained qualitatively. The application of these principles as well as diodes for the design of amplifiers with a low noise figure are described. A review of experimental work is given. This also covers representative examples of low-noise amplifiers in the frequency range from 500 to 5000 Mc/s which are at present investigated and developed in the USA. In the conclusion of the paper the noise figures obtained with valve amplifiers are compared with those obtained with parametric amplifiers.

Nachr.-techn. Fachber. 21, pp. 27 - 37

H. Reiner, Stuttgart

DIGITAL CIRCUITS EMPLOYING TRANSFLUXORS

Circuit elements with a split magnetic flux can be used for the realization of complicated functions of Boole's algebra and as storage elements with an extremely short switching time or with a possibility for non-erasing readout. The effect of the magnetic properties of the material and the effect of their geometry on the performance of the transfluxor are discussed and some special designs are described.

Nachr.-techn. Fachber. 21, pp. 69 - 75

A. Rüdiger, München

PARAMETRON CIRCUITS WITH SEMI-CONDUCTOR DIODES USED AS VOLTAGE CONTROLLED CAPACITANCES

The voltage controlled capacity of semi-conductor diodes operating in the cut-off region is used as a controlled reactance in diode parametrons. The excitation of the subharmonic frequency is analytically discussed with the aid of a simple example. It appears that the carrier impedance, the power consumption and the inductance in diodes available at present limits the pump frequency to 10^{10} c/s and the time for a logical process to a few 10^{-9} sec. This means that the technique of centimetric waves can be applied and results in new possibilities for directional coupling, intermediate storage by means of delay lines and simplification of the construction. Two methods for switching the parametron on and off in a very short time are mentioned: Switching of the pump voltage and switching of the bias. In these switching operations an interference may be produced by excited oscillations in the resonant circuit. This constitutes a limit for the permissible switching rate. The interference due to the resonance oscillations can be suppressed by a symmetrical design of push-pull parametrons.

Nachr.-techn. Fachber. 21, pp. 19 - 22

E. Schmitt, Karlsruhe

THE TRANSIENT RESPONSE OF PARAMETRIC OSCILLATIONS AND THE APPLICATION OF PARAMETRONS IN DATA PROCESSING

The transient response of parametric oscillations as a function of various parameters is demonstrated with the aid of a basic parametron switching circuit containing a controllable inductance. Some important applications of parametrons in data processing systems are illustrated with model switching circuits.

1. Introduction
2. The basic parametron switching circuit
3. Data transmission
4. Shift registers and ring counters
5. Storage and negation
6. Disjunction and conjunction
7. Antivalence
8. Parametrons and ferrite core matrices
9. Computing rate.

Nachr.-techn. Fachber. 21, pp. 23 - 26

F. Schreiber, München

THE TRANSFLUXOR AS AN AMPLIFIER

It has been found that the transfluxor in the method of operation given by Rajchman and Lo is not a true amplifier but an integrating amplifier because of its capacity to store. In comparison with most other integrating amplifiers it has the feature that any integration state and the corresponding output signal can be maintained for any length of time. This important feature is equivalent to a cut-off frequency of zero for the signal offered for integration. - Certain arrangements of the windings in the output circuit of the transfluxor permit a loading with large power levels without a possible reaction on the input circuit. - When the storing property is suitably suppressed, the transfluxor may in principle be used for the design of a true amplifier with a characteristic suitable for flip-flop operation or with a linear characteristic. However, a calculation expressing the relationship between power gain and upper cut-off frequency shows that these transfluxor amplifiers in the form investigated so far produce no advantages in comparison with a good ring core amplifier.

Nachr.-techn. Fachber. 21, pp. 76 - 86

S. Schweizerhof, Backnang

TOPOLOGICAL AND TECHNOLOGICAL PROBLEMS WITH HOLE ARRAY STORES

A reduction in the size of the storage devices and a further reduction in the operating current of these stores is of interest for the transistorization of data processing equipment. In this respect hole array storage devices are of particular interest. A number of topological and technological problems are discussed which are encountered in the development of a large capacity hole array store operating on a principle of coincidence. The investigation of these problems leads to a very compact large capacity coincidence matrix packaged from perforated ferrite strips. Such a store is characterised by an adequate signal-to-noise ratio, a particularly low current consumption and a simple wiring technique.

Nachr.-techn. Fachber. 21, pp. 87 - 92

W. Veith, München

PARAMETRIC AMPLIFIERS USING ELECTRON BEAMS

An introduction into the field of space charge waves is given for the purpose of an easier understanding of the operation of these valves. Subsequently, the application of these waves in parametric amplifiers in contrast to drift tubes is discussed with particular consideration of the noise in both types of amplifiers. Parametric amplifiers with an electron beam, as far as they are known at present or appear to be possible, can be subdivided into two groups: One group in which the beam is the signal carrier and a second group in which the pump energy is introduced by means of electrons. Characteristic examples for each group are discussed.

Nachr.-techn. Fachber. 21, pp. 60 - 64

Berichtigungen:

Nachrichtentechnische Fachberichte Band 21 (1960)
"Systeme mit nichtlinearen oder gesteuerten Elementen"
Verlag Friedr. Vieweg & Sohn, Braunschweig

Seite 1, 1. Spalte: vor dem Text einzufügen: 1. Überblick

Seite 1, 1. Spalte, 2. Zeile vor Gl. (2): $\ddot{x}$ statt x

Seite 5, Gl. (14a): In der Gleichung

$$\varphi_9 = (\ldots)\, a \cos \varphi + (\ldots)\, a \sin \varphi - b \cos \tau$$

sind im ersten Klammerausdruck vor $a \cos \varphi$ die Glieder

$+105\ \varphi_2^2\ \varphi_3 + 70\ \varphi_1\ \varphi_3^2 - \varphi_7$ einzufügen.

Seite 5, 2. Spalte, Gl. (14b): In der eckigen Klammer: $102\, a^2 v^3$ statt $120\, a^2 v^3$.

Seite 7, 2. Spalte, oben: Rechten Randstrich für die Determinante anfügen.

Seite 7, 2. Spalte, Gl. (27a): Rechts einfacher Randstrich statt Doppelstrich.

Seite 8, 2. Spalte, 10. Zeile von unten: (7) statt (7a)

Seite 9, 2. Spalte, 2. Zeile von oben: $70\, ab^2$ statt $60\, ab^2$.

MIX
Papier aus verantwortungsvollen Quellen
Paper from responsible sources
FSC® C105338

If you have any concerns about our products,
you can contact us on
ProductSafety@springernature.com

In case Publisher is established outside the EU,
the EU authorized representative is:
Springer Nature Customer Service Center GmbH
Europaplatz 3, 69115 Heidelberg, Germany

Printed by Libri Plureos GmbH
in Hamburg, Germany